全国水利行业"十三五"规划教材（职业技术教育）
中国水利教育协会策划组织

力学与结构

主　编　王中发
副主编　丁志胜　郑慧玲
　　　　韩永胜　朱　强
主　审　钟汉华　曹广占

黄河水利出版社
·郑州·

内 容 提 要

本书是全国水利行业"十三五"规划教材,是根据中国水利教育协会职业技术教育分会高等职业教育教学研究会组织制定的力学与结构课程标准编写完成的。全书共分为 12 章,主要内容包括绪论、静力学基础、静定结构的内力计算、截面的几何性质、杆件的强度计算、杆件的刚度计算概述、建筑结构设计原理、钢筋和混凝土材料的力学性能、钢筋混凝土受弯构件设计、钢筋混凝土受压构件设计、钢筋混凝土梁板结构、预应力混凝土结构简介和砌体结构等。

本书可作为高等职业教育的建筑工程技术、工程造价、工程监理、建筑装饰工程技术、建筑工程管理等建筑类专业的教材,也可供从事相关专业的工程技术人员学习参考。

图书在版编目(CIP)数据

力学与结构/王中发主编. —郑州:黄河水利出版社,2017.8

全国水利行业"十三五"规划教材. 职业技术教育

ISBN 978 - 7 - 5509 - 1841 - 2

Ⅰ.①力… Ⅱ.①王… Ⅲ.①建筑科学 - 力学 - 职业教育 - 教材 ②建筑结构 - 职业教育 - 教材 Ⅳ.①TU3

中国版本图书馆 CIP 数据核字(2017)第 225919 号

组稿编辑:王路平　电话:0371 - 66022212　E-mail:hhslwlp@ 163. com

出 版 社:黄河水利出版社	网址:www. yrcp. com

地址:河南省郑州市顺河路黄委会综合楼 14 层　邮政编码:450003

发行单位:黄河水利出版社

发行部电话:0371 - 66026940、66020550、66028024、66022620(传真)

E-mail:hhslcbs@ 126. com

承印单位:河南日报报业集团有限公司彩印厂

开本:787 mm × 1 092 mm　1/16

印张:20

字数:460 千字　　　　　　　印数:1—4 100

版次:2017 年 8 月第 1 版　　印次:2017 年 8 月第 1 次印刷

定价:45.00 元

(版权所有　盗版、抄袭必究　举报电话:0371 - 66025553)

前　言

  本书是贯彻落实《国家中长期教育改革和发展规划纲要(2010～2020年)》《国务院关于加快发展现代职业教育的决定》(国发〔2014〕19号)、《现代职业教育体系建设规划(2014～2020年)》和《水利部教育部关于进一步推进水利职业教育改革发展的意见》(水人事〔2013〕121号)等文件精神,在中国水利教育协会精心组织和指导下,由中国水利教育协会职业技术教育分会组织编写的全国水利行业"十三五"规划教材。教材以学生能力培养为主线,体现了实用性、实践性、创新性的特色,是一套水利高职教育精品规划教材。

  本书是按照力学与结构课程的教学基本要求,结合国家最新的有关规范、标准编写的,根据职业教育要求,结合专业特点,将建筑力学和建筑结构两部分有机结合起来,削弱力学部分,加强结构部分,突出力学为结构服务这一特点。主要研究一般结构构件的受力特点、构造要求、设计方法和施工图表示方法等建筑结构基本概念及基本知识。

  本书坚持"中心内容不断线""认识层次递进"的指导思想,精简建筑力学和建筑结构中的相关内容,以"必须和够用"为原则,做到层次分明、重点突出。重实践,轻理论,以理论为实践服务,从工程实践中精选案例,紧扣专业特点,将建筑力学和建筑结构两个内容形成精炼而完整的知识体系。

  本书根据国家最新规范《混凝土结构设计规范(2015年版)》(GB 50010—2010)、《建筑地基基础设计规范》(GB 50007—2011)、《建筑抗震设计规范(2016年版)》(GB 50011—2010)、《砌体结构设计规范》(GB 50003—2011)、《钢结构设计规范》(GB 50017—2003),依据知识的延递性,结合高职学生的基础和能力,按照工学结合的原则,实施理实一体化教学编写而成。具体学时分配建议安排如下:

章节	名称	建议学时
第1章	静力学基础	14
第2章	静定结构的内力计算	6
第3章	截面的几何性质	4
第4章	杆件的强度计算	10
第5章	杆件的刚度计算概述	4
第6章	建筑结构设计原理	6
第7章	钢筋和混凝土材料的力学性能	2
第8章	钢筋混凝土受弯构件设计	14
第9章	钢筋混凝土受压构件设计	8
第10章	钢筋混凝土梁板结构	20
第11章	预应力混凝土结构简介	4
第12章	砌体结构	12

　　本书编写人员与编写分工如下:绪论、第 1 章、第 9 章、第 12 章由湖北水利水电职业技术学院王中发编写,第 2 章和第 8 章由内蒙古机电职业技术学院郑慧玲编写,第 3 章和第 10 章由湖北水利水电职业技术学院丁志胜编写,第 4 章和第 7 章由山东水利职业学院韩永胜编写,第 5 章和第 6 章由长江工程职业技术学院朱强和贵州水利水电职业技术学院许亚运编写,第 11 章由广西水利电力职业技术学院唐善德编写。本书由王中发担任主编,并负责全书统稿;由丁志胜、郑慧玲、韩永胜、朱强担任副主编;由湖北水利水电职业技术学院钟汉华和山东水利职业学院曹广占担任主审。

　　由于编者水平有限,书中错误和不当之处在所难免,恳请读者批评指正。

编　者

2017 年 5 月

目 录

绪　论

教学目标

1. 了解本课程的主要内容。
2. 了解建筑力学和结构的研究内容。
3. 了解建筑结构的类型和设计方法。

教学要求

能力目标	知识要点	权重
了解本课程的主要内容	建筑力学和结构课程包含的主要内容	50%
了解建筑力学和结构的研究内容	建筑力学和结构的研究对象	20%
了解建筑结构的类型和设计方法	建筑结构的类型和设计方法	30%

本教材包括两大部分,第一部分是建筑力学部分,第二部分是建筑结构部分。第一部分主要介绍力学在建筑中的应用,第二部分主要介绍建筑结构的设计方法。

1. 建筑力学

1) 建筑力学的研究对象

为保证建筑物在各种荷载(如自身重力、人和设备的压力、风和雪的作用)作用下能保持安全和稳定,就要保证建筑物中的构件有足够承受荷载的能力,即承载能力,具体来说,建筑构件的承载能力包括以下三个方面:

(1)强度。是指构件抵抗破坏的能力。如在相同情况下越难被破坏的构件,其强度就越大。这是构件首先要满足的要求,因为一旦强度不够,构件就会发生破坏,如断裂等,就可能会引起建筑物的倒塌。

(2)刚度。是指构件抵抗变形的能力。如在相同情况下变形越小的构件,其刚度就越大。这也是构件必须满足的一个要求,因为刚度过小会导致变形过大,即使建筑物不发生破坏,过大的变形也会影响建筑物的正常使用。

(3)稳定性。是指构件保持原有平衡状态的能力。这个要求主要针对于细长的受压杆件。这类构件受压时,容易突然发生弯曲而由原有的直线状态变为曲线状态,从而使构件失去承载能力。

2) 建筑力学的内容

建筑力学主要包括三部分,即理论力学、材料力学和结构力学。

(1)理论力学。

理论力学主要是研究物体的机械运动及物体间相互机械作用的一般规律,是人们通过观察生活和生产实践中的各种现象,进行多次的科学试验,经过分析、综合和归纳,总结出力学最基本的理论规律。它是一门理论性较强的技术基础课,随着科学技术的发展,工程专业中许多课程均以理论力学为基础。

为初步了解理论力学,我们看下面的例子,用两根相同的绳索悬吊相同的物体,如果仅仅是悬吊的位置不同,如图 0-1 所示,则两图中绳索的拉力是否相同? 再看另一个例子,如图 0-2 所示,杆件静止地斜放在光滑的地面上,其重心在地面上的投影点为 A 点,如果让杆件自由下落,则当杆件落到地面上的瞬间,其重心 O 点会在 A 的左侧、右侧,还是刚好在 A 点? 上述这两个例子都属于理论力学的研究内容。

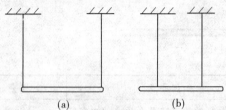
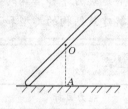

图 0-1　两根绳索悬吊物体　　　　　　　　　　图 0-2　物体置于光滑的地面上

理论力学的基础是牛顿三定律:第一定律即惯性定律;第二定律即加速度定律;第三定律即作用与反作用定律。

理论力学的主要研究内容有静力学基本公理、力的投影、力矩和力偶、物体的受力分析、平面力系的简化和平衡方程。

(2)材料力学。

在人们运用材料进行建筑、工业生产的过程中,需要对材料的实际承受能力和内部变化进行研究,这就催生了材料力学。材料力学是研究材料在各种外力作用下产生的应变、应力、强度、刚度和稳定性等问题,也就是研究物体在受力后的内在表现,包括变形规律和破坏特征。

为初步了解材料力学,我们看下面的例子,相同的杆件放置在相同的支撑物体上,如果仅仅是放置的方位不同,如图 0-3 所示,则在两种情况下杆件能承受的最大压力是否相同? 这类问题就属于材料力学的主要研究内容。

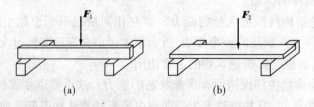

图 0-3　相同的杆件放置在相同的支撑物体上

材料力学的基础是理论力学,其主要的研究内容有内力和变形的概念、内力的计算方法、应力的计算方法、杆件的强度计算、杆件的刚度计算和杆件的稳定性计算。

(3)结构力学。

结构力学主要研究工程结构受力和传力的规律,以及如何进行结构的优化,其研究的

内容包括结构的组成规则,结构在各种效应(外力、温度效应、施工误差及支座变形等)作用下的响应,包括内力(轴力、剪力、弯矩、扭矩)的计算,位移(线位移、角位移)的计算,以及结构在动力荷载作用下的动力响应(自振周期、振型)的计算等。为初步了解结构力学,我们看下面的例子,相同的杆件支撑在不同物体上,图0-4(a)是将杆件嵌固在墙壁里,图0-4(b)是将杆件自由地支撑在垫块上,两种情况下杆件能承受的最大压力是否相同?再如图0-5所示的桁架结构,在给定的压力下,如何计算出每一个杆件的受力情况。

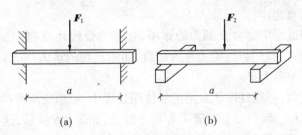

图0-4　相同的杆件支撑在不同物体上

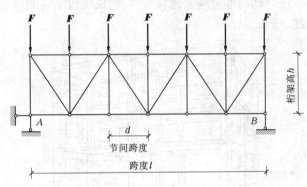

图0-5　桁架结构的受力

3)变形固体的基本假设

建筑力学所研究的构件均是固体,在力的作用下都会发生变形,不同材料的变形特点不同,而且有的变形明显,有的不明显,我们将在力的作用下变形很小可以忽略不计的固体称为刚体,相对应地,将变形不能忽略不计的固体称为变形固体,实际中的变形固体种类很多,特点各异,为使研究方便,对变形固体做如下三个假设:

(1)均匀性、连续性假设。假设组成构件的固体微粒完全密实无空隙且完全均匀,每一部分具有相同的力学性质。常见的工程材料如钢、混凝土、砖石等,均可认为满足这一假设。

(2)各向同性假设。假设构件各个方向上的力学性质完全相同。工程材料中的钢、混凝土、砖石等均可认为满足这一假设,但部分材料不满足,如木材等。

(3)小变形假设。认为无论构件的变形多大,和构件本身的尺寸相比仍十分微小。

4)建筑力学的任务

强度、刚度和稳定性在构件设计时都应充分考虑,理论上要满足这些要求并不难,因为我们只要选择足够多的材料和足够大的面积总能够满足,但这样的话,用料过多会造成不必要的浪费,对经济性不利,甚至会适得其反(如用料过多会增大构件的自重)。因此,承载能力和经济性形成了一对基本矛盾。最优的结构和构件应是在满足承载能力的前提下达到最大的经济性。建筑力学就是为解决这一矛盾而形成的一门学科,本学科的主要任务是研究结构和构件在荷载作用下的承载能力,为建筑结构和构件的设计施工提供理论基础和科学依据。

2.建筑结构

1)建筑结构的概念

建筑物在使用过程中都会受到力的作用,有些力会使建筑物产生运动的趋势(如下沉、倾斜、滑移、转动),我们将这类力称为荷载,如建筑物的重力、人的压力、设备的压力、风力、积雪的压力、地震力等。

无论何种建筑物,必须要保证在施工和使用过程中,能承受所有的荷载作用。建筑物一般都由基础、墙、柱、梁、板、门窗、管道等部分组成,如图0-6所示,这些部分中有些起着承受荷载和传递荷载的作用,有些不承受任何荷载而只起着装饰和围护的作用,我们将建筑物中承受荷载和传递荷载的部分称为建筑结构,组成建筑结构的每一部分称为构件,常见的构件有板、梁、柱、墙和基础。

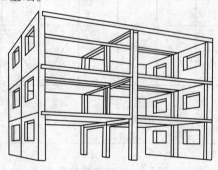

图0-6　建筑结构

板的主要作用是给人们的活动提供支撑面,其主要承受人和设备的压力,并将其传给梁或墙;梁的主要作用是承受板传来的荷载,并将其传给柱或墙,柱或墙的作用主要是承受板或梁传来的荷载,并将其传给基础;基础的主要作用是承受上部结构传来的荷载,并将其传给地基。

2)建筑结构的分类

根据建筑结构所使用的主要材料的不同,常见的建筑结构主要有砌体结构、钢筋混凝土结构和钢结构三种,另外还有木结构。

(1)砌体结构。

主要由砖、石、砌块等砌体材料建成的结构称为砌体结构,如图0-7～图0-9所示。砌体结构的主要优点如下:

①造价低,容易就地取材。砖主要用黏土烧制;石材的原料是天然石砌块,可以用工业废料——矿渣制作,来源方便,价格低廉。

②良好的耐火性和较好的耐久性。

③砌体砌筑时不需要模板和特殊的施工设备,可以节省木材。新砌筑的砌体上即可

图 0-7　砌体结构房屋 1　　　　　　图 0-8　砌体结构房屋 2

承受一定荷载,因而可以连续施工。在寒冷地区,冬季可用冻结法砌筑,无须特殊的保温措施。

④砖墙和砌块墙体能够隔热和保温,节能效果明显。所以,它既是较好的承重结构,也是较好的围护结构。

⑤自重小,施工速度快。当采用砌块或大型板材做墙体时,可以减小结构自重,加快施工进度,进行工业化生产和施工。

⑥保温隔热性能好,节能效果好。

砌体结构的缺点如下:

①与钢和混凝土相比,砌体的强度较低,因而构件的截面尺寸较大,材料用量多,自重大,整体性不好。

②砌体的砌筑基本上是手工方式,施工劳动量大。

③砌体的抗拉、抗剪强度都很低,因而抗震较差,在使用上受到一定限制;砖、石的抗压强度也不能充分发挥;抗弯能力低。

(2)钢筋混凝土结构。

主要由钢筋和混凝土材料建成的结构称为钢筋混凝土结构,如图 0-10 ~ 图 0-12 所示。钢筋混凝土结构除比素混凝土结构具有较高的承载力和较好的受力性能外,与其他结构相比还具有下列优点:

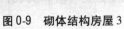

图 0-9　砌体结构房屋 3　　　　　　图 0-10　钢筋混凝土结构 1

①可就地取材。钢筋混凝土结构中,砂和石料所占比例很大,水泥和钢筋所占比例较

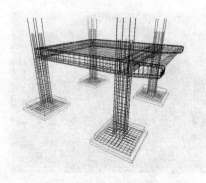 

图 0-11　钢筋混凝土结构 2　　　　　　　图 0-12　钢筋混凝土结构 3

小,砂和石料一般都可以由建筑工地附近提供。

②节约钢材。钢筋混凝土结构的承载力较高,大多数情况下可用来代替钢结构,因而节约钢材。

③耐久、耐火。钢筋埋放在混凝土中,经混凝土保护不易发生锈蚀,因而提高了结构的耐久性。当火灾发生时,钢筋混凝土结构不会像木结构那样被燃烧,也不会像钢结构那样很快达到软化温度而被破坏。

④可模性好。钢筋混凝土结构可以根据需要浇捣成任意形状。

⑤现浇式或装配整体式钢筋混凝土结构的整体性好,刚度大。

钢筋混凝土结构也具有下述主要缺点:

①自重大。钢筋混凝土的容重约为 25 kN/m³,比砌体和木材的容重都大。尽管比钢材的容重小,但结构的截面尺寸较大,因而其重量远远超过相同跨度或高度的钢结构的重量。

②抗裂性差。混凝土的抗拉强度非常低,因此普通钢筋混凝土结构经常带裂缝工作。尽管裂缝的存在并不一定意味着结构发生破坏,但是它影响结构的耐久性和美观。当裂缝数量较多和开裂较宽时,会给人造成一种不安全感。

③性质脆。混凝土的脆性随混凝土强度等级的提高而加大。

综上所述不难看出,钢筋混凝土结构的优点多于其缺点,而且人们已经研究出许多克服其缺点的有效措施。例如,为了克服钢筋混凝土自重大的缺点,已经研究出许多质量轻、强度高的混凝土和强度很高的钢筋。为了克服普通钢筋混凝土容易开裂的缺点,可以对它施加预应力。为了克服混凝土的脆性,可以在混凝土中掺入纤维做成纤维混凝土。

(3)钢结构。

主要由钢板、型钢等钢材料建成的结构称为钢结构,如图 0-13 ~ 图 0-15 所示。和其他材料的结构相比,钢结构具有以下优点:

①自重小。钢结构的容重虽然较大,但与其他建筑材料相比,它的强度却高很多,因而当承受的荷载和条件相同时,钢结构要比其他结构轻,便于运输和安装,并可跨越更大的跨度。

②塑性和韧性好。钢结构的塑性好,所以它一般不会因为偶然超载或局部超载而突然断裂破坏。钢结构的韧性好,所以它对动力荷载的适应性较强。钢材的这些性能给钢

图 0-13 钢结构 1

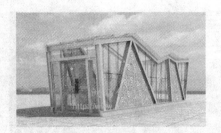

图 0-14 钢结构 2

结构的安全可靠提供了充分的保证。

③受力性能好。钢材的内部组织比较均匀,非常接近匀质和各向同性体,在一定的应力幅度内几乎是完全弹性的。这些性能和力学计算中的假定比较符合,所以钢结构的计算结果较符合实际的受力情况。

④制造简便。钢结构由各种型材组成,制作简便,易于采用工业化生产,施工安装周期短。大量的钢结构都在专业化的金属结构制造厂中制造,所以精确度高。制成的构件运到现场拼装,采用螺栓连接,且结构轻,故施工方便,施工周期短。此外,已建成的钢结构也易于拆卸、加固或改造。

⑤密封性好。钢结构的气密性和水密性较好。

钢结构也有以下缺点:

①防火性能差。钢材耐热而不耐高温。随着温度的升高,强度就降低。当周围存在辐射热,温度在 150 ℃以上时,就应采取遮挡措施。如果一旦发生火灾,结构温度达到 500 ℃以上,就可能全部瞬时崩溃。为了提高钢结构的耐火等级,通常都用混凝土或砖把它包裹起来。

②钢材易于锈蚀,应采取防护措施。钢材在潮湿环境中,特别是处于有腐蚀介质的环境中容易锈蚀,必须刷涂料或镀锌,而且在使用期间还应定期维护。

③造价高。

(4)木结构。

木结构主要是由木材建造的结构,如图 0-16 ~ 图 0-18 所示。木结构的主要特点如下:

图 0-15 钢结构 3

图 0-16 木结构 1

①节能。木头是可以良性循环的建筑材料,也是绿化空气及防止灰尘的天然屏障。美国纽约国家实验室的研究证明:世界上唯一能称得上真正绿色环保的建筑设计就是木

图 0-17　木结构 2　　　　　　　　　图 0-18　木结构 3

屋设计,较一般水泥、砖瓦结构住房节能 50%。

②环保。木结构建造过程所需要的条件和基础设施比砖混结构少,在建造过程中对周围环境及人们生活不会造成太大影响。

③保温。木材本身就是出色的绝热体,在同样厚度的条件下,木材的隔热值比标准的混凝土高 16 倍,比钢材高 400 倍,比铝材高 1 600 倍。对比标准的建筑方法,采取一般的隔热措施,木结构住房的隔热效果比空心砖墙的住房高 3 倍。

④隔音。木结构建筑没有混凝土建筑常有的撞击性噪声传递问题。安装在墙体和天花板上的石膏板以及楼盖和墙体构件内放置玻璃纤维或岩棉保温材料能高效降低声音的传递。

⑤防火。木结构的各组成部分加上防火石膏墙板,很容易达到与砖石结构建筑相同的防火性能。即使是建造经济型木结构房屋,其抗火灾能力也不低于 2 h。

⑥安全。木结构在地震时的稳定性已经得到反复验证,因其自身质量轻,所以地震时木结构房屋吸收地震力少,它们在地震中大多纹丝不动,要么整体稍微变形而不散架,要么随地震波整体移动,因而木结构具有良好的抗震性,并且由于木材本身质量较轻,其结构的交错连接荷载分化,能让其不易断裂。

⑦施工周期短。木结构的构件和连接件都是标准化生产的,几乎所有的预制件都可以在建筑工地以外的场所完成,包括墙体片断、桁架椽或整个标准构件单元。因此,其施工安装速度远远快于混凝土和砌体结构。按照建造时间和建筑工人的费用来衡量,木结构是一种成本效率非常高的建筑系统。即使不使用预制构件,一般性的木结构住房由有经验的建筑工人建造,也比建筑同样规格的砖石住房要快得多。

⑧耐久。在缺乏木结构现代史的一些国家,存在着一种误解,认为木结构建造的住房耐久性差,这是不正确的。在美国,年代最久远的木结构房屋的历史可以追溯到 18 世纪。只要合理建筑,美式木结构可以说是现有房屋结构中最经久耐用的结构之一,能历经数代人而使用状况良好。

⑨设计布置灵活。木结构因其材料和结构的特点,使得平面布置更加灵活,为建筑师提供了更大的想象空间。建筑师和设计师可以采用标准平面图以适应买房者的家庭人员构成、生活方式和个人喜好。而且,没有任何其他建筑体系能够提供如此天衣无缝的室内碗柜、隔板和衣橱,从而大幅度节省购买家具的费用。

⑩舒适。木结构房屋在建成后室内空气都会充满木质芳香,让人处于清醒舒适的氛

围,时刻与自然接触,达到心情舒畅、精力充沛的效果。

3)建筑结构的研究内容

建筑结构主要研究建筑物的构造组成、各组成部分的组合原理和构造方法。建筑结构主要为建筑设计提供可靠的技术保证,根据建筑物的使用功能、技术经济和艺术造型要求提供合理的方案,作为建筑设计的依据。其主要内容包括建筑物的结构体系和构造形式,建筑材料的性能,结构和构件安全性、适用性和耐久性的设计等。

(1)安全性。是指结构和构件在正常施工和正常使用时,能承受可能出现的各种作用(如荷载)。

(2)适用性。是指结构在正常使用时具有良好的工作性能。

(3)耐久性。是指结构或构件在规定的正常工作环境下,达到设计所规定的使用年限。

3.建筑力学和建筑结构的关系

建筑力学是学习建筑结构的基础,而建筑结构是建筑力学在实践中的应用,两者是顺承关系。为方便理解两者的关系,我们以钢筋混凝土楼板的设计过程为例,其设计方法为:首先利用建筑力学的知识求出楼板的内力,然后根据建筑结构的知识确定楼板的尺寸和钢筋的数量。具体的过程如下:

(1)将楼板受到的力进行简化。

(2)利用静力平衡方程计算支座反力。

(3)利用截面法求出楼板的内力。

(4)利用楼板的构造要求确定楼板的尺寸。

(5)利用结构的承载力计算公式确定楼板内的钢筋数量。

(6)根据适用性和耐久性的要求,最终确定楼板的施工图。

第1章　静力学基础

教学目标

通过对静力学基础的学习,掌握静力学公理的应用、力的投影、力矩和力偶的计算方法及应用、物体受力图的绘制、静力平衡方程的应用,为构件和结构的计算打下基础。

教学要求

能力目标	知识要点	权重
静力学概述	结构和构件、强度、刚度和稳定性、力学的任务	5%
静力学公理	力的概念、静力学公理	10%
力的投影	力的投影、合力投影定理	10%
力矩和力偶	力矩、合力矩定理、力偶及其性质	20%
物体的受力图	约束和约束反力、物体受力图	15%
平面力系的平衡方程	平面力系的简化、平面力系的平衡方程及应用	40%

章节导读

1.牛顿力学

牛顿力学是人类第一门非数学类自然科学,由牛顿于300多年前集大成而创立。它由三大定律作为理论基石,发展出牛顿万有引力定律、机械能守恒定律、动量守恒定律等完整而严密的机械力学系统。牛顿力学的原始思想是惯性思想,即维持运动状态不需要力,力是改变运动状态的唯一原因,而改变运动状态需要有一段时间。证明的例子可谓俯拾皆是,如自由落体开始阶段重力大于阻力,物体加速。当重力等于阻力时,物体做匀速直线下降运动。牛顿力学不可能被推翻的理由:在各个工程中经受了数以万次实际考验;经受了300多年怀疑者的挑战;牛顿力学自身的客观性、完备性、严密性、逻辑性;反证——如果能被推翻,则所有与牛顿力学相关的科学,如工程力学、振动原理、空气动力学、心脏动力学……都将被推翻,整个科学殿堂都将坍塌!这当然是天方夜谭,是不可能的事。

2.建筑力学与牛顿力学的关系

牛顿力学是建筑力学的基础,不光建筑力学,现在绝大部分力学都是建立在牛顿经典力学基础之上的,如机械工程力学、热力学等。因为牛顿的经典力学仅在接近于光速的情况下和微观情况下不适用,所以在现实生活中,一般使用的力学都是经典力学。对于建筑力学而言,一栋建筑物能盖起而不倒塌,就是建筑物内各部分都在力的作用下保持平衡的结果。在建造一栋建筑物时必须与牛顿力学紧密结合,这样才能使整栋建筑物的安全性、实用性、耐久性、经济性以及美观性得到保障。

1.1 静力学概述

 引例

我们的衣食住行都离不开建筑物,不同的建筑物形式迥异,功能不同,有低矮的单层房屋,也有高达百层的摩天大楼,有居住的住宅、生产的工业厂房,还有交通用的大桥,大家观察如图 1-1~图 1-4 所示的这些建筑物,请思考以下几个问题:

图 1-1 教学楼示意图

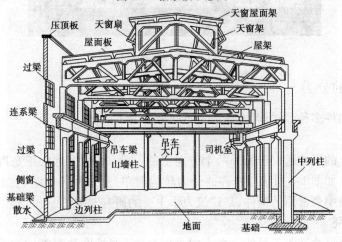

图 1-2 工业厂房示意图

(1) 各建筑的结构形式有何不同?

(2) 它们都是由哪些基本部分构成的?

(3) 各部分是怎样连接成一个整体的?

图1-3 高层建筑(香港中国银行大厦)   **图1-4 大跨度建筑(武汉阳逻长江大桥)**

1.1.1 结构和构件的概念

我们将建筑物中承受和传递荷载而起骨架作用的部分称为结构;而结构中的每一个基本部分称为杆件,如板、梁、柱等。如图 1-5 所示是某教学楼的结构(骨架);如图 1-6 所示是一栋住宅的各个基本构件。

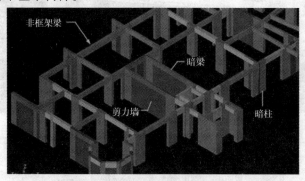

图1-5 某教学楼的结构

1.1.2 构件的分类

结构中的构件多种多样,可根据形式不同分为以下几类。

1.1.2.1 杆件

一个方向上的尺寸远大于另外两个方向上的尺寸(如长度远大于宽度和厚度)的构件,就称为杆件,如图 1-7 所示。杆件的受力较为简单,建筑构件中梁、柱都属于这一类,是建筑结构体系中最常用的构件,是建筑力学主要的研究对象。

1.1.2.2 板和壳

两个方向上尺寸远大于另外一个方向上的尺寸(如长度和宽度均远大于厚度)的构件,就称为板或壳,如图 1-8 所示。建筑构件中楼板、墙都属于这一类,也是建筑结构中主要的构件。这类构件分析和计算较杆件麻烦,通常将它们简化成杆件进行分析和计算。

1.1.2.3 块体

三个方向上的尺寸都比较接近的构件,就称为块体,如图 1-9 所示。这类构件分析和

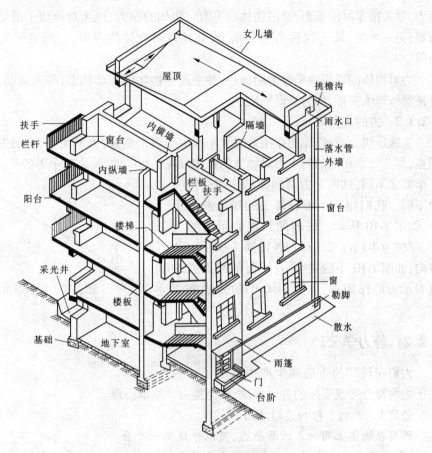

图 1-6 建筑结构的基本构件

计算都很麻烦,工程构件中应用比较少。

建筑力学便是提供这些建筑结构和构件受力分析和理论计算依据的一门学科。本教材将研究这些理论的最基本部分,讨论用途广泛的受力分析问题。

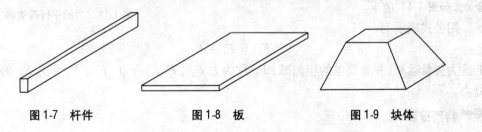

图 1-7 杆件 　　　　 图 1-8 板 　　　　 图 1-9 块体

1.2 静力学公理

1.2.1 力的基本概念

1.2.1.1 力的概念

力是物体间相互的机械作用。这种机械作用有两种:一种是相互接触,这种力称为接触力,如人推车时的推力、悬吊物体的绳索对物体的拉力、地面对地面上滑动物体的摩擦力等;另一种是"场",这种力称为场力,如地球对物体的引力、电场对带电物体的作用力等。

力对物体的作用效果分为两种:一种是改变物体的运动状态,称为运动效应;另一种是使物体产生变形,称为变形效应。

1.2.1.2　力的三要素

实践证明,力对物体的作用效应大小取决于三个要素:力的大小、力的方向和力的作用点,即三要素相同的两个力对物体的作用效应是相同的,反之两个力的三要素中只要有一个要素不同,这两个力对物体的作用效应一般不同。我们用一个带有箭头的线段来表示力,如图 1-10 所示。线段的长度表示力的大小,单位为牛(N)或千牛(kN);箭头表示力的方向,如图 1-10 中的夹角 α;线段的起点或端点表示力的作用点,如图 1-10 中的 A 点或 B 点。

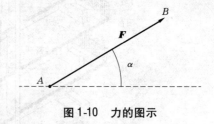

图 1-10　力的图示

1.2.2　静力学公理

人们在长期的生活和生产中总结了一些关于力的符合客观实际的普遍规律,称为静力学基本公理。

公理 1　力的平行四边形法则

作用在物体上同一点的两个力,可以合成为一个合力,该合力可用以这两个力为邻边构成的平行四边形的对角线表示,即对角线的起点为合力的作用点、对角线所在的方向为合力的方向、对角线的长度表示合力的大小,这一公理称为力的平行四边形法则,也称为力的合成,如图 1-11 所示。

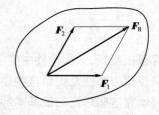

图 1-11　力的平行四边形

用公式表示为

$$F_R = F_1 + F_2$$

上式为矢量运算,并非简单的相加减,F_R 称为力 F_1、F_2 的合力,F_1、F_2 称为 F_R 的两个分力。

🗝 **特别提示**

力的平行四边形法则可以推广到多个共点力的情况,如三个力,只要用两次平行四边形法则即可求出最终的合力,四个力甚至更多的力也可多次采用平行四边形法则求出合力。

在工程中有时为了需要,将一个力分解为两个分力,也可应用力的平行四边形法则,如将一个力分解为两个方向与坐标轴同向的两个分力,如图 1-12 所示。

由几何关系可得

$$F_x = F\cos\alpha$$
$$F_y = F\sin\alpha$$

🔑 **特别提示**

同一个力的两个分力有无数个,要想准确地求出分力,必须指定一定的条件才行,如上述的两个分力的方向沿着坐标轴。

公理2 二力平衡公理

作用在同一刚体上的两个力,使刚体平衡的充要条件是这两个力必须大小相等、方向相反且作用在同一直线上。

该公理总结了两个力使刚体平衡必须满足的条件,如天花板上用绳索悬吊一重物,重物重力为 G,则可以根据二力平衡公理计算出绳索对重物的拉力大小与重力大小相等,与重力作用在一条直线上,方向与重力相反,即竖直向上,如图1-13所示。

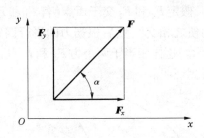

图1-12 力的分解

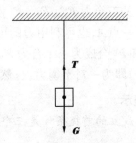

图1-13 二力平衡公理应用

🔑 **特别提示**

二力平衡公理对于刚体是充要条件,但对于变形固体则不是,只能是充分条件,因为大小相等、方向相反且作用在一条直线上的两个力不一定能使变形固体(如绳索这类柔性体)保持平衡。

公理3 加减平衡力系公理

在刚体上增加或减少任意的平衡力系,不改变刚体的原有状态。

该公理表明,平衡力系对刚体的作用效应为零,或者两个力系彼此只相差几个平衡力系,则它们对刚体的作用效应完全相同。

由公理3可以得到如下推论:

推论1 力的可传性

作用在刚体上某点的力,可沿其作用线移到刚体上任何一点,而不改变该力对该刚体的作用效应。

该推论证明过程如下:

如图1-14(a)所示的刚体上 A 点作用有力 F,其作用线为 AB,在 B 点加上一对平衡力 F_1、F_2,并且使力的大小 $F_1 = F_2 = F$,如图1-14(b)所示,根据加减平衡力系公理,两种情况下对刚体的作用效应完全等效。再观察图1-14(b)可发现,F 和 F_2 两力也构成一对平衡力,继续根据加减平衡力系公理,减掉这一对平衡力也不改变对刚体的作用效应,这样刚体上只剩下力 F_1,如图1-14(c)所示。这样相当于把力 F 从 A 点移到了 B 点,不改变对刚体的作用效应。

推论2 三力平衡汇交公理

物体上受到不平行的三个力作用保持平衡时,这三个力的作用线必然汇交于同一点。

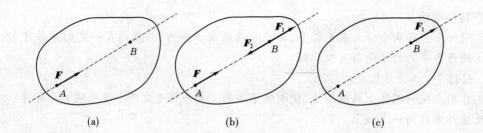

图 1-14　力的可传性

证明过程如下：

不平行的三个力 F_1、F_2、F_3 使刚体保持平衡，假定 F_1 和 F_2 交于 A 点（若 F_1 和 F_2 没有作用于同一点 A，也可利用力的可传性将其移动使之相交），然后根据力的平行四边形法则将 F_1 和 F_2 合成为一个合力 F_R，如图 1-15 所示。这样相当于两个力 F_R 和 F_3 使刚体平衡，该二力即为一对平衡力，自然共线，这样即得到证明。

🔑 **特别提示**

推论 2 成立的前提条件是三个力不能平行。

公理 4　作用力与反作用力公理

两物体间的作用力与反作用力总是同时存在，两个力的大小相等、方向相反、沿着同一条直线，分别作用在两个物体上。

此公理阐述了作用力与反作用力之间的

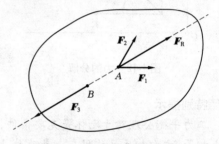

图 1-15　三力平衡汇交定理

关系，利用这一关系，可以根据其中一个力来推知其反作用力。如图 1-16（a）所示的吊灯，其重力为 P，可以推知吊灯对地球的引力大小 $P' = P$，方向为竖直向上，同样的绳索对吊灯的拉力为 F'，也可推知吊灯对绳索的拉力大小 $F = F'$，竖直向下，如图 1-16（b）所示。

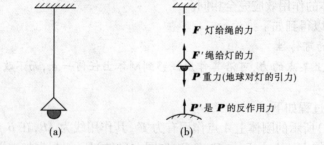

图 1-16　吊灯受力示意图

🔑 **特别提示**

一对平衡力和作用力与反作用力最大的区别在于平衡力同时作用在同一个物体上，两个力的性质可以不同，而作用力与反作用力分别作用在不同的两个物体上，这两个力的性质一定相同。

1.3　力的投影

1.3.1　力在坐标轴上的投影

设在物体上 A 点作用有力 F，与 x 轴正向夹角为 α，在力的作用平面内，建立 xoy 直角坐标系，如图 1-17 所示，过力 F 的起点 A 点向 x 轴和 y 轴做垂线，垂足记为 a 和 c，同样过力 F 的终点 B 也向 x 轴和 y 轴做垂线，垂足记为 b 和 d，则线段 ab 称为力 F 在 x 轴上的投影，记为 F_x 或 X，线段 cd 称为力 F 在 y 轴上的投影，记为 F_y 或 Y。用公式表示为

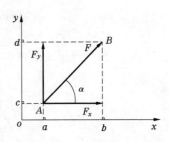

图 1-17　力的投影

$$F_x = ab = \pm F\cos\alpha \tag{1-1}$$
$$F_y = cd = \pm F\sin\alpha \tag{1-2}$$

投影有如下性质：

(1) 投影是标量，只有大小没有方向。

(2) 当 ab 指向与 x 轴正向相同时，F_x 取正，反之取负；对 F_y 也一样。投影的正负与力的方向关系如表 1-1 所示。

(3) 投影的单位与力的单位相同。

(4) 力与力的投影的关系也可以用下式表示

$$\left.\begin{array}{l} F = \sqrt{F_x^2 + F_y^2} \\ \alpha = \arctan\left|\dfrac{F_y}{F_x}\right| \end{array}\right\} \tag{1-3}$$

表 1-1　力的投影正负号

力的方向	↗	↖	↙	↘
F_x	+	−	−	+
F_y	+	+	−	−

【例 1-1】　分别计算如图 1-18 所示各力在 x 轴和 y 轴上的投影。

解：
$$\begin{cases} F_{1x} = F_1\cos45° = \dfrac{\sqrt{2}}{2}F_1 \\ F_{1y} = F_1\sin45° = \dfrac{\sqrt{2}}{2}F_1 \end{cases} \quad \begin{cases} F_{2x} = -F_2\cos30° = -\dfrac{\sqrt{3}}{2}F_2 \\ F_{2y} = F_2\sin30° = \dfrac{1}{2}F_2 \end{cases}$$

$$\begin{cases} F_{3x} = F_3\cos60° = \dfrac{1}{2}F_3 \\ F_{3y} = F_3\sin60° = \dfrac{\sqrt{3}}{2}F_3 \end{cases} \quad \begin{cases} F_{4x} = F_4\cos90° = 0 \\ F_{4y} = F_4\sin90° = F_4 \end{cases}$$

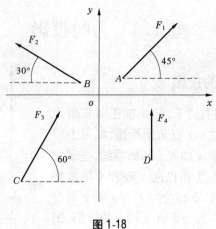

图 1-18

🔑 **特别提示**

计算力的投影时,所选取的角度 α 均为锐角,其正弦值和余弦值都为正,投影的正负则根据其性质(2)来判断。

1.3.2 合力投影定理

合力在任一轴上的投影,等于其分力在同一轴上投影的代数和,用公式表示为

$$F_{Rx} = F_{1x} + F_{2x} + \cdots + F_{nx} = \sum F_{ix} \tag{1-4}$$

$$F_{Ry} = F_{1y} + F_{2y} + \cdots + F_{ny} = \sum F_{iy} \tag{1-5}$$

对于这一定理,我们不予证明,但可以通过一个简单例子来验证。如图 1-19 所示,力 F_1 和 F_2 共同作用于 A 点,利用力的平行四边形法则做出它们的合力 F_R,然后做出 F_1、F_2 和 F_R 在 x 轴和 y 轴上的投影点 a、b、c 和 a_1、b_1、c_1,可知

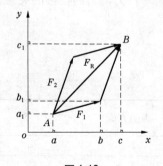

$$F_{Rx} = ac = ab + bc = F_{1x} + F_{2x}$$

$$F_{Ry} = a_1c_1 = a_1b_1 + b_1c_1 = F_{1y} + F_{2y}$$

虽然上例只是两个力的情况,但这个结果可以推广到任何个力的力系。

图 1-19

1.3.3 解析法计算力系的合力

结合式(1-3)~式(1-5)可以推知,合力与分力存在如下关系

$$\begin{cases} F = \sqrt{F_x^2 + F_y^2} = \sqrt{\left(\sum F_{ix} \right)^2 + \left(\sum F_{iy} \right)^2} \\ \alpha = \arctan \left| \dfrac{F_y}{F_x} \right| = \arctan \left| \dfrac{\sum F_{iy}}{\sum F_{ix}} \right| \end{cases} \tag{1-6}$$

力系的合力大小的平方等于各分力水平投影代数和的平方加上各分力竖直投影代数

和的平方,合力与 x 轴夹角的正切值等于各分力竖直投影代数和与各分力水平投影代数和的比值的绝对值。上述计算力系合力的方法称为解析法,是与力的平行四边形法则不同的另一种计算合力的方法,此方法不需要做图,因此没有误差,目前实际中也主要应用解析法计算力系的合力。

【例1-2】　计算汇交于 A 点的三个力 F_1、F_2、F_3 的合力 F_R。已知这三个力的方向如图1-20所示,大小分别为 $F_1 = 100$ kN 、$F_2 = 120$ kN 、$F_3 = 160$ kN 。

解:(1)先计算各力的投影。

$$\begin{cases} F_{1x} = F_1\cos0° = F_1 = 100(\text{kN}) \\ F_{1y} = F_1\sin0° = 0 \end{cases}$$

$$\begin{cases} F_{2x} = F_2\cos60° = \dfrac{1}{2}F_2 = 60(\text{kN}) \\ F_{2y} = F_2\sin60° = \dfrac{\sqrt{3}}{2}F_2 = 60\sqrt{3}(\text{kN}) \end{cases}$$

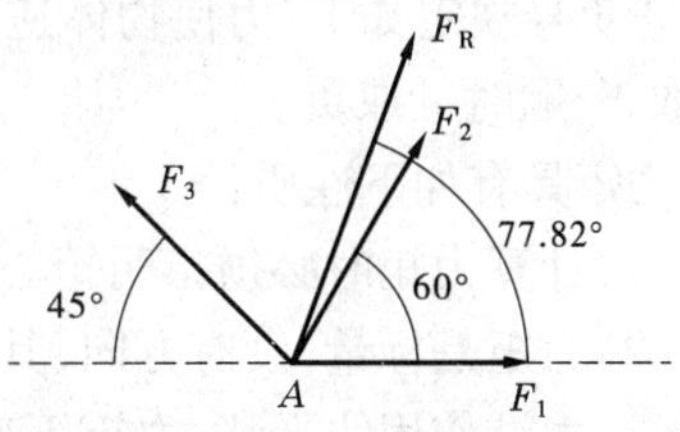

$$\begin{cases} F_{3x} = -F_3\cos45° = -\dfrac{\sqrt{2}}{2}F_3 = -80\sqrt{2}(\text{kN}) \\ F_{3y} = F_3\sin45° = \dfrac{\sqrt{2}}{2}F_3 = 80\sqrt{2}(\text{kN}) \end{cases}$$

(2)利用合力投影定理计算合力。

$$F_{Rx} = \sum F_{ix} = F_{1x} + F_{2x} + F_{3x} = 100 + 60 - 80\sqrt{2} = 46.86(\text{kN})$$

$$F_{Ry} = \sum F_{iy} = F_{1y} + F_{2y} + F_{3y} = 0 + 60\sqrt{3} + 80\sqrt{2} = 217.06(\text{kN})$$

则

$$\begin{cases} F_R = \sqrt{F_{Rx}^2 + F_{Ry}^2} = \sqrt{\left(\sum F_{ix}\right)^2 + \left(\sum F_{iy}\right)^2} = 222.06(\text{kN}) \\ \alpha = \arctan\left|\dfrac{F_{Ry}}{F_{Rx}}\right| = \arctan\left|\dfrac{\sum F_{iy}}{\sum F_{ix}}\right| = 77.82° \end{cases}$$

F_R 如图1-20所示。

图1-20

🔑 **特别提示**

在用解析法计算力系的合力时,合力的指向应根据其两个投影 F_{Rx} 和 F_{Ry} 的正负,结合力的投影性质(2)来判断。

◈ 1.4 　力矩和力偶

1.4.1　力矩

1.4.1.1　力矩的概念

力作用在物体上可使物体移动,也可使物体转动,力对物体的移动效应取决于力的大小和方向,可以用力的投影来度量,那如何度量力使物体转动的效应呢? 从实践中可以发

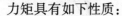

现,力对物体的转动效应不但与力的大小、方向有关,还与力到转动中心的距离有关,我们用力矩来度量力使物体转动效应的大小,力矩由如下公式计算

$$M_O(F) = \pm F \cdot d \qquad (1\text{-}7)$$

式中:O 点即为转动中心,称为矩心;d 是转动中心到力 F 的作用线的垂直距离,称为力臂,如图 1-21 所示。

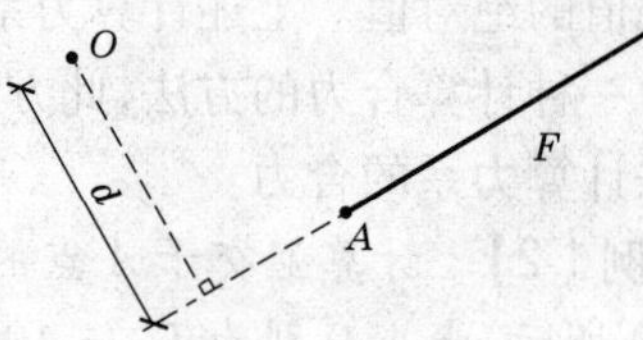

图 1-21　力矩

正负号规定如下:力使物体逆时针转动(或趋势)取正,顺时针取负。

力矩具有如下性质:

(1)计算力矩时必须指明矩心,因为同一个力对不同的矩心力矩是不同的。

(2)力矩是标量,没有方向,其单位为 N·m 或 kN·m。

(3)力沿作用线平移,力矩不变。

(4)当力的作用线通过矩心时,力矩恒为零。

【例 1-3】　试计算各力对 O 点的力矩,如图 1-22 所示。

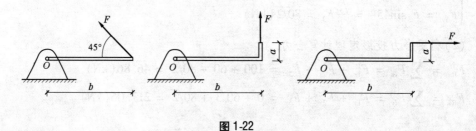

图 1-22

解:图(a)的力矩 $M_O(F) = \pm F \cdot d = F \cdot b\sin 45° = \dfrac{\sqrt{2}}{2} Fb$;

图(b)的力矩 $M_O(F) = \pm F \cdot d = Fb$;

图(c)的力矩 $M_O(F) = \pm F \cdot d = -Fa$。

1.4.1.2　合力矩定理

合力对平面内任一点的力矩等于其各分力对同一点力矩的代数和,用公式表示为

$$M_O(F_R) = M_O(F_1) + M_O(F_2) + \cdots + M_O(F_n) = \sum M_O(F_i) \qquad (1\text{-}8)$$

该定理我们不予证明,通过一个例子来验证。

【例 1-4】　如图 1-23 所示,L 形杆件 A 端固定在墙壁上,另一端 B 点受力 F 作用,它与 x 轴正向夹角为 α,指向右上,试计算力 F 对 A 点的力矩。

解:作出力 F 对矩心 A 点的力臂为 d,由几何关系可计算出:

$$d = c \cdot \sin\alpha = (a - e)\sin\alpha$$

$e = b\cot\alpha$,代入得

$$d = (a - b\cot\alpha)\sin\alpha = a\sin\alpha - b\cos\alpha$$

则 F 对 A 点的力矩

$$M_A(F) = F \cdot d = Fa\sin\alpha - Fb\cos\alpha$$

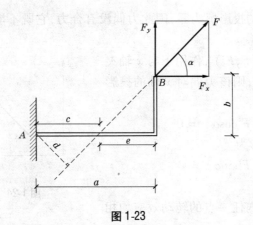

图 1-23

将力 F 沿 x 轴和 y 轴的两个分力求出：$F_x = F\cos\alpha$、$F_y = F\sin\alpha$。

分别计算两分力对 A 点的力矩，则

$$M_A(F_x) = -F_x b = -Fb\cos\alpha$$
$$M_A(F_y) = F_y a = Fa\sin\alpha$$

不难看出：$M_A(F) = M_A(F_x) + M_A(F_y)$，即合力矩定理得到验证。

上例可以推广到任意力系。

🔑 **特别提示**

通过上例我们可以得到另外一个计算力矩的方法：若某一个力对矩心的力臂难以计算，可以先将这个力分解为两个特殊的分力（如上例中的 F_x 和 F_y），再分别计算分力对该矩心的力矩，将其相加即为该力对矩心的力矩。

1.4.2　力偶

同一平面内，两个大小相等、方向相反且作用线相互平行的两个力 F 和 F' 称为一个力偶，用 (F, F') 表示。

力偶在现实生活中比较常见，例如我们用两个手指开水龙头时，两个手指对水龙头施加的力就是一个力偶，还有用钥匙开锁时两个手指的作用力也是一个力偶等。

力偶是一个不能再简化的基本力系。它对物体的作用效果是使物体产生单纯的转动，而不会使物体移动。力偶对物体的转动效应与组成力偶的力的大小和力偶臂的长短有关，力学上把力偶中一力的大小与力偶臂（二力作用线间的垂直距离）的乘积 Fd 并加上适当的正负号，称为此力偶的力偶矩，用以度量力偶在其作用面内对物体的转动效应，记作 $m(F, F')$，或简写成 m，用公式表示为

$$m = \pm F \cdot d \tag{1-9}$$

正负号的规定为：逆时针取正，顺时针取负，这点与力矩的正负号规定相同。

力偶有如下基本性质：

（1）力偶对物体的转动效应由力偶矩来度量，且力偶矩是标量，没有方向，因此力偶的合成可以直接相加减，无须矢量运算，即

$$m = m_1 + m_2 + \cdots + m_n = \sum m_i$$

（2）力偶对任意轴的投影恒为零，因此力偶没有合力，它既不能与任何一个力等效，也不能与任何一个力平衡。

证明：任取一力偶 (F, F') ，作用下与 x 轴夹角为 α ，如图 1-24 所示，则该力偶对 x 轴的投影为

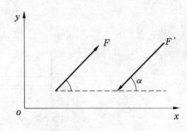

$$F\cos\alpha + (-F'\cos\alpha) = 0$$

同样，对 y 轴的投影为

$$F\sin\alpha + (-F'\sin\alpha) = 0$$

两个投影均为零。

图 1-24　力偶的投影

（3）力偶对其平面内任一点的转动效应均相同，都等于其力偶矩。

证明：任取一力偶 (F, F') ，其力偶臂为 d ，在其平面内任取一点，如 A 点，过 A 点向 F 和 F' 的作用线做垂线，设 A 点到 F 作用线的距离为 x ，则 A 点到 F' 作用线的距离为 $x + d$ ，如图 1-25 所示，则 F 和 F' 对 A 点的力矩分别为

$$M_A(F) = Fx \text{ 、} M_A(F') = -F'(x + d)$$

两者相加

$$M_A(F) + M_A(F') = -Fd = m(F, F')$$

大家可自行证明对 B 点和 C 点是否也存在相同的关系。

上式表明：力偶对平面内任一点的转动效应与矩心无关，转动效应恒等于力偶矩本身，而与力偶中力的大小无关，也与力偶臂无关。

由于力偶具有上述几个性质，在实际应用中，可以把力偶的表示方法进行简化，只要突出力偶的力偶矩就行，而不需要突出力偶中力的大小和方向，以及力偶臂的大小，因此可以用一条带有箭头的弧线来表示力偶或力偶矩，如图 1-26 所示。

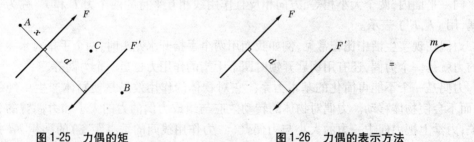

图 1-25　力偶的矩　　　　　　　　　图 1-26　力偶的表示方法

1.5　物体的受力图

1.5.1　约束和约束反力

在工程实际中，任何物体都受到与其接触的其他物体的限制而不能自由运动，如在房屋中，楼板支撑在梁上受到梁的限制而不致掉落，梁又支撑在柱或墙上受到柱或墙的限制而不致掉落。我们将能限制其他物体运动的物体称为约束，约束对被其限制的物体的作

用力称为约束反力(即阻碍物体运动的力)，如梁对楼板的支撑力、绳索对物体的拉力等。与此对应，我们将使物体运动或具有运动趋势的力称为荷载。

约束很重要，它是将建筑物中各个构件连成一个整体的保障，从而保证建筑能承受各种荷载而不致倒塌。

既然约束总是限制物体的运动，因此约束反力总是和被其限制物体的运动或运动趋势的方向相反，根据这一特点我们可以确定各种约束的约束反力的方向。工程中的约束种类很多，我们根据约束的特点可以将工程中的约束分为柔体约束、光滑接触面约束、铰及铰支座、固定端支座等。

1.5.1.1　柔体约束

由绳索、链条、皮带等柔软物体形成的约束称为柔体约束。如图 1-27 所示，悬吊重物的绳索、连接主动轮和从动轮的皮带等都属于柔体约束，这类约束的特点是：约束反力的方向总是沿着柔体中心线的方向，表现为拉力。这类约束反力通常用 F_T 来表示。

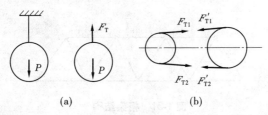

图 1-27　柔体约束

1.5.1.2　光滑接触面约束

两物体接触在一起，若接触处的摩擦力忽略不计，即接触处完全光滑，则由这类光滑面形成的约束称为光滑接触面约束。如图 1-28(a)所示，物体放置在光滑的地面上，地面形成的约束就属于光滑接触面约束。如图 1-28(b)所示，两球放置在 U 形槽内，若不计摩擦，则两球与 U 形槽的接触点 A、B、C 以及两球之间的接触点 D 也均属于光滑接触面约束。这类约束的特点是约束反力的方向总是垂直于接触面公切线方向或沿着接触面公法线方向，表现为支持力。这类约束反力通常用 F_N 来表示。

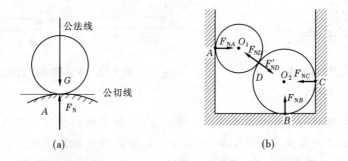

图 1-28　光滑接触面约束

1.5.1.3　铰及铰支座

1. 铰

由光滑的销钉或不计摩擦的螺栓构成的约束称为铰，如图 1-29 所示。这类约束只能限制物体在垂直于铰所在的平面内沿任意方向的相对移动,而不能限制物体绕铰做相对转动。因此,这类约束的约束反力的方向虽然通过销钉中心,但方向不能确定。在表示这类约束反力的时候,通常将该约束反力用两个相互垂直的分力来表示,如图 1-30 所示,两分力的指向可以任意假设,是否为实际指向则要根据计算的结果来判断。

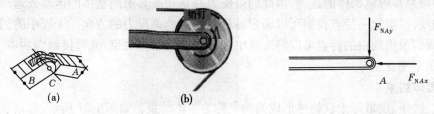

图 1-29　铰　　　　　　　　　　　　　图 1-30　铰的约束反力

工程中,铰约束比较常见,如图 1-31 所示的桁架结构,两杆之间的连接约束都属于铰。

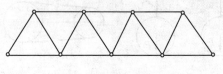

图 1-31　桁架结构

2. 铰支座

铰形成的支座有两大类,一类称为固定铰支座,另一类称为可动铰支座。

1) 固定铰支座

将铰固定在地面或其他不动的物体上形成的约束称为固定铰支座,如图 1-32 所示。其约束反力的特点和表示方法都与铰是一样的。实际中由于固定铰支座比较难画,所以经常用它简化的示意图来表示,如图 1-33 所示。

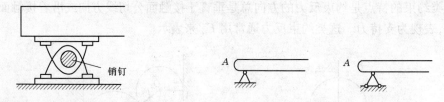

图 1-32　固定铰支座　　　　　　　　图 1-33　固定铰支座的简图

🔑 **特别提示**

建筑结构中理想的固定铰支座是不多见的,通常把不能产生移动只能产生微小转动的支座都视为固定铰支座。如图 1-34 所示为一榀屋架用预埋在混凝土垫块内的螺栓和支座连在一起,垫块则砌在支座(墙)内。这时,支座阻止了结构的竖直移动和水平移动,但是它不能有效地阻止结构的微小转动。这种支座可视为固定铰支座。

2) 可动铰支座

将铰固定在能够沿接触面平行移动的物体上形成的约束称为可动铰支座,如图 1-35

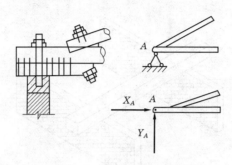

图 1-34　屋架中的固定铰支座

所示。这类约束与固定铰支座不同,它只能限制与接触面垂直方向上的运动,而不能限制沿着接触面方向上的运动,因此它的约束反力的方向是可以确定的,即垂直接触面的方向或沿着接触面的法线方向,如图 1-36 所示。

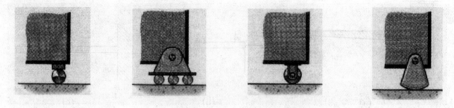

图 1-35　可动铰支座

同固定铰支座一样,可动铰支座比较难画,所以经常用它简化的示意图表示,如图 1-37所示。

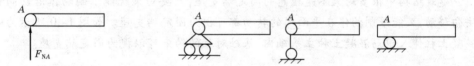

图 1-36　可动铰支座的约束反力　　　　　图 1-37　可动铰支座的简化图

🔑 特别提示

建筑结构中这种理想的可动铰支座是不多见的,通常把只能有效地限制某一方向上的移动,而不能有效限制另一方向上的移动和转动的约束都看作是可动铰支座。如图 1-38所示为一钢筋混凝土梁直接搁置在砖墙上,由于砖对梁在水平方向上移动的限制作用不大,在实际中通常忽略,认为砖墙只能有效地限制梁竖直方向上移动,因此砖墙可以看作是可动铰支座。

1.5.1.4　固定端支座

将构件伸入不动的墙壁或地面等物体上,构成的约束称为固定端支座。如图 1-39(a)所示的雨篷梁伸入墙壁内,墙壁形成的约束就属于固定端支座。这类约束的特点是既能限制物体沿切向移动和法向移动,又能限制物体在平面内的转动,其约束反力的方向难以确定,为表示方便,通常用一个限制切向移动的约束反力 F_x、一个限制竖向移动的约束反力 F_y 和一个限制转动的约束反力偶 m 共三个力来表示固定端支座的约束反力,如图1-39(b)

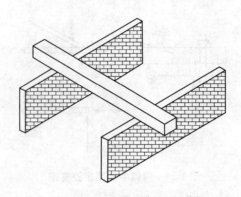

图1-38　可动铰支座实例

所示,而对于固定端支座本身通常也用其简图来表示,如图1-39(c)所示。

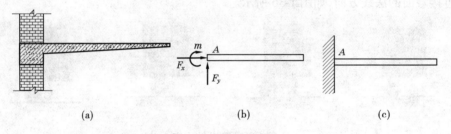

(a)　　　　　　　　　　　　(b)　　　　　　　　　　　　(c)

图1-39　雨篷梁

🔑 **特别提示**

　　建筑结构中很多约束不是理想的固定端支座,只要约束既能限制物体沿切向移动和法向移动,又能限制物体在平面内的转动都可视为固定端支座。如图1-40所示为一钢筋混凝土柱伸入钢筋混凝土独立基础内,基础对柱的约束可以视为固定端支座。

1.5.2　物体的受力图

　　物体都会受到力的作用,这些力包括荷载和约束反力,构件的强度、刚度与稳定性既和荷载有关,同时也和约束反力有关,因此在进行力学分析之前有必要将物体受到的所有力都画出来,这个过程就称为绘制物体的受力图。

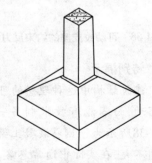

图1-40　独立基础

　　绘制物体的受力图一般按下述三个步骤进行:

　　(1)取脱离体。我们所研究的物体总和其他联系在一起,因此首先应明确要研究的对象。

　　(2)在脱离体上画上荷载,物体所受的荷载一般都是已知的,如重力等。

　　(3)根据约束的类型画出相应的约束反力,约束反力一般都是未知的,其方向和表示方法取决于约束的类型,因此应先判断约束属于上述常见约束中的哪一种,再根据各类约束的特点画出约束反力。

　　【例1-5】　画出如图1-41(a)所示物体的受力图,物体为一球体,重力为G,与地面的

接触点分别为 A 点和 B 点,不计摩擦。

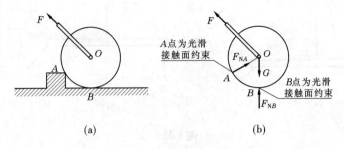

图 1-41

解:(1)取脱离体,去掉地面。

(2)画上荷载,荷载有两个:拉力 F 和重力 G。

(3)分析约束类型,很明显 A 处和 B 处的约束均属于光滑接触面约束,因此这两点的约束反力都应该沿着公法线方向,即均指向球心 O 点,分别为 F_{NA} 和 F_{NB},如图 1-41(b)所示。

【例 1-6】 如图 1-42(a)所示,梁搁置在两侧的墙内,已知梁受到的荷载为 q,不计重力,试画出梁的受力图。

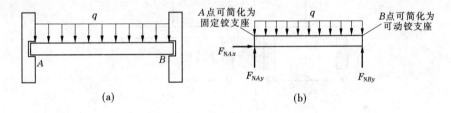

图 1-42

解:(1)取脱离体,去掉两侧的墙。

(2)画上荷载 q。

(3)分析约束的类型,墙能有效限制梁的水平移动,也能有效限制梁的竖向移动,但不能有效限制梁端的转动,因此可将一侧墙简化为固定铰支座,另一侧墙视为可动铰支座,然后根据这两类约束的约束反力表示方法画出梁端的约束反力,如图 1-42(b)所示。

⚷ 特别提示

在例 1-6 中,为何两侧的约束不都视为固定铰支座呢?

【例 1-7】 试画出图 1-43(a)所示梁的受力图。

解:(1)取脱离体。

(2)画上荷载 F。

(3)分析约束的类型,很明显一侧为固定铰支座,另一侧为可动铰支座,然后根据这两类约束的约束反力表示方法画出梁端的约束反力,如图 1-43(b)所示。

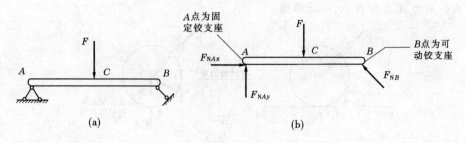

图 1-43

1.6 平面力系的平衡方程

引例

　　观察如图 1-44 和图 1-45 所示的结构,比较图 1-44(a)、(b)所示梁的荷载和支座形式相同,跨度不同,两种情况下支座反力相同吗? 比较图 1-45(a)、(b)、(c)所示梁,三种情况下,支座反力相同吗?

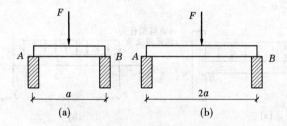

图 1-44 不同跨度的简支梁

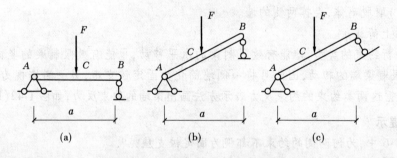

图 1-45 支座形式不同的简支梁

1.6.1 平面力系的简化

1.6.1.1 力的平移定理

　　作用于刚体上的力可平行移动到刚体内的任一点,但必须同时附加一个力偶,这个附加力偶的矩等于原来的力对新作用点的矩。这样,平移前的一个力与平移后的一个力和一个力偶对刚体的作用效果等效。

证明:图 1-46 中的力 F 作用于刚体的点 A,在同一刚体内任取一点 B,并在点 B 加上两个大小相等、方向相反的力 F' 和 F'',使它们与力 F 平行,且使大小 $F' = F = F''$。显然,根据加减平衡力系公理,三个力 F、F'、F'' 与原来 F 一个力是等效的;再观察 F 和 F'',它们构成一个力偶(F、F''),并且其力偶矩 $m = Fd$。所以,作用在点 A 的力 F 就与作用在点 B 的力 F' 和力偶矩为 $m = Fd$ 的力偶(F、F'')等效,相当于把力 F 由 A 点平移到了 B 点,但是要加上一个力偶 $m = Fd$ 才能等效,如图 1-46 所示。

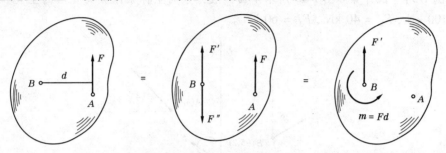

图 1-46　力的平移定理

力的平移定理的目的在于:能够把刚体上的力等效地移动,从而使得没有相交的力能够变为相交,这为后面的力系的简化提供了依据。

1.6.1.2　平面一般力系向某点的简化

前面我们讲述了平面汇交力系可以用解析法合成为一个合力,但很多时候,力系中力并不是汇交于同一点的,那么此时该力系如何简化或合成呢? 如图 1-47(a)所示,刚体上作用有一般力系,如何简化为一个力呢?

(1)利用力的平移定理将三个力分别由各自的作用点都平移至 O 点,平移之后记为 F'_1、F'_2 和 F'_3,设附加的力偶分别为 m_1、m_2 和 m_3,如图 1-47(b)所示。

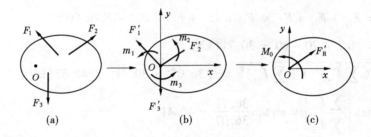

图 1-47　一般力系的简化

(2)F'_1、F'_2 和 F'_3 构成平面汇交力系,可以用解析法合成一个合力,记为 F'_R,而附加的三个力偶 m_1、m_2 和 m_3 构成平面力偶系,根据力偶的性质,可以直接合成为一个合力偶,记为 M_0,如图 1-47(c)所示。这样可将原先的一般力系等效简化成一个力 F'_R 和一个力偶 M_0。

我们将 F'_R 称为平面一般力系的主矢,将力偶 M_0 称为平面一般力系的主矩。

上述的简化方法虽然是由三个力推导出来的,但对于任何力系都适用。结合前述的合力投影定理可以计算:

$$F'_R = \sqrt{F'^2_{Rx} + F'^2_{Ry}} = \sqrt{\left(\sum F_{ix}\right)^2 + \left(\sum F_{iy}\right)^2} \tag{1-10}$$

$$\alpha = \arctan \left| \frac{\sum F_{iy}}{\sum F_{ix}} \right|$$

$$M_O = \sum m_i = \sum M_O(F_i) \tag{1-11}$$

【例1-8】　试计算如图1-48所示平面一般力系向坐标系原点简化后的主矢和主矩,$F_1 = 100 \text{ kN}$, $F_2 = 40 \text{ kN}$, $F_3 = 60 \text{ kN}$。

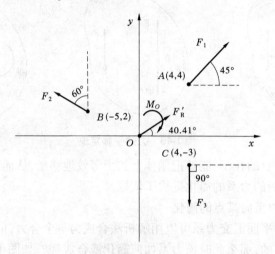

图1-48

解: $\sum F_{ix} = F_{1x} + F_{2x} + F_{3x} = F_1 \cos 45° - F_2 \sin 60° + F_3 \cos 90°$

$$= 50\sqrt{2} - 20\sqrt{3} + 0 = 36.07(\text{kN})$$

$\sum F_{iy} = F_{1y} + F_{2y} + F_{3y} = F_1 \sin 45° + F_2 \cos 60° - F_3 \sin 90°$

$$= 50\sqrt{2} + 20 - 60 = 30.71(\text{kN})$$

$F'_R = \sqrt{\left(\sum F_{ix}\right)^2 + \left(\sum F_{iy}\right)^2} = \sqrt{36.07^2 + 30.71^2} = 47.37(\text{kN})$

$\alpha = \arctan \left| \dfrac{\sum F_{iy}}{\sum F_{ix}} \right| = \arctan \dfrac{30.71}{36.07} = 40.41°$

$M_O = \sum m_i = \sum M_O(F_i) = 0 + (F_2 \sin 60° \times 2 - F_2 \cos 60° \times 5) + (-F_3 \times 4)$

$$= -270.7(\text{kN} \cdot \text{m})(顺时针)$$

简化结果如图1-48所示。

🔑 **特别提示**

平面力系简化后的主矢 F'_R 与简化中心 O 点位置无关,但主矩 M_O 与简化中心 O 点的位置有关。

1.6.1.3　平面一般力系简化的结果分析

(1)$F'_R \neq 0, M_O \neq 0$。表明原力系的主矢和主矩都不为零,物体在该力系的作用下既

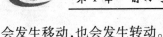

会发生移动,也会发生转动。

(2)$F'_R \neq 0, M_O = 0$。表明该力系的主矢不为零,主矩为零,物体在该力系的作用下只会发生移动,但不会发生转动。

(3)$F'_R = 0, M_O \neq 0$。表明该力系的主矢为零,而主矩不为零,物体在该力系的作用下不会发生移动,只会发生转动。

(4)$F'_R = 0, M_O = 0$。表明该力系的主矢为零,主矩也为零,物体在该力系的作用下既不会发生移动,也不会发生转动,则物体保持平衡,这一种特殊的力系,称为平衡力系。很明显,物体只要是静止的就处于平衡状态,其受到的力系一定是平衡力系,即该力系必然满足:$F'_R = 0, M_O = 0$。

1.6.2 平面力系的平衡

1.6.2.1 平衡方程表达式

根据前述,平面力系保持平衡的条件是:$F'_R = 0$,$M_O = 0$,结合式(1-10)、式(1-11)可知

$$\left. \begin{array}{l} \sum F_{ix} = 0 \\ \sum F_{iy} = 0 \\ \sum M_O(F_i) = 0 \end{array} \right\} \tag{1-12}$$

上式称为平面力系平衡方程一般式,其物理意义是:平面力系平衡的条件是所有力沿 x 轴的投影代数和等于零,所有力沿 y 轴的投影代数和等于零,且所有力对平面内任一点的力矩代数和也等于零。

1.6.2.2 平衡方程的应用

前面画过物体的受力图,物体受到的荷载一般都是已知的,而约束反力一般都是未知的,有的只有大小是未知的,有的大小和方向都是未知的,若物体保持平衡,则荷载和约束反力满足平衡方程,因此可以应用方程求解出约束反力。

需要指出的是,上述平衡方程是相互独立的,用来求解平面一般力系的未知力时,最多能求解三个力。

【例1-9】 如图 1-49(a)所示的球体重力 $G = 100$ kN,球体半径 $R = 40$ cm,障碍物高 20 cm,拉力 $F = 60$ kN,试计算地面 B 点和障碍物 A 对球体的约束反力。

解:(1)画出球体的受力图,如图 1-49(b)所示。

(2)列平衡方程。

建立常规 xOy 坐标系,利用几何关系,可以算出 F_{NA} 的方向与 x 轴正向夹角为30°。

$$\sum F_{ix} = 0 \quad -F\cos 30° + F_{NA}\cos 30° = 0$$

得
$$F_{NA} = F = 60 \text{(kN)}$$

$$\sum F_{iy} = 0 \quad F\sin 30° + F_{NA}\sin 30° - G + F_{NB} = 0$$

得
$$F_{NB} = 40 \text{(kN)}$$

由上例可知,应用平面一般力系的平衡方程求解未知力的解题步骤如下:

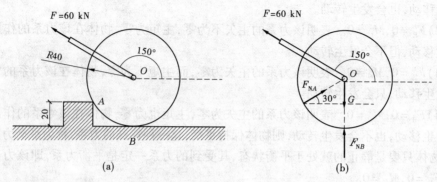

图 1-49

（1）画受力图。在研究对象上画出它受到的所有荷载和约束反力,当约束反力的指向未定时,可以先假设其指向。如果计算结果为正,则表示假设指向正确;如果计算结果为负,则表示实际的指向与假设的相反。

（2）列平衡方程。应尽量避免解联立方程,应用投影方程时,投影轴尽可能选取与较多的未知力的作用线垂直,它们在该轴上的投影均为零;应用力矩方程时,矩心往往取在多个未知力的交点或延长线的交点,它们对该矩心的力矩均为零,矩心可在物体上也可选在物体外。

（3）解平衡方程,求解未知量。计算结果出来后,为确保正确,可以校核一下。

【例1-10】　球和物块的受力与位置如图1-50(a)所示,试问:当力 F 达到多大时,球离开地面? 已知球重力为 G、半径为 R、物块高度 $h = 0.4R$。

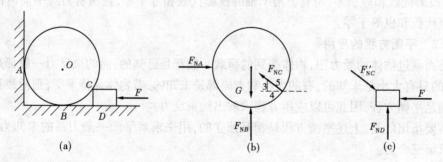

图 1-50

解:（1）分析球的受力,画出其受力图,如图1-50(b)所示。

利用几何关系,可以计算出物块对球的作用力 F_{NC} 的方向,如图1-50(b)所示。球刚离开地面的条件是:地面 B 点对球的支座反力 $F_{NB} = 0$,则球在 G、F_{NC} 和 F_{NA} 三个力作用下平衡,将这三个力代入平衡方程

$$\sum F_{iy} = 0 \rightarrow -G + \frac{3}{5}F_{NC} = 0 \rightarrow F_{NC} = \frac{5}{3}G$$

（2）分析物块的受力,画出其受力图,如图1-50(c)所示。

注意到 F_{NC} 和 F'_{NC} 是作用力与反作用力的关系,因此两者大小相等、方向相反、作用在一条直线上,即

$$F'_{NC} = F_{NC} = \frac{5}{3}G$$

列物块的平衡方程

$$\sum F_{ix} = 0 \rightarrow -F + F'_{NC} \times 0.8 = 0 \rightarrow F = 0.8F'_{NC} \rightarrow F = \frac{4}{3}G$$

所以,当水平推力 $F \geqslant \frac{4}{3}G$ 时,球才能离开地面。

1.6.2.3 平衡方程另外两种形式

1. 二矩式

$$\left. \begin{array}{l} \sum F_{ix} = 0 \\ \sum M_A(F_i) = 0 \\ \sum M_B(F_i) = 0 \end{array} \right\} \tag{1-13}$$

应用条件:两个矩心 A、B 的连线不与投影轴垂直。

2. 三矩式

$$\left. \begin{array}{l} \sum M_A(F_i) = 0 \\ \sum M_B(F_i) = 0 \\ \sum M_C(F_i) = 0 \end{array} \right\} \tag{1-14}$$

应用条件:三个矩心 A、B、C 三点不能共线。

🔑 **特别提示**

上述二矩式和三矩式在解题时,与前述的一般式是等价的,只是有的时候利用二矩式和三矩式求解过程相对方便些。

【例 1-11】 试计算图 1-51 中两种形式下梁的支座反力。

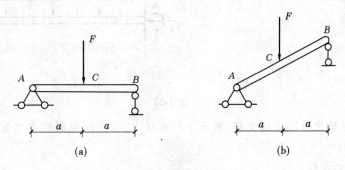

图 1-51 两种形式的简支梁

解:画出受力图,如图 1-52 所示。

应用二矩式求解:

对于图 1-52(a)选择 A、B 两支座中心为矩心,则

$$\sum F_{ix} = 0 \rightarrow F_{Ax} = 0$$

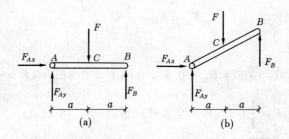

图 1-52　受力图

$$\sum M_A(F_i) = 0 \rightarrow F_{Ax} \times 0 + F_{Ay} \times 0 + F_B \times 2a - F \times a = 0 \rightarrow F_B = \frac{F}{2}(\text{竖直向上})$$

$$\sum M_B(F_i) = 0 \rightarrow F_{Ax} \times 0 - F_{Ay} \times 2a + F_B \times 0 + F \times a = 0 \rightarrow F_{Ay} = \frac{F}{2}(\text{竖直向上})$$

对于图 1-52(b)仍选择 A、B 两支座中心为矩心,则

$$\sum F_{ix} = 0 \rightarrow F_{Ax} = 0$$

$$\sum M_A(F_i) = 0 \rightarrow F_{Ax} \times 0 + F_{Ay} \times 0 + F_B \times 2a - F \times a = 0 \rightarrow F_B = \frac{F}{2}(\text{竖直向上})$$

$$\sum M_B(F_i) = 0 \rightarrow F_{Ax} \times 0 - F_{Ay} \times 2a + F_B \times 0 + F \times a = 0 \rightarrow F_{Ay} = \frac{F}{2}(\text{竖直向上})$$

由此可见两种情况下支座反力完全相同。

【例 1-12】　试计算如图 1-53(a)所示墙壁对阳台梁的约束反力,已知阳台梁受到的荷载为均布线荷载 $q = 2\text{ kN/m}$,阳台梁的悬挑长度为 4 m。

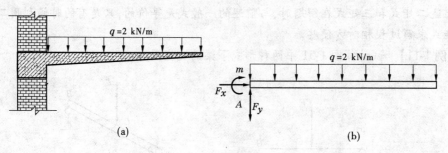

图 1-53

解:将墙壁简化为固定端支座,有三个约束反力,画出阳台梁的受力图,如图 1-53(b)所示。

应用一般式求解:

$$\sum F_{ix} = 0 \rightarrow F_x = 0$$

$$\sum F_{iy} = 0 \rightarrow F_y - q \times 4 = 0 \rightarrow F_y = 8(\text{kN})(\text{竖直向上})$$

$$\sum M_A(F_i) = 0 \rightarrow F_y \times 0 - m - q \times 4 \times 2 = 0 \rightarrow m = -16(\text{kN} \cdot \text{m})(\text{逆})$$

🔑 **特别提示**

分布力的合力按如下规律计算:合力大小等于分布图形的面积或体积,合力的方向与分布力相同,合力的作用点位于分布图形的形心。在解平衡方程时,分布力的投影和力矩均可用其合力的投影和力矩代替。

【例1-13】 计算如图1-54(a)所示结构的支座反力,已知 $F_1 = 24$ kN, $F_2 = 8$ kN。

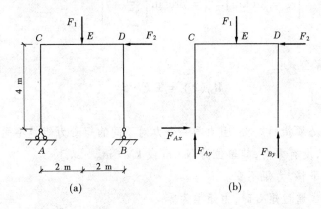

图1-54

解:画出结构的受力图,如图1-54(b)所示。

列平衡方程求解:

$$\sum F_{ix} = 0 \rightarrow F_{Ax} = F_2 = 8 \text{ kN}(水平向右)$$

$$\sum F_{iy} = 0 \rightarrow F_{Ay} - F_1 + F_{By} = 0 \rightarrow F_{Ay} + F_{By} = 24(\text{kN})$$

$$\sum M_A(F_i) = 0 \rightarrow -F_1 \times 2 + F_2 \times 4 + F_{By} \times 4 = 0 \rightarrow F_{By} = 4(\text{kN} \cdot \text{m})(竖直向上)$$

代入第二式,求出 $F_{Ay} = 20$ kN(竖直向上)。

🔅 小 结

1. 建筑力学的任务是研究结构和构件的承载能力(包括强度、刚度和稳定性),保证结构和构件在各种荷载作用下能正常工作,并在此前提下达到最大的经济性。

2. 四个静力学公理和两个推论是平面力系简化和平衡的理论依据,是建筑力学的基础。

(1)四个静力学公理:①力的平行四边形法则;②二力平衡公理;③加减平衡力系公理;④作用力与反作用力公理。

(2)两个推论:①力的可传性;②三力平衡汇交定理。

3. 力的投影

(1)力的投影计算公式:

$$F_x = ab = \pm F\cos\alpha$$
$$F_y = cd = \pm F\sin\alpha$$

(2)合力投影定理:

$$F_{Rx} = F_{1x} + F_{2x} + \cdots + F_{nx} = \sum F_{ix}$$

$$F_{Ry} = F_{1y} + F_{2y} + \cdots + F_{ny} = \sum F_{iy}$$

（3）由合力投影定理导出的平面力系合成的解析法：

$$\begin{cases} F = \sqrt{F_x^2 + F_y^2} = \sqrt{\left(\sum F_{ix}\right)^2 + \left(\sum F_{iy}\right)^2} \\ \alpha = \arctan\left|\dfrac{F_y}{F_x}\right| = \arctan\left|\dfrac{\sum F_{iy}}{\sum F_{ix}}\right| \end{cases}$$

4. 力矩和力偶

（1）力矩的计算公式：

$$M_O(F) = \pm F \cdot d$$

（2）力矩的性质：

①计算力矩时必须指明矩心，因为同一个力对不同的矩心力矩是不同的。

②力矩是标量，没有方向，其单位为 N·m 或 kN·m。

③力沿作用线平移，力矩不变。

④当力的作用线通过矩心时，力矩恒为零。

（3）合力矩定理：

$$M_O(F_R) = M_O(F_1) + M_O(F_2) + \cdots + M_O(F_n) = \sum M_O(F_i)$$

（4）力偶的性质：

①力偶对物体的转动效应由力偶矩来度量，且力偶矩是标量，没有方向，因此力偶的合成可以直接相加减，无须矢量运算，即合力偶 $m = m_1 + m_2 + \cdots + m_n = \sum m_i$。

②力偶对任意轴的投影恒为零，因此力偶没有合力，它既不能与任何一个力等效，也不能与任何一个力平衡。

③力偶对其平面内任一点的转动效应均相同，都等于其力偶矩。

5. 物体的受力图

常见的四类理想约束：柔体约束、光滑接触面约束、铰及铰支座、固定端支座。

画物体受力图的步骤：①取脱离体；②在脱离体上画上荷载；③根据约束的类型画出相应的约束反力。

6. 平面力系平衡方程的三种形式：

$$\begin{cases} \sum F_{ix} = 0 \\ \sum F_{iy} = 0 \\ \sum M_O(F_i) = 0 \end{cases} \qquad \begin{cases} \sum F_{ix} = 0 \\ \sum M_A(F_i) = 0 \\ \sum M_B(F_i) = 0 \end{cases} \qquad \begin{cases} \sum M_A(F_i) = 0 \\ \sum M_B(F_i) = 0 \\ \sum M_C(F_i) = 0 \end{cases}$$

上述一般式、二矩式和三矩式在解题时是等价的，只是有的时候利用二矩式和三矩式求解过程相对方便些。

习 题

一、选择题

1. 三个平面力系如图 1-55 所示，试判断其中哪些力系构成平衡力系。（　　　）

A. 图（a）　　　　B. 图（b）　　　　C. 图（c）　　　　D. 图（d）

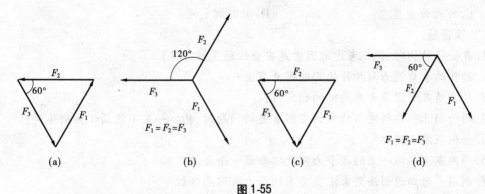

（a）　　　　　　　　　（b）　　　　　　　　　（c）　　　　　　　　　（d）

图 1-55

2. 力 F 作用点位于坐标系的第三象限，但指向第一象限，如图 1-56 所示，则其在两个坐标轴上的投影的正负为（　　　）。

A. F_x 为正、F_y 为负　　　　　　　　B. F_x、F_y 均为正

C. F_x、F_y 均为负　　　　　　　　　D. F_y 为正、F_x 为负

3. 物体受力如图 1-57 所示，根据力矩逆正顺负的原则，下列说法中不正确的是（　　　）。

A. F_1、F_2、F_3 对圆心 O 点的力矩均为零

B. F_1 对 A 点的力矩为负

C. F_2 对 A 点的力矩为负

D. F_3 对 A 点的力矩为零

4. 直杆变形后其轴线变为曲线的基本变形是（　　　）。

A. 拉伸与压缩　　B. 剪切　　　　　C. 扭转　　　　　　D. 弯曲

5. 平面汇交力系交于 O 点，大小、方向如图 1-58 所示，则它们向距离 O 点为 2 m 的 A 点简化，简化的主矢 F'_R 的大小和主矩 M_A 计算正确的是（　　　）。

A. $F'_R = 0$　　　　　　　　　　　B. $F'_R = 10(\sqrt{2} + 1)\text{kN}$

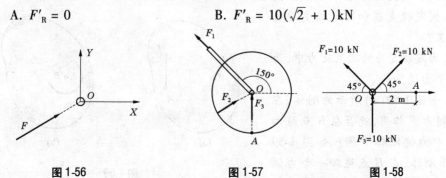

图 1-56　　　　　　　　　　图 1-57　　　　　　　　　　图 1-58

C. $M_A = 0$　　　　　　　　　　　D. $M_A = 20 \text{ kN} \cdot \text{m}$

6. 下面几种实际约束,分别可以简化为四类理想约束中的哪一类?

(1)普通螺栓(不考虑螺栓与孔壁之间的摩擦)对连接件的约束。(　　)

(2)焊缝(钢板之间用焊条焊接)对被焊接物体的约束。(　　)

(3)钢筋混凝土梁和柱整体浇筑,柱作为梁的约束。(　　)

　　A. 光滑接触面约束　　　　　　　B. 固定铰支座

　　C. 可动铰支座　　　　　　　　　D. 固定端支座

二、简答题

1. 在设计结构时,优先考虑的因素是安全性还是经济性?

2. 构件的承载能力与构件的哪些因素有关?

3. 什么情况下需要考虑构件的稳定性?

4. 何为刚体? 在研究与物体的变形有关的问题时,物体一定不能简化为刚体吗?

5. 如何理解小变形?

6. 作用点不在同一点的两个力能直接合成一个合力吗?

7. 利用平行四边形法则求汇交力系的合力有何局限性?

8. 物体受到大小相等、方向相反、作用线在一条直线上的两个力作用时,一定能平衡吗?

9. 为何力的可传性对变形固体不适用?

10. 物体受到三个力作用保持平衡,这三个力一定交于同一点吗? 若不一定,请举例说明。

11. 平衡力、作用力与反作用力这两者有何区别?

12. 如何确定力的投影的正负?

13. 解析法求合力的原理是什么? 它与力的平行四边形法则求合力有何不同?

14. 力矩对物体的作用效应有哪些? 如何确定力矩的正负号? 力矩的基本性质有哪些?

15. 什么情况下用合力矩定理计算力矩比直接计算力矩更方便?

16. 何为力偶? 力偶与力有哪些不同?

17. 力偶有哪些基本性质?

18. 根据什么原则确定约束反力的方向?

19. 光滑接触面约束和可动铰支座的约束反力的方向有何区别?

20. 铰和铰支座的约束反力相同,它们的区别在哪里?

21. 固定铰支座和固定端支座区别在哪里?

22. 固定端支座的约束反力中,为何有一个力偶?

23. 如图 1-59(a)所示的刚体,在 A 点受到力 F 作用,能否在 B 点施加一个集中力使刚体平衡? 如图 1-59(b)所示刚体,在 B 点施加一个力偶 m 作用,能否在 A 点施加一个力偶使

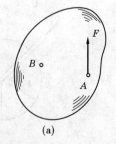
(a)

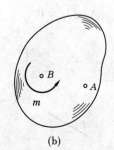
(b)

图 1-59

刚体平衡?

24.如图1-60所示相同的两个圆盘,受到大小相等的力 F 作用,一个作用在圆盘的上端点,另一个作用在右端点,没有其他的力,这两者的运动状态有何不同?

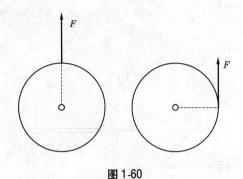

图1-60

三、计算题

1.画出如图1-61所示各物体的受力图。

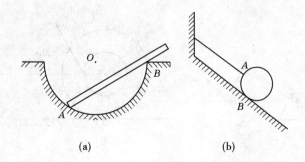

(a)　　　　　　　　(b)

图1-61

2.画出如图1-62所示各物体的受力图。

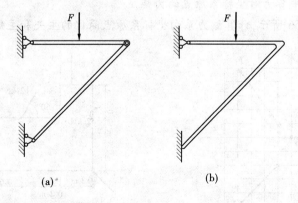

(a)　　　　　　　　(b)

图1-62

3.画出如图1-63所示各物体的受力图。

4.计算如图1-64所示各力对转动中心 O 点的力矩。

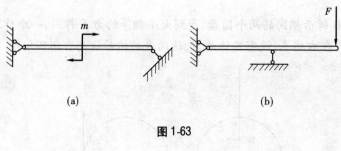

(a) (b)

图 1-63

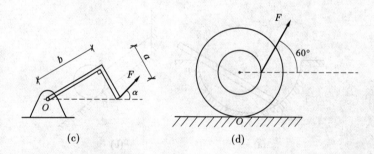

(a) (b)

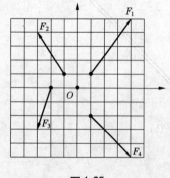

(c) (d)

图 1-64

5. 计算如图 1-65 所示各力的投影,力的大小和方向如图 1-65 所示。

6. 计算第 5 题中各力对坐标系原点的力矩。

7. 物体如图 1-66 所示,计算该力系向坐标系原点简化的主矢和主矩。

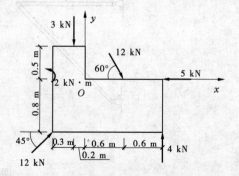

图 1-65

图 1-66

8. 计算如图 1-67 所示各支座反力。

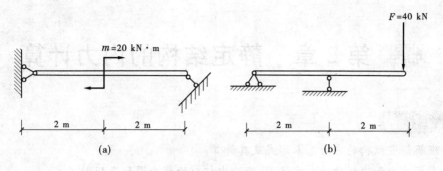

图 1-67

9. 计算如图 1-68 所示梁的支座反力。

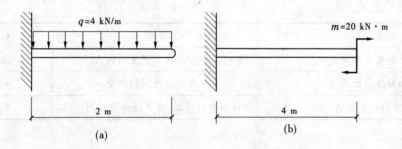

图 1-68

10. 如图 1-69 所示，结构为一拔桩的机械，绳索 AC 段与水平方向夹角 $\alpha = 5°$，BD 段与竖直方向夹角 $\beta = 5°$，AB 段水平，在 A 点施加拉力 $F = 20$ kN，试根据力系的平衡方程，计算 B 点施加给桩的拉力。

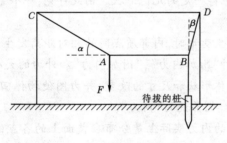

图 1-69

第 2 章　静定结构的内力计算

教学目标

1. 理解静定结构的内力基本形式及其计算。
2. 掌握剪力和弯矩的计算方法,并能绘出相应的剪力图和弯矩图。

教学要求

能力目标	知识要点	权重
内力和变形的概念	变形基本形式及其产生的内力	20%
轴向拉压杆的内力	轴力计算和轴力图的画法	40%
受弯构件的内力	剪力和弯矩计算、剪力图和弯矩图	40%

章节导读

物体的内力,一般是指物体内部各质点之间的相互作用力。在没有外力作用的情况下,其内部各质点之间均处于平衡状态,如物体内部原子与原子之间或者分子与分子之间既有吸引力又有排斥力,两种力是一种平衡力。这种平衡力能够使各质点之间保持一定的相对位置,从而使物体维持一定的几何形状。由此可见,一个完全不受外力作用的物体也是具有内力的。

当物体受外力作用发生变形时,内部质点间的相对距离发生了改变,从而引起内力的改变,内力的改变量是一种"附加内力","附加内力"和外力的大小相等但方向相反,用来抵抗因外力作用引起的物体形状和尺寸的改变,并力图使物体回复到变形前的状态和位置,这种"附加内力"就是我们常说的"内力"。

受力杆件某横截面上的内力实际上是分布在截面上的各点的分布力系,而工程力学分析杆件某截面上的内力时,一般将分布内力先表示成分布内力向截面的形心简化所得的主矢分量和主矩分量进行求解,而内力的具体分布规律放在下一步考虑。

引例

在实际工程中,所有建筑物都要依靠其结构来承受荷载,结构是建筑的重要组成部分。结构在外荷载作用下必定在结构的内部引起内力和变形。内力和变形的大小决定了后续的结构设计中选择什么样的材料、材料强度等级、材料的用量、构件截面形状及尺寸等内容。以钢筋混凝土结构为例,构件在荷载作用下将会产生弯矩,而弯矩的大小决定了截面纵向受力钢筋的多少及钢筋所处的位置;又如砌体结构,压力的大小决定了构件的截面尺寸和材料等级;钢结构的受力决定了钢材的型号和组成。

2.1　内力和变形的概念

2.1.1　变形的四种基本形式

实际的构件受力后将发生形状、尺寸的改变,构件这种形状、尺寸的改变称为变形。

杆在各种形式的外力作用下,其变形是多种多样的,但无外乎是某一种基本变形或几种基本变形的组合。杆件的基本变形可分为以下四类。

2.1.1.1　轴向拉伸或压缩

这类变形是由大小相等、方向相反、作用线与杆件轴线重合的一对力所引起的,表现为杆件的长度发生伸长或缩短,杆的任意两横截面仅产生相对的纵向线位移。如图 2-1 所示表示一简易起重吊车,在荷载 F 的作用下,AC 杆承受拉伸而 BC 杆承受压缩。

2.1.1.2　剪切

这类变形是由大小相等、方向相反、作用线垂直于杆的轴线且距离很近的一对力引起的,表现为杆件两部分沿外力作用方向发生相对的错动。如图 2-2(a)所示表示一铆钉连接,铆钉穿过钉孔将上下两块板连接在一起,板在拉力 F 的作用下,而铆钉本身承受横向力产生剪切变形,如图 2-2(b)所示。机械中常用的连接件如键、销钉、螺栓等均承受剪力变形。

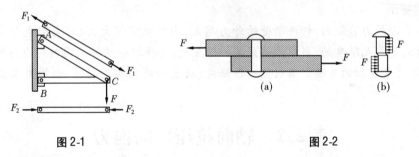

图 2-1　　　　　　　　　　　　　　　　　图 2-2

2.1.1.3　扭转

这类变形是由大小相等、转向相反、两作用面都垂直于轴线的两个力偶引起的,表现为杆件的任意两横截面绕轴线发生相对转动(即相对角位移),在杆件表面的直线扭曲成螺旋线。如图 2-3 所示汽车转向轴在运动时发生扭转变形。此外,汽车传动轴、电机与水轮机的主轴等,都是受扭转的杆件。

2.1.1.4　弯曲

这类变形是由垂直于杆件的横向力,或由作用于包含杆轴的纵向平面内的一对大小相等、转向相反的力偶所引起的,表现为杆的轴线由直线变为曲线。如图 2-4 所示的机车轮轴所产生的变形即为弯曲变形。在工程上,杆件产生弯曲变形是最常遇到的,如桥式起重机的大梁、船舶结构中的肋骨等都属于弯曲变形杆件。

🔑 **特别提示**

上述的四种基本变形均是针对杆件而言的,对于板、壳、块等复杂构件,其变形虽然比

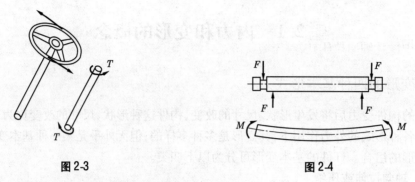

图2-3　　　　　　　　　　　　　　图2-4

较复杂,但在分析的时候总是将这类复杂构件简化为杆件。

2.1.2　内力的四种基本形式

构件所受到的外力包括荷载和约束反力。构件在外力作用下发生变形,将引起内力。内力是变形的原因,四种基本变形对应有四种基本内力:

(1)轴向拉伸或压缩变形对应的内力——轴力,用 N 表示。

(2)剪切变形对应的内力——剪力,用 V 表示。

(3)扭转变形对应的内力——扭矩,用 T 表示。

(4)弯曲变形对应的内力——弯矩,用 M 表示。

🔑 特别提示

内力是由外力引起的,杆件所受的外力越大,内力也就越大,同时变形也越大。但是内力的增大不是无限度的,当内力达到某一限度时,杆件就会破坏。同时内力与杆件的强度、刚度等有着密切的关系。当讨论杆件强度、刚度和稳定性问题时,必须先求出杆件的内力。

2.2　轴向拉压杆的内力

在工程实际中,经常有受轴向拉伸和压缩的杆件,如图 2-5 所示钢筋混凝土电杆上支撑架空电缆的横担结构就是轴向拉压杆。

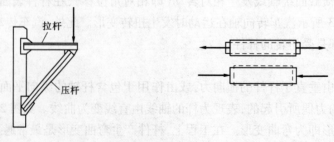

图2-5

2.2.1　轴力的计算

工程中设计轴向拉压杆,首先需要研究杆件的内力,为了显示和计算杆件内力大小可采用截面法。以等直杆为例先用一假想截面 $m—m$ 在需求内力处将杆截断并分为 Ⅰ 、Ⅱ 两部分(见图 2-6(a))。取其中任一部分为脱离体(见图 2-6(b)),并将去掉部分(例如 Ⅱ)对脱离体的作用用内力的合力 N 代替,由脱离体的平衡条件

$$\sum F_x = 0 \quad N - F = 0$$

求得内力 $N = F$。

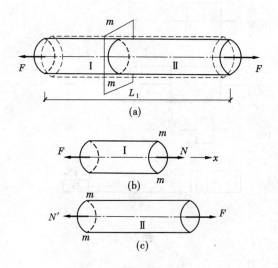

图 2-6　用截面法求杆的内力

由二力平衡知,内力 N 必沿杆轴线作用,故称为轴力。

同样,若以部分 Ⅱ 为脱离体(见图 2-6(c)),也可求得截面的内力 N',且 N 与 N' 等值反方向。

轴力的量纲为[力],在国际单位制中常用的单位是 N(牛)或 kN(千牛)。

为了区分拉伸和压缩,并使同一截面的内力符号一致,对轴力 N 的正负号做如下规定:轴力的指向离开作用截面的为正号的轴力,指向朝向作用截面的为负号的轴力。也就是说,拉力的符号为正号,压力的符号为负号。根据这个规定,如图 2-6(a)所示 $m—m$ 截面的轴力无论取左脱离体还是取右脱离体其符号均为正(即拉力)。

🔑 特别提示

轴力通过截面形心,与横截面相垂直,且规定拉力为正,压力为负。对于其他内力,求法均可采用与求上述轴力相同的方法,该法称为截面法。截面法是求轴力的基本方法,一般分为三个步骤:截开、代替、平衡。

2.2.2　轴力图

当杆件受到多个轴向外力作用时,杆件不同横截面的内力将不同,为了形象地表示轴力沿杆件截面位置变化而变化的情况,可以做出轴力图。具体做法是用平行于轴线的坐

标表示横截面位置,用垂直于杆轴线的坐标表示截面上轴力的大小,从而绘出表示轴力与截面位置关系的图形,即为轴力图。

下面举例说明轴力的计算及轴力图的做法。

【例2-1】 变截面杆受力情况如图2-7(a)所示,试求各段杆的轴力并做出轴力图。

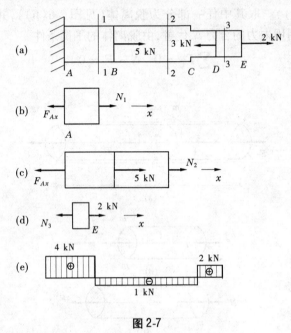

图2-7

解:(1)先求支座反力。

固定端只有水平反力,设为 F_{Ax},由整个杆平衡条件得

$$\sum F_x = 0 \qquad -F_{Ax} + 5 - 3 + 2 = 0, \quad F_{Ax} = 4 \text{ kN}$$

(2)求各段轴力。

力作用点为分段的交界点,该题应分成 AB、BD 和 DE 段。在 AB 段内用任一横截面 1—1 将杆截开后,研究左段杆的平衡。在截面上假设轴力 N_1 为拉力(如图2-8(b)所示)。

由平衡条件 $\sum F_x = 0$ 得

$$N_1 - F_{Ax} = 0 \qquad N_1 = 4 \text{ kN}$$

结果为正,说明原假设拉力是正确的。

在 BC 及 CD 段,横截面面积虽有改变,但平衡方程式与截面大小无关,故只取一段。如在 BD 段用任一截面 2—2 将杆截开,研究左段杆的平衡。在截面上假设轴力 N_2 仍设为拉力(如图2-7(c)所示)。

由平衡条件 $\sum F_x = 0$ 得

$$N_2 + 5 - 4 = 0 \qquad N_2 = -1 \text{ kN}$$

结果为负,说明实际方向与原假设方向相反,N_2 应为压力。

同理在 DE 段,用任一截面 3—3 将杆截开,研究右段杆的平衡。假设轴力 N_3 为拉力

（如图 2-7(d)所示）。

由平衡条件 $\sum F_x = 0$ 得

$$N_3 = 2 \text{ kN}$$

（3）做轴力图。

取一直角坐标系，以与杆轴平行的坐标轴 x 轴表示截面位置。然后，选定比例，纵坐标 N 表示各段轴力大小。根据各截面轴力的大小和正负号画出杆的轴力图，如图 2-7(e)所示。

由轴力图可以看出，最大轴力 $N_{max} = 4 \text{ kN}$，发生在 AB 段内。

【例 2-2】 已知 $F_1 = 10 \text{ kN}$、$F_2 = 20 \text{ kN}$、$F_3 = 35 \text{ kN}$、$F_4 = 25 \text{ kN}$，试画出图 2-8 所示杆件的轴力图。

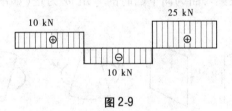

图 2-8

解：（1）计算各段的轴力。

AB 段 $\qquad\qquad \sum F_x = 0 \qquad\qquad N_1 = 10 \text{ kN}$

BC 段 $\quad \sum F_x = 0 \quad N_2 + F_2 = F_1 \quad N_2 = F_1 - F_2 = 10 - 20 = -10 (\text{kN})$

CD 段 $\qquad\qquad \sum F_x = 0 \qquad\qquad N_3 = F_4 = 25 \text{ kN}$

（2）绘制轴力图，如图 2-9 所示。

图 2-9

2.3 受弯构件的内力

2.3.1 剪力和弯矩

2.3.1.1 用截面法求梁的内力

为进行梁的设计，需求梁的内力，求梁任一截面内力仍采用截面法，如图 2-10(a)所示，梁在外力（荷载 F 和支座反力 F_{Ay}、F_{By}）作用下处于平衡状态，在需求内力处用一假想截面 m—n 将梁截开分为两段。取任意一段，如左段为脱离体。由于梁原来处于平衡状态，取出的任一部分也应保持平衡。从图 2-10(b)可知，左脱离体 A 端作用有一向上的支座反力 F_{Ay}，要使它保持平衡，由 $\sum F_x = 0$ 和 $\sum M = 0$，在切开的截面 m—n 上必然存在两个内力分量:内力 V 和内力偶矩 M。内力分量 V 位于横截面上,称为剪力;内力偶矩 M 位于纵向对称平面内,称为弯矩。

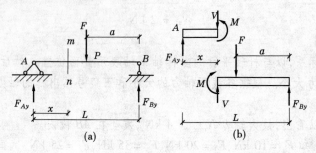

图 2-10

对左脱离体列平衡方程:

$$由 \sum F_y = 0 \quad 有 F_{Ay} - V = 0 \quad 则得 V = F_{Ay}$$

$$由 \sum M = 0 \quad 有 F_{Ay}x - M = 0 \quad 则得 M = F_{Ay}x$$

注意此处是对截面形心 C 取矩,因剪力 V 通过截面形心 C 点,故在力矩方程中剪力为零。同样可取右脱离体,由平衡方程求出梁截面 $m-n$ 上内力 V 和 M,其结果与左脱离体求得的 V 和 M 大小相等、方向相反、互为作用力与反作用力的关系。

为使梁同一截面内力符号一致,必须联系到变形状态规定它的正负号。若从梁 $m-n$ 处取一微段 dx,由于剪力 V 作用会使微段上下发生错动的剪切变形。因此规定:使微段梁发生左端向上而右端向下相对错动的剪力 V 为正(如图 2-11(a)所示),反之为负(如图 2-11(b)所示);使微段梁弯曲为向下凸时的弯矩 M 为正(如图 2-11(c)所示),反之为负(如图 2-11(d)所示)。

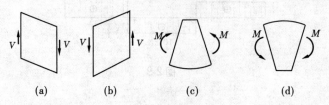

图 2-11

根据符号规定,如图 2-10 所示 $m-n$ 截面内力符号均为正号。

下面举例说明怎样用截面法求任一梁截面的内力。

【例 2-3】　外伸梁如图 2-12 所示,已知均布荷载 q 和集中力偶 $m = qa^2$,求指定的 1—1、2—2、3—3 截面内力。

解:(1)求支座反力。

设支座反力为 F_{Ay}、F_{By},由平衡方程 $\sum M_A = 0$,有 $F_{By} \cdot 2a - m - qa \cdot \dfrac{5}{2}a = 0$,得

$$F_{By} = \frac{7}{4}qa。$$

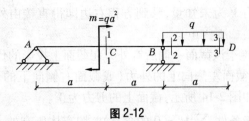

图 2-12

由 $\sum F_y = 0$,有 $-F_{Ay} + F_{By} - qa = 0$,得 $F_{Ay} = \dfrac{3}{4}qa$。

由平衡方程 $\sum M_B = 0$ 校核支座反力:

$$F_{Ay} \cdot 2a - m - qa \cdot \frac{a}{2} = \frac{3}{4}qa \cdot 2a - qa^2 - \frac{qa^2}{2} = 0$$

结果正确。

(2)求 1—1 截面内力。

由 1—1 截面将梁分为两段,取左端为脱离体,并假设截面剪力 V_1 和弯矩 M_1 均为正,如图 2-13(a)所示。

由 $\sum F_y = 0$,有 $-F_{Ay} - V_1 = 0$,得 $V_1 = -F_{Ay} = \dfrac{-3qa}{4}$。

由 $\sum M_1 = 0$,有 $F_{Ay} \cdot a + M_1 - m = 0$,得 $M_1 = m - F_{Ay} \cdot a = \dfrac{qa^2}{4}$。

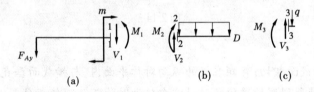

(a)　　　　　　　　(b)　　　　　　　(c)

图 2-13

求得的 V_1 结果为负值,说明剪力实际方向与假设相反,且为负剪力;M_1 结果为正值,说明弯矩实际转向与假设相同,且为正弯矩。

(3)求 2—2 截面(B 截面右侧一点)内力。

由 2—2 截面将梁分为两段,取右端为脱离体,截面剪力 V_2 和弯矩 M_2 均为正,如图 2-13(b)所示。

由 $\sum F_y = 0$,有 $V_2 - qa = 0$,得 $V_2 = qa$。

由 $\sum M_2 = 0$,有 $-M_2 - qa \cdot \dfrac{a}{2} = 0$,得 $M_2 = -\dfrac{qa^2}{2}$。

(4)求 3—3 截面(D 截面右侧一点)内力。

取右端为脱离体,3—3 截面无限靠近 D 点,线分布力 q 的分布长度趋于 0,则 3—3 截面上 $V_3 = 0$、$M_3 = 0$,如图 2-13(c)所示。

2.3.1.2　快捷法求截面内力

由脱离体平衡条件 $\sum F_y = 0$ 的含义知:脱离体所有外力和内力在 Y 轴上投影代数

和为零。其中,只有剪力 V 为未知量,移到方程右边即得直接由外力求任一截面剪力的法则。

（1）某截面的剪力等于该截面一侧所有外力在截面上投影的代数和。

代数和中的符号在截面左侧向上的外力(或截面右侧向下的外力)使截面产生正剪力,反之产生负剪力。如图 2-14 所示,截面上的剪力为正。

同样,由脱离体平衡条件 $\sum M = 0$ 的含义知:脱离体所有外力和内力对截面形心取力矩的代数和为零。其中,只有弯矩 M 为未知量,移到方程右边即得直接由外力求任一截面弯矩的法则。

（2）某截面的弯矩等于该截面一侧所有外力对截面形心力矩的代数和。

代数和中的符号为:左边绕截面顺时针转的力矩或力偶矩(右边绕截面逆时针转的力矩或力偶矩)使截面产生正的弯矩,反之产生负弯矩。如图 2-14 所示,截面上的弯矩为正。

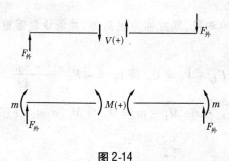

图 2-14

🔑 **特别提示**

剪力与梁的横截面相切;弯矩在梁的纵向对称平面内,与横截面垂直。

剪力正负号:使所研究的梁段顺时针方向转动时为正。弯矩正负号:使所研究的梁段产生向下凸的变形时为正。

2.3.2　剪力图和弯矩图

一般情况下,梁截面上的内力(剪力和弯矩)随截面位置 x 的不同而变化,故横截面的剪力和弯矩都可表示为截面位置 x 的函数,即

$$V = V(x), M = M(x)$$

通常把它们叫剪力方程和弯矩方程。

剪力方程和弯矩方程分别表达了梁截面上的剪力和弯矩随截面位置变化而变化的规律。

表示剪力和弯矩随梁截面位置的不同而变化的情况的图形,分别称为剪力图和弯矩图。剪力图与弯矩图的绘制方法与轴力图大体相似。剪力图中一般把正剪力画在 x 轴的上方,负剪力画在 x 轴的下方。需要特别注意的是,土木工程中习惯把弯矩画在梁受拉的一侧,即正弯矩画在 x 轴的下方,负弯矩画在 x 轴的上方,弯矩图可以不注明正负号。

【例 2-4】　如图 2-15 所示,简支梁受均布荷载,做其剪力图和弯矩图。

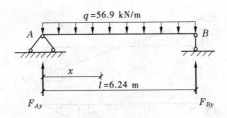

图2-15 简支梁

解:(1)求支座反力。

由 $\sum F_y = 0$ 和对称条件可知 $F_{Ay} = F_{By} = \dfrac{ql}{2}$

(2)列出剪力方程和弯矩方程:以 A 端为原点,并将 x 表示在图上。

$$V(x) = F_{Ay} - qx = \frac{ql}{2} - qx \quad (0 < x < l) \tag{a}$$

$$M(x) = F_{Ay} \cdot x - \frac{qx^2}{2} = \frac{ql}{2} \cdot x - \frac{qx^2}{2} \quad (0 \leqslant x \leqslant l) \tag{b}$$

注意,由于反力 $F_{Ay} = \dfrac{ql}{2}$ 的方向向上,它使梁任一截面产生正号的剪力和弯矩,所以其符号均为正;由于均布荷载的方向是朝下的,它使左端梁的任一截面上产生负号的剪力和弯矩,分布力 q 的合力为分布力图的面积 qx,且作用在分布力 $\dfrac{x}{2}$ 处,而分布力对截面形心的力矩的大小为其合力乘以合力到截面形心的距离,即为 $qx \cdot \dfrac{x}{2}$,因此在式(a)中的 qx 项和式(b)中的 $\dfrac{qx^2}{2}$ 项都带负号。

(3)做剪力图和弯矩图。

从式(a)中可知,$V(x)$ 是 x 的一次函数,说明剪力图是一条直线,故以 $x = 0$ 和 $x = l$ 分别代入,就可得到梁的左端和右端截面上的剪力分别为

$$V_A = F_{Ay} = \frac{ql}{2}, \; V_B = \frac{ql}{2} - ql = -\frac{ql}{2} = -F_{By}$$

由这两个控制数值可画出一条直线,即为梁的剪力图,如图2-16(a)所示。

从式(b)可知,弯矩方程是 x 的二次式,说明弯矩图是一条二次抛物线,至少需要由三个控制点确定。所以,以 $x = 0$、$x = \dfrac{l}{2}$ 和 $x = l$ 分别代入式(b)得

$$M|_{x=0} = 0, M|_{x=\frac{l}{2}} = \frac{ql^2}{8}, \; M|_{x=l} = 0$$

有了这三个控制数值,就可以画出式(b)表示的抛物线,即弯矩图,如图2-16(b)所示。

由做出的剪力图和弯矩图可以看出,最大剪力发生在梁的两段,并且其绝对值相等,数值为 $V_{max} = \dfrac{ql}{2}$;最大弯矩发生在跨中点处($V = 0$),$M_{max} = \dfrac{ql^2}{8}$。

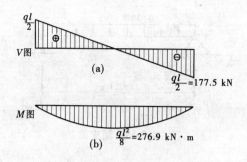

图 2-16　剪力图和弯矩图

将已知的 $q = 56.9$ kN/m 和 $l = 6.24$ m 分别代入可得

$$V_{max} = \frac{ql}{2} = 56.9 \times \frac{6.24}{2} = 177.5(\text{kN})$$

$$M_{max} = \frac{ql^2}{8} = 56.9 \times \frac{6.24^2}{8} = 276.9(\text{kN} \cdot \text{m})$$

【例 2-5】　做如图 2-17 所示简支梁受集中力 P 作用的剪力图和弯矩图。

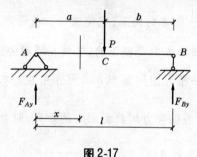

图 2-17

解:(1)求支座反力。

由 $\sum M_B = 0$ 求得 $F_{Ay} = \dfrac{Pb}{l}$。

由 $\sum M_A = 0$ 求得 $F_{By} = \dfrac{Pa}{l}$。

(2)分段列剪力方程和弯矩方程。

由于 C 处作用有集中力 P,AC 和 CB 两段梁的剪力方程和弯矩方程并不相同,因此必须分别列出各段的剪力方程和弯矩方程

AC 段　　　　　　　$V(x) = F_{Ay} = \dfrac{Pb}{l}$　　$(0 < x < a)$

$$M(x) = F_{Ay} \cdot x = \frac{Pbx}{l}　　(0 \leqslant x \leqslant a)$$

CB 段　　　　$V(x) = F_{Ay} - P = \dfrac{Pb}{l} - P = -\dfrac{Pa}{l}　　(0 < x < a)$

$$M(x) = F_{Ay} \cdot x - P(1 - a) = Pa - \frac{Pax}{l}　　(0 \leqslant x \leqslant a)$$

(3)根据 V、M 方程做 V、M 图,如图 2-18 所示。

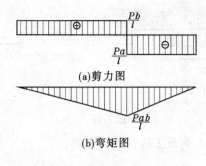

(a)剪力图

(b)弯矩图

图 2-18

由图 2-18 可知,若 $a > b$,则最大剪力发生在 BC 段, $|V|_{max} = \dfrac{Pa}{l}$ 。而最大弯矩发生在 P 作用截面处 $|M|_{max} = \dfrac{Pab}{l}$;若 $a = b$,即当梁中点受集中力时,最大弯矩发生在梁中点截面上 $|M|_{max} = \dfrac{Pl}{4}$ 。

❄ 小　结

1. 杆件的基本变形可分为四类:轴向拉伸或压缩、剪切、扭转、弯曲。
2. 内力有四种:轴力、剪力、扭矩和弯矩。
3. 截面法求内力基本步骤:截开、代替、平衡。
4. 轴力的正负号规定为:杆件受拉时轴力为正,杆件受压时轴力为负。
5. 剪力和弯矩的正负号规定:"左上右下,剪力为正;下部受拉,弯矩为正"。
6. 剪力和弯矩计算的快捷法:
(1)某截面的剪力等于该截面一侧所有外力在截面上投影的代数和。
(2)某截面的弯矩等于该截面一侧所有外力对截面形心力矩的代数和。

❄ 习　题

一、简答题
1. 四种基本内力有什么特点?
2. 杆件变形基本形式有哪些? 决定杆件变形形式的主要因素是什么?
3. 简述剪力和弯矩计算正负号的确定原则。
4. 绘制梁的内力图的方法有哪些?
5. 两根材料与横截面面积均相同,受力也相同的轴向拉(压)杆只是横截面形状不同,它们的轴力图是否相同?
二、计算题
1. 求图 2-19 各杆中指定截面上的轴力,并画出轴力图。

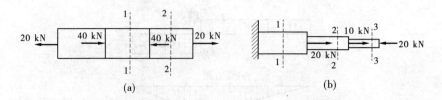

图 2-19

2. 求图 2-20 中各梁 1—1 截面上的剪力和弯矩。

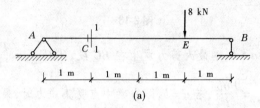

(a)

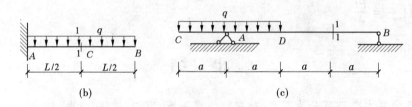

(b)　　　　　　　　　(c)

图 2-20

3. 用内力方程绘制图 2-21 所示各梁的剪力图和弯矩图。(已知：$q = 8$ kN/m，$F = 16$ kN，$a = 2$ m)

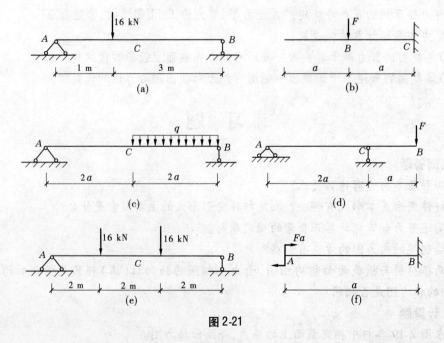

图 2-21

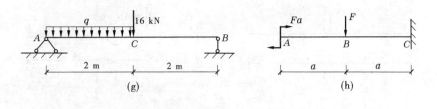

(g)   (h)

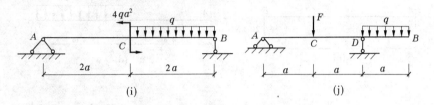

(i)   (j)

续图 2-21

4. 绘制图 2-22 所示各梁的剪力图和弯矩图。

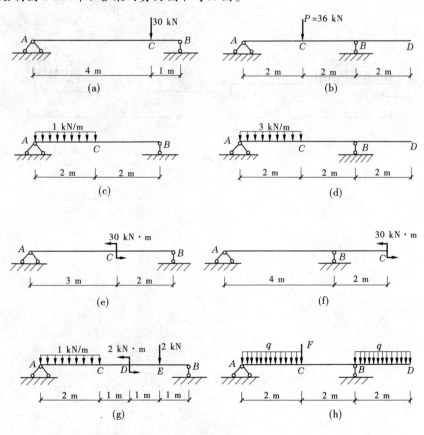

图 2-22

5. 绘制图 2-23 所示各梁的剪力图和弯矩图。

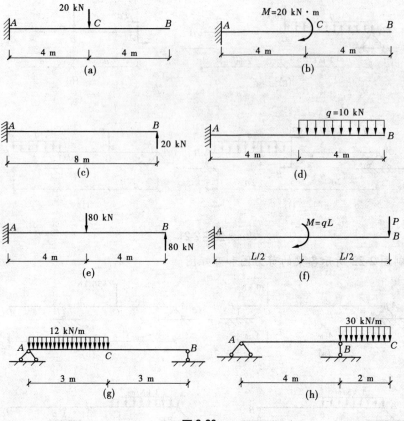

图 2-23

第3章 截面的几何性质

教学目标

1. 理解重心和形心的有关知识、平面图形的各种几何性质。
2. 掌握重心、形心、面积矩和惯性矩的计算公式。

教学要求

能力目标	知识要点	权重
了解重心和形心的基本知识	重心和形心的概念	10%
掌握面积矩的基本概念和公式	简单图形和组合图形的面积矩、形心的计算	50%
掌握惯性矩的计算	惯性矩的计算、平行移轴公式	40%

章节导读

重心在工程中具有重要的意义,重心位置不当会影响物体平衡和稳定。在生活中我们有这样一个体会,要想确定某个物体的重心,可采用悬挂的方法来确定。如图3-1所示的物体,可在 A 点和 B 点将物体各悬挂一次,则可通过交点来确定其重心。但工程上很多时候这种方法并不可行,因此就需要找到可行的方法。

与杆横截面形状和尺寸有关的量称为平面图形的几何性质,平面图形的几何性质是影响杆件承载能力的重要因素,本章重点讨论重心、平面图形几何性质的概念和计算方法。

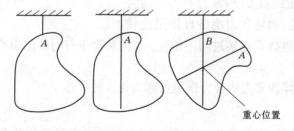

重心位置

图3-1

引例

在工程实际中,重心具有很大的实用价值,例如转动构件的重心不在回转轴线上会引起振动;船舶的重心偏离对称线,船身要发生倾斜。因此,必须了解有关重心的基本知识。计算杆在外力作用下的应力和变形时,需要用到与杆的横截面形状、尺寸有关的几何量。构件截面的几何性质是影响构件受力性能的一个重要因素,合理地设计构件的截面,可以提高构件的承载能力,降低材料的用量。

(1)以我们所住的房屋为例,楼面上钢筋混凝土大梁的截面形式通常是竖向放置的高宽比大于 2 的矩形,如图 3-2 所示,为何不能平躺放置?

(2)为什么钢结构里的钢梁多采用工字形、箱形等空腹式的截面形式,如图 3-3、图 3-4 所示为什么不采用实心截面?

(3)钢筋混凝土柱的截面形式为何多采用近似于正方形的截面?

图 3-2　钢筋混凝土框架结构　　图 3-3　工字形截面梁　　图 3-4　桥梁结构中钢箱梁

3.1　重心和形心的概念

地球表面或表面附近的物体都会受到地心引力。任一物体事实上都可看成由无数个微元体组成,这些微元体的体积小至可看成是质点。任一微元体所受重力(即地球的吸引力)G_i(如图 3-5 所示),其作用点的坐标(x_i,y_i,z_i)与微元体的位置坐标相同。所有这些重力构成一个汇交于地心的汇交力系。由于地球半径远大于地面上物体的尺寸,这个力系可看作一同向的平行力系,而此力系的合力称为物体的重力。

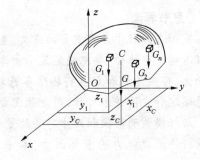

图 3-5

平行力系合力的特点:如果有合力,则合力作用线上将有一确定的点 C,当原力系各力的大小和作用点保持不变,而将各力绕各自作用点转过同一角度,则合力也绕 C 点转过同一角度。C 点称为平行力系的中心。对重力来说,则为重心。

物体的重心:物体的重力的合力作用点称为物体的重心。

🔑 **特别提示**

无论物体怎样放置,重心总是一个确定点,与物体在空间的位置无关,重心的位置保持不变。

(1)重心坐标的公式。利用合理矩定理,可以推导出物体重心坐标的计算公式为

$$x_C = \frac{\sum G_i \cdot x_i}{G} \qquad y_C = \frac{\sum G_i \cdot y_i}{G} \qquad z_C = \frac{\sum G_i \cdot z_i}{G} \tag{3-1}$$

(2)均质物体的形心坐标公式。若物体为均质的,设其密度为ρ,总体积为 V,微元的体积为 V_i,则 $G=\rho g V$,$G_i=\rho g V_i$,代入重心坐标公式,即可得到均质物体的形心坐标公式如

下：

$$x_C = \frac{\sum V_i \cdot x_i}{V} \qquad y_C = \frac{\sum V_i \cdot y_i}{V} \qquad z_C = \frac{\sum V_i \cdot z_i}{V} \tag{3-2}$$

式中，$V = \sum V_i$。在均质重力场中，均质物体的重心、质心和形心的位置重合。

（3）均质等厚薄板的重心（平面图形形心）公式：

$$x_C = \frac{\sum A_i \cdot x_i}{A} \qquad y_C = \frac{\sum A_i \cdot y_i}{A} \qquad z_C = 0 \tag{3-3}$$

🔑 **特别提示**

形心是物体几何形状的中心，均质物体的重心与形心重合。

📐 3.2　面积矩

3.2.1　面积矩

如图 3-6 所示任意有限平面图形，取其单元面积 dA，定义它对任意轴的一次矩为它对该轴的面积矩或静矩，即

$$dS_y = z dA$$
$$dS_z = y dA$$

整个图形对 y、z 轴的面积矩分别为

$$\left. \begin{array}{l} S_y = \int_A z dA \\[2mm] S_z = \int_A y dA \end{array} \right\} \tag{3-4}$$

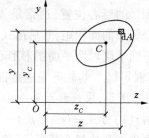

图3-6

3.2.2　形心与面积矩的关系

设平面图形形心 C 的坐标为 (y_C, z_C)，则结合式(3-3)和式(3-4)，可以得出形心坐标和面积矩的关系为

$$y_C = \frac{S_z}{A} \qquad z_C = \frac{S_y}{A} \tag{3-5}$$

推论 1　如果 y 轴通过形心（即 $z_C = 0$），则面积矩 $S_y = 0$；同理，如果 z 轴通过形心（即 $y_C = 0$），则面积矩 $S_z = 0$；反之也成立。

推论 2　如果 x、y 轴均为图形的对称轴，则其交点即为图形形心；如果 y 轴为图形的对称轴，则图形形心必在此轴上。

3.2.3　组合图形的面积矩和形心

设截面图形由几个面积分别为 $A_1, A_2, A_3, \cdots, A_n$ 的简单图形组成，且各组成图形的形心坐标分别为 $(x_1, y_1), (x_2, y_2), (x_3, y_3)\cdots$，则图形对 y 轴和 x 轴的面积矩分别为

$$S_y = \sum_{i=1}^{n} S_{yi} = \sum_{i=1}^{n} A_i y_i \left.\right\}$$

$$S_x = \sum_{i=1}^{n} S_{xi} = \sum_{i=1}^{n} A_i y_i$$

(3-6)

截面图形的形心坐标为

$$x = \frac{\sum_{i=1}^{n} A_i x_i}{\sum_{i=1}^{n} A_i} \qquad y = \frac{\sum_{i=1}^{n} A_i y_i}{\sum_{i=1}^{n} A_i}$$

(3-7)

3.2.4　面积矩的特征

(1)截面图形的面积矩是对某一坐标轴所定义的,故面积矩与坐标轴有关。

(2)面积矩的单位为 m^3。

(3)面积矩的数值可正可负,也可为零。图形对任意形心轴的面积矩必定为零;反之,若图形对某一轴的面积矩为零,则该轴必通过图形的形心。

(4)若已知图形的形心坐标,则可由式(3-5)求图形对坐标轴的面积矩。若已知图形对坐标轴的面积矩,则可由式(3-5)求图形的形心坐标。组合图形的形心位置,通常是先由式(3-6)求出图形对某一坐标系的面积矩,然后由式(3-7)求出其形心坐标。

下面举例说明平面图形形心的计算方法。

【例3-1】　热轧不等边角钢的横截面近似简化图形如图3-7所示,求该截面形心的位置。

解:(1)方法一(分割法)。

根据图形的组合情况,可将该截面分割成两个矩形 Ⅰ、Ⅱ,C_1 和 C_2 分别为两个矩形的形心。取坐标系 xoy 如图3-7所示,则矩形 Ⅰ、Ⅱ 的面积和形心坐标分别为

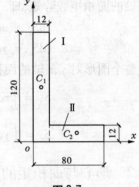

图3-7

$$A_1 = 120 \times 12 = 1\ 440(mm^2)$$

$$x_1 = 6\ mm \quad y_1 = 60\ mm$$

$$A_2 = (80 - 12) \times 12 = 816(mm^2)$$

$$x_2 = 12 + (80 - 12)/2 = 46(mm) \quad y_2 = 6\ mm$$

$$x_C = \frac{\sum A_i x_i}{A} = \frac{A_1 x_1 + A_2 x_2}{A} = \frac{1\ 440 \times 6 + 816 \times 46}{1\ 440 + 816} = 20.5(mm)$$

$$y_C = \frac{\sum A_i y_i}{A} = \frac{A_1 y_1 + A_2 y_2}{A} = \frac{1\ 440 \times 60 + 816 \times 6}{1\ 440 + 816} = 40.5(mm)$$

所求截面形心 C 点的坐标为(20.5 mm,40.5 mm)。

(2)方法二(负面积法)。

用负面积法求形心,计算简图如图3-8所示。

$$A_1 = 80 \times 120 = 9\ 600(mm^2)$$

$$x_1 = 40 \text{ mm} \quad y_1 = 60 \text{ mm}$$
$$A_2 = -108 \times 68 = -7\,344(\text{mm}^2)$$
$$x_2 = 12 + (80 - 12)/2 = 46(\text{mm})$$
$$y_2 = 12 + (120 - 12)/2 = 66(\text{mm})$$

$$x_C = \frac{\sum A_i x_i}{A} = \frac{A_1 x_1 + A_2 x_2}{A}$$
$$= \frac{9\,600 \times 40 - 7\,344 \times 46}{9\,600 - 7\,344} = 20.5(\text{mm})$$

$$y_C = \frac{\sum A_i y_i}{A} = \frac{A_1 y_1 + A_2 y_2}{A}$$
$$= \frac{9\,600 \times 60 - 7\,344 \times 66}{9\,600 - 7\,344} = 40.5(\text{mm})$$

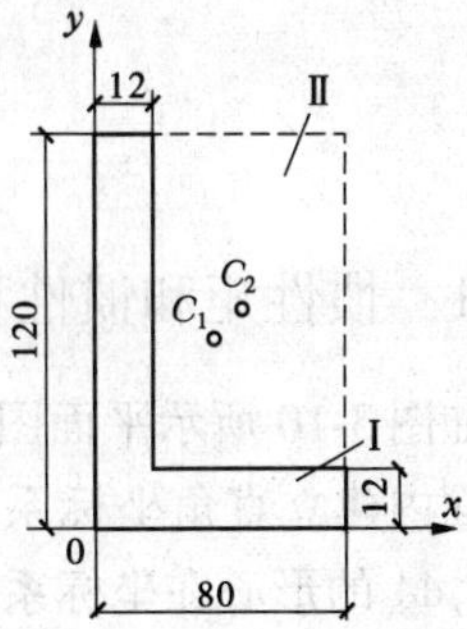

图 3-8

【例 3-2】 图 3-9 为带弧边 T 形,已知 $R = 100$ mm,$r_2 = 30$ mm,$r_3 = 17$ mm,求该截面的形心位置。

解: 由于图形有对称轴,形心必在对称轴上,建立坐标系 xoy 如图 3-9 所示,只需求出 y_C,将图形看成由三部分组成,各自的面积及形心坐标分别计算如下:

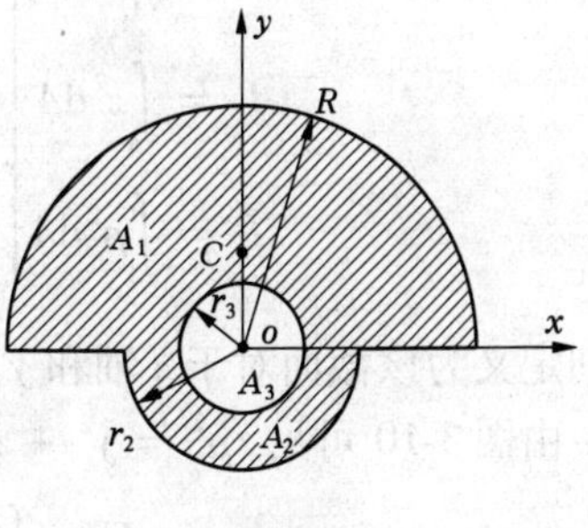

(1) 半径为 R 的半圆面:
$$A_1 = \pi R^2/2 = \pi \times (100)^2/2 = 15\,700(\text{mm}^2)$$
$$y_1 = 4R/(3\pi) = 4 \times 100/(3\pi) = 42.5(\text{mm})$$

图 3-9

(2) 半径为 r_2 的半圆面:
$$A_2 = \pi r_2^2/2 = \pi \times 30^2/2 = 1\,413(\text{mm}^2)$$
$$y_2 = -4r_2/(3\pi) = -4 \times 30/(3\pi) = -12.7(\text{mm})$$

(3) 被挖掉的半径为 r_3 的圆面:
$$A_3 = -\pi r_3^2 = -\pi \times 17^2 = -907.5(\text{mm}^2)$$
$$y_3 = 0$$

(4) 求图形的形心坐标,由形心公式可求得:
$$y_C = \frac{\sum A_i y_i}{A} = \frac{A_1 y_1 + A_2 y_2 + A_3 y_3}{A}$$
$$= \frac{15\,700 \times 42.5 + 1\,413 \times (-12.7) - 907.5 \times 0}{15\,700 + 1\,413 - 907.5} = 40.1(\text{mm})$$

所求截面形心 C 点的坐标为 $(0 \text{ mm}, 40.1 \text{ mm})$

🔑 **特别提示**

如果平面图形具有对称轴,对称轴必然是平面图形的形心轴,故平面图形对其对称轴的面积矩必等于零。

◆◆ 3.3　惯性矩

3.3.1　惯性矩和惯性积

　　如图 3-10 所示平面图形代表一任意截面,在图形平面内建立直角坐标系 zoy。现在图形内取微面积 dA,dA 的形心在坐标系 zoy 中的坐标为(y,z),到坐标原点的距离为 ρ。现定义 y^2dA 和 z^2dA 为微面积 dA 对 z 轴和 y 轴的惯性矩,ρ^2dA 为微面积 dA 对坐标原点的极惯性矩,而以下三个积分

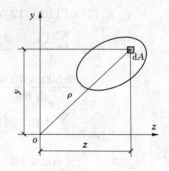

图 3-10

$$I_z = \int_A y^2 dA$$
$$I_y = \int_A z^2 dA \left.\right\} \qquad (3\text{-}8)$$
$$I_\rho = \int_A \rho^2 dA$$

分别定义为该截面对于 z 轴和 y 轴的惯性矩以及对坐标原点的极惯性矩。

　　由图 3-10 可见,$\rho^2 = y^2 + z^2$, 所以有

$$I_\rho = \int_A \rho^2 dA = \int_A (y^2 + z^2) dA = I_z + I_y \qquad (3\text{-}9)$$

即任意截面对一点的极惯性矩,等于截面对以该点为原点的两任意正交坐标轴的惯性矩之和。

　　另外,微面积 dA 与它到两轴距离的乘积 $zydA$ 称为微面积 dA 对 y、z 轴的惯性积,而积分

$$I_{yz} = \int_A zy dA \qquad (3\text{-}10)$$

定义为该截面对于 y、z 轴的惯性积。

　　从上述定义可见,同一截面对于不同坐标轴的惯性矩和惯性积一般是不同的。惯性矩的数值恒为正值,而惯性积则可能为正,可能为负,也可能等于零。惯性矩和惯性积的常用单位是 m^4 或 mm^4。

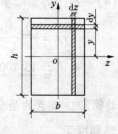

图 3-11

　　【例 3-3】　计算如图 3-11 所示的矩形截面对自身对称轴 z 轴和 y 轴的惯性矩。

　　解:根据惯性矩的定义得

$$I_z = \int_A y^2 dA = \int_{-\frac{h}{2}}^{\frac{h}{2}} y^2 b dy = \frac{bh^3}{12}$$

$$I_y = \int_A z^2 dA = = \int_{-\frac{b}{2}}^{\frac{b}{2}} z^2 h dz = \frac{hb^3}{12}$$

3.3.2　惯性矩和惯性积的平行移轴公式

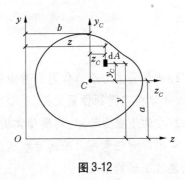

图 3-12

如图 3-12 所示的截面,其对 z 轴和 y 轴的惯性矩与其对形心轴 z_C 轴和 y_C 轴的惯性矩有何关系?

$$
\begin{aligned}
I_z &= \int_A y^2 \mathrm{d}A = \int_A (y_C + a)^2 \mathrm{d}A \\
&= \int_A y_C^2 \mathrm{d}A + 2a \int_A y_C \mathrm{d}A + a^2 \int_A \mathrm{d}A \\
&= I_{z_C} + 2a S_{z_C} + a^2 A \\
&= I_{z_C} + a^2 A
\end{aligned}
$$

同理可得
$$
I_y = I_{y_C} + b^2 A
$$

综上可得惯性矩和惯性积的平行移轴公式为

$$
\left.\begin{aligned}
I_z &= I_{z_C} + a^2 A \\
I_y &= I_{y_C} + b^2 A
\end{aligned}\right\} \tag{3-11}
$$

$$
I_{zy} = I_{z_C y_C} + abA \tag{3-12}
$$

平行移轴公式的特征:

(1)任意形状界面图形的面积为 A,x_C、y_C 轴为图形的形心轴,x、y 轴为分别与 x_C、y_C 形心轴相距为 a 和 b 的平行轴。

(2)两对平行轴之间的距离 a 和 b 的正负,可任意选取坐标轴 x、y 或形心 x_C、y_C 为参考轴加以确定。

(3)在所有相互平行的坐标轴中,图形对形心轴的惯性矩为最小,但图形对形心轴的惯性积不一定是最小。

任意形状截面图形对以某一点 O 为坐标原点的坐标轴 x_0、y_0 的惯性积为零($I_{x_0 y_0} = 0$),则坐标轴 x_0、y_0 称为图形通过点 O 的主惯性轴。截面图形对主惯性轴的惯性矩 I_{x_0}、I_{y_0},称为主惯性矩。

主惯性轴、主惯性矩具有如下特征:

(1)图形通过某一点 O 至少具有一对主惯性轴,而主惯性矩是图形对通过同一点 O 所有轴的惯性矩中最大和最小。

(2)主惯性轴的方位角 α_0,从参考轴 x、y 量起,以逆时针转向为正。

(3)若图形对以一点 O 为坐标原点的两主惯性矩相等,则通过点 O 的所有轴均为主惯性轴,且所有主惯性矩都相同。

(4)以截面图形形心为坐标原点的主惯性轴,称为形心主惯性轴。图形对一对形心主惯性轴的惯性矩,称为形心主惯性矩。

◀ 小　结

1.物体的重力合力作用点称为物体的重心。无论物体怎样放置,重心总是一个确定点,与物体在空间的位置无关,重心的位置保持不变。

2.在均质重力场中,均质物体的重心、质心和形心的位置重合。

3.图形对任意形心轴的面积矩必定为零;反之,若图形对某一轴的面积矩为零,则该轴必通过图形的形心。

4.任意截面对一点的极惯性矩,等于截面对以该点为原点的两任意正交坐标轴的惯性矩之和。

◀ 习　题

一、简答题

1.如何利用面积矩求等截面的形心位置? 面积矩为零的条件是什么?

2.面积矩、惯性矩、惯性积各有什么特点?

3.已知平面图形对其形心的静矩为零,问该图形的惯性矩是否也为零? 为什么?

4.平行移轴公式应用条件是什么?

二、计算题

1.求如图 3-13 所示各截面的阴影面积对 x 轴的面积矩。

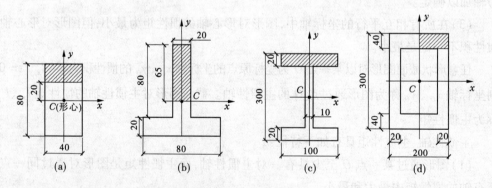

图 3-13　(单位:mm)

2.确定如图 3-14 所示各截面的形心位置。

3.求如图 3-15 所示各截面对其形心轴 x 的惯性矩。

4.试求如图 3-16 所示各平面图形对形心轴 x 轴的惯矩 I_x。

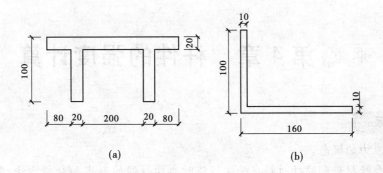

(a)　　　　　　　　　　　　(b)

图 3-14 （单位:mm）

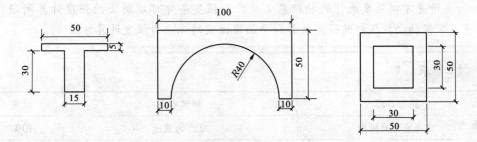

图 3-15 （单位:mm）

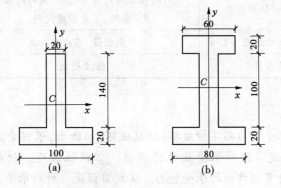

(a)　　　　　　　　　(b)

图 3-16 （单位:mm）

第4章 杆件的强度计算

教学目标

1. 理解应力的概念。

2. 了解塑性材料和脆性材料在轴向拉压时力学性能的测定和分析方法,掌握这两种不同性质材料的强度特性和破坏特征。

3. 弄清并掌握强度条件的物理意义及应用强度条件可以解决的强度计算问题。其中,重点掌握轴向拉压杆的强度计算和平面弯曲梁的正应力强度计算方法。

教学要求

能力目标	知识要点	权重
理解应力的概念	应力的概念	10%
掌握轴向拉压杆的应力计算	横截面与斜截面上应力的计算方法	20%
掌握轴向拉压杆的的强度条件	材料拉压时的力学性能、材料的强度条件、三类强度问题	30%
掌握纯弯曲梁横截面上的正应力公式	平面假设、正应力公式	10%
掌握梁的强度条件	强度校核	30%

章节导读

强度是指材料承受外力而不被破坏(抵抗破坏)的能力,根据受力种类的不同可分为以下几种:①抗压强度。材料承受压力的能力。②抗拉强度。材料承受拉力的能力。③抗弯强度。材料对弯矩作用的承受能力。④抗剪强度。材料承受剪切力的能力。

结构或构件的强度,涉及力学模型简化、应力分析方法、材料强度准则和安全系数等方面。按照结构的形状,构件的强度问题可简化为杆、杆系、板、壳、块等力学模型来研究。不同力学模型的强度问题有不同的力学计算方法。材料力学一般研究杆的强度计算,结构力学分析杆系(桁架、刚架等)的内力和变形,其他形状物体属于弹塑性力学的研究对象。杆是指截面的两个方向尺寸远小于长度尺寸的物体,包括受拉的杆、受压的柱、受弯曲的梁和受扭转的轴。板和壳的特点是厚度远小于另外两个方向的尺寸,平的称为板,曲的称为壳。要解决结构强度问题,除应力分析外,还要考虑材料强度和强度准则,并研究它们之间的关系。

大部分的结构强度问题,通常是先确定结构形式,然后根据外载荷进行应力分析和强度校核。应用电子计算机方法以后,优化设计成为现实的问题,可以先提出一些具体的设计目标(例如要求结构重量最小),然后寻求最佳的结构形式。

引例

工程结构中受轴向拉压的杆件相当多,如图 4-1 所示斜拉桥中的斜拉杆,如图 4-2 所示连接塔式起重机机身和平衡臂的拉杆,如图 4-3 所示网架中的各杆件和如图 4-4 所示框架结构中的柱。在设计时如何确定这些构件的截面尺寸? 我们将在这章中给大家介绍。

图 4-1　斜拉桥

图 4-2　塔式起重机

图 4-3　网架

图 4-4　框架结构

4.1　应力的概念

如图 4-5 所示,杆件的长度相同,在相同的外力 F 作用下,显然如图 4-5(a) 所示的杆件更容易被拉断,可见单凭杆件的内力不能判断杆件的强度,杆件的强度还与截面面积有关,即与内力在横截面上分布的密集程度(简称集度)有关,为此引入应力的概念。

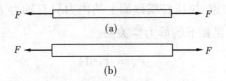

图 4-5　不同截面面积的杆件受拉

截面面积大小不同时,分布内力在某点的密集程度就不相同,截面面积大时集度小,截面面积小时则集度大,内力在某点处的集度越大,杆件就越容易被破坏。因此,内力集度是衡量杆件强度大小的物理量,在力学中将杆件截面上某点的分布内力集度,称为应力。

如图4-6所示,在截面上任一点 K 的周围取一微小面积 ΔA ,设在其上的分布内力合力为 ΔF ,则 ΔF 与 ΔA 的比值代表 ΔA 内的分布内力的平均集度,称为 ΔA 内的平均应

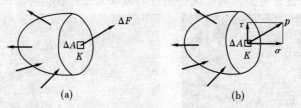

图4-6　截面上的应力

力。当 ΔA 趋向于零时,这个平均应力的极值就是 K 处的应力 p ,即

$$p = \lim_{\Delta A \to 0} \frac{\Delta F}{\Delta A} = \frac{\mathrm{d}F}{\mathrm{d}A} \tag{4-1}$$

式中, p 称为 K 点的总应力。通常将总应力 p 分解为两个相互垂直的应力分量表示:一个是沿截面法线方向的应力分量,称为正应力或法向应力,用 σ 表示,且 σ 以拉为正、压为负;另一个为沿截面切线方向(或平行于截面)的应力分量,称为切应力或切向应力,用 τ 表示。

应力的量纲是[力]/[长度^2],应力的单位为帕斯卡,用 Pa 表示,1 Pa = 1 N/m^2。应力的常用单位为 MPa,1 MPa = 1 × 10^6 Pa,显然 1 MPa = 1 MN/m^2 = 1 N/mm^2。

🔑 **特别提示**

内力是截面上各点的应力的集中表现形式,可以看作是应力的合力,杆件的四种基本变形是四种基本内力产生的,而杆件截面上某一点的变形可以看作是这一点处的应力产生的。应力只有两种:正应力和切应力,不同的应力可以组合成四种不同的内力。

4.2　轴向拉压杆的强度计算

4.2.1　轴向拉压杆的应力

4.2.1.1　轴向拉压杆横截面上的应力

从前面的分析可以知道,拉压杆横截面上的内力只有轴力 F_N ,与轴力对应的应力为正应力 σ ,且它们之间满足如下的静力学关系:

$$F_N = \int_A \sigma \mathrm{d}A \tag{4-2}$$

为了将式(4-2)中的正应力 σ 求出来,必须知道 σ 在横截面上的分布规律,而应力分布规律与变形有关。为此,通过试验观察杆的变形。如图4-7所示为一等截面直杆,试验前,在杆表面画两条垂直于杆轴的横线 ab 和 cd ,然后在杆两端施加一对大小相等、方向相反的轴向荷载 F 。从试验中观察到:横线 ab 和 cd 仍为直线,且仍垂直于杆件轴线,只是

间距增大,分别平移至 $a'b'$ 和 $c'd'$ 位置。根据这种现象,可以假设杆件变形后横截面仍保持为平面,且仍然垂直于杆的轴线。这就是平面假设。由此可以推断拉杆所有纵向纤维的伸长是相等的。再考虑到材料是均匀的,各纵向纤维的力学性能相同,故它们受力相同,即正应力均匀分布于横截面上,σ 等于常量。于是由式(4-2)得

$$F_N = \int_A \sigma \mathrm{d}A = \sigma A \rightarrow \sigma = \frac{N}{A} \tag{4-3}$$

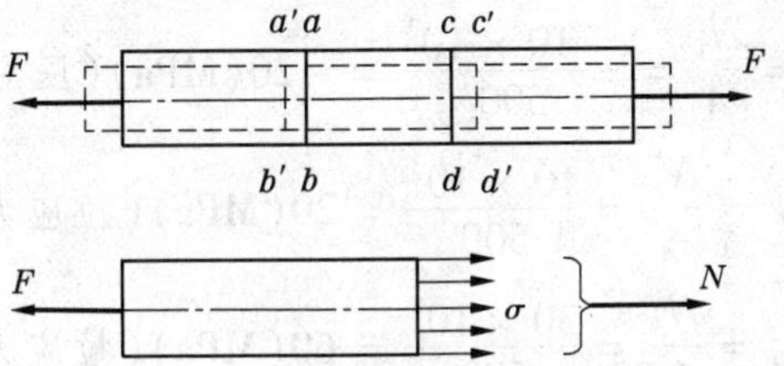

图4-7 等截面直杆的应力分布

式(4-3)即为杆件受轴向拉伸或压缩时,横截面上正应力计算公式,适用于横截面为任意形状的等截面直杆。式中,N 为横截面上的轴力,A 为横截面面积。σ 的正负号规定与 N 相同,即拉应力取正号,压应力取负号。

🔑 **特别提示**

轴向拉压杆横截面上只有正应力 σ,没有切应力 τ。

当等直杆受几个轴向外力作用时,由轴力图求得其最大轴力 $N_{\max}$,代入式(4-3)即得杆内的最大正应力为

$$\sigma_{\max} = \frac{N_{\max}}{A} \tag{4-4}$$

最大轴力所在的横截面称为危险截面,危险截面上的正应力称为最大工作应力。

【例4-1】 已知一等截面直杆,横截面面积 $A = 500\ \mathrm{mm}^2$,所受轴向力作用如图4-8所示,$F_1 = 10\ \mathrm{kN}$,$F_2 = 20\ \mathrm{kN}$,$F_3 = 20\ \mathrm{kN}$,试求直杆各段上的正应力。

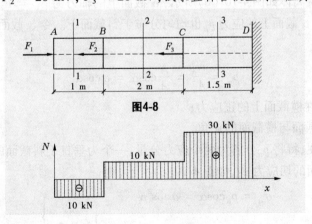

图4-8

图4-9 轴力图

解:(1)计算杆件各截面的轴力,做出轴力图,如图 4-9 所示。杆件各杆段横截面上的轴力分别为

$$N_1 = -F_1 = -10 \text{ kN}, N_2 = -F_1 + F_2 = 10 \text{ kN}, N_3 = -F_1 + F_2 + F_3 = 30 \text{ kN}$$

(2)计算杆件各横截面上的正应力。由轴力图和式(4-3)知,图 4-8 所示轴力杆 AB 段、BC 段和 CD 段的应力各不相同,但其中每一杆段中各横截面上的应力却是相同的。因此,在每个杆段中只要计算一个截面的应力,即知该杆段中所有截面上的应力。

$$\sigma_{AB} = \frac{N_1}{A} = \frac{-10 \times 10^3}{500} = -20 (\text{MPa}) (压应力)$$

$$\sigma_{BC} = \frac{N_2}{A} = \frac{10 \times 10^3}{500} = 20 (\text{MPa}) (拉应力)$$

$$\sigma_{CD} = \frac{N_3}{A_3} = \frac{30 \times 10^3}{500} = 60 (\text{MPa}) (拉应力)$$

4.2.1.2　轴向拉压杆斜截面上的应力

设有如图 4-10(a)所示的轴向拉杆,我们来分析与横截面成 α 角的任意斜截面(或称为 α 截面)m—m 上的应力。

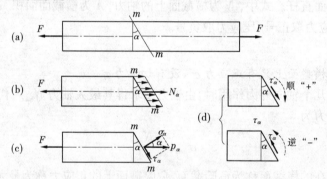

图 4-10　斜截面应力

用截面法取脱离体如图 4-10(b)所示,α 截面上的轴力为 $N_\alpha = F_\alpha$。与横截面正应力分布规律相仿,α 截面上的应力 p_α 也均匀分布于斜截面上。令 α 截面面积为 A_α,$A_\alpha = A/\cos\alpha$,则

$$p_\alpha = \frac{N_\alpha}{A_\alpha} = \frac{N}{A}\cos\alpha = \sigma\cos\alpha$$

式中　σ——杆件横截面上的正应力;

　　　α——斜截面与横截面的夹角。

为了研究方便,特将 p_α 分解为两个应力分量:一个为垂直于斜截面的正应力 σ_α;另一个为平行于斜截面的切应力 τ_α,如图 4-10(c)所示,则

$$\left.\begin{array}{l} \sigma_\alpha = p_\alpha\cos\alpha = \sigma\cos^2\alpha \\ \tau_\alpha = p_\alpha\sin\alpha = \sigma\cos\alpha\sin\alpha = \frac{1}{2}\sigma\sin2\alpha \end{array}\right\} \tag{4-5}$$

式(4-5)就是轴向拉(压)杆斜截面应力的计算公式。正应力 σ_α 仍以拉为正,压为

负。切应力 τ_α 以绕截面内侧任意点有顺时针方向转动趋势时为正,反之为负,如图 4-10(d)所示。

由式(4-5)可见,轴力杆 α 截面上的正应力和切应力都是截面倾角 α 的函数,且有

当 $\alpha = 0°$ 时, $\sigma_\alpha = \sigma_{\alpha max} = \sigma$, $\tau_\alpha = 0$,表明横截面上只有正应力,没有切应力。

当 $\alpha = 45°$ 时, $\sigma_\alpha = \sigma/2$, $\tau_\alpha = \tau_{\alpha max} = \sigma/2$,表明 45°斜截面上有正应力,且有最大切应力。

当 $\alpha = 90°$ 时, $\sigma_\alpha = 0$, $\tau_\alpha = 0$,表明与杆轴平行的截面上没有任何应力。

4.2.1.3 切应力互等定理

如果我们在图 4-10 所示杆件上再取一个与 m—m 垂直的斜截面 m'—m' ,如图 4-11 所示。则 m'—m' 斜截面上的切应力为

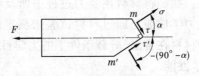

图 4-11 斜截面

$$\tau' = \frac{\sigma}{2} \sin 2[-(90° - \alpha)] = -\frac{\sigma}{2} \sin 2\alpha$$

与式(4-5)比较有 $\tau = -\tau'$,这表明,两个相互垂直截面上的切应力大小相等、符号相反。此特性称为切应力互等定理。该定理说明,两互相垂直截面上的切应力是成对出现的,且同时存在同时消失,其指向同时相向或同时背向此二截面的交线。这是一个普遍成立的定理,在任何受力情况下都是成立的。

【**例 4-2**】 阶梯形圆截面直杆受力如图 4-12 所示,已知荷载 $F_1 = 20$ kN, $F_2 = 50$ kN,杆 AB 段与 BC 段的直径分别为 $d_1 = 30$ mm, $d_2 = 20$ mm 。试求 AB 段斜截面 m—m 上的正应力和切应力。

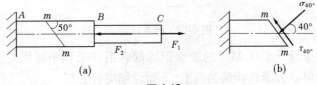

(a)   (b)

图 4-12

解:由截面法求得杆件 AB、BC 段的轴力分别为

$$N_1 = -30 \text{ kN(压力)} , \quad N_2 = +20 \text{ kN(拉力)}$$

由式(4-3)得,杆件 AB、BC 段的正应力分别为

$$\sigma_1 = \frac{N_1}{A_1} = \frac{4N_1}{\pi d_1^2} = \frac{4 \times (-30 \times 10^3)}{\pi \times 30^2} = -42.4(\text{MPa})(\text{压应力})$$

$$\sigma_2 = \frac{N_2}{A_2} = \frac{4N_2}{\pi d_2^2} = \frac{4 \times 20 \times 10^3}{\pi \times 20^2} = 63.7(\text{MPa})(\text{拉应力})$$

斜截面 m—m 的方位角为 $\alpha = 40°$,于是由式(4-5)得斜截面 m—m 上的正应力与切应力为

$$\sigma_{40°} = \sigma_1\cos^2\alpha = -42.4 \times \cos^2 40° = -24.9(MPa)$$

$$\tau_{40°} = \frac{\sigma_1}{2}\sin2\alpha = \frac{-42.4}{2} \times \sin80° = -20.9(MPa)$$

其方向如图 4-12(b)所示。

4.2.2　轴向拉压杆的强度条件

从上节中我们知道,杆件中的应力与杆件的截面大小有关,但要知道杆件会不会产生破坏,还必须知道杆件能够承受多大的应力。在生产和日常生活中我们已有这样的经验:横截面形状和尺寸相同但材质不同的杆件,其承载能力是不同的,甚至于截面和材质均相同的杆件在不同环境中的承载能力也不尽相同。这就是说,杆件的承载能力与受力过程中杆件的各种物理性质有关。我们将材料在受力过程中所反映出来的各种物理性质,称为材料的力学性能。材料的力学性能是通过材料试验来测定的。在这里,我们只讨论轴向拉伸和压缩时不同性质的材料在常温、静载条件下的力学性能。

4.2.2.1　材料拉伸时的力学性能

材料在拉伸时的力学性能主要通过拉伸试验得到。为了便于对试验结果进行比较,试件必须做成标准尺寸。一般金属材料采用圆截面或矩形截面比例试件,如图 4-13 所示。试验时在试件等直部分的中部取长度为 l 的一段作为测量变形的工作段,其长度 l 称为标距。圆形试件的标距 l 与直径 d 间的关系为 $l = 10d$ 或 $l = 5d$;矩形试件的标距 l 与截面面积 A 间的关系为 $l = 11.3\sqrt{A}$ 或 $l = 5.65\sqrt{A}$。试验时大多数采用圆形截面试件。

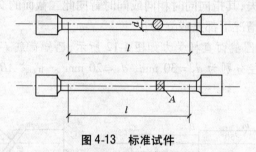

图 4-13　标准试件

低碳钢是指含碳量低于 0.25% 的碳素钢。低碳钢在工程中特别是土建工程中使用最为广泛。其拉伸时的力学性能最为典型,下面详细进行介绍。

低碳钢的拉伸图($F \sim \Delta l$ 曲线)如图 4-14 所示。为了消除试件尺寸的影响,反映试件的物理本质,将拉力 F 除以试件横截面的原始面积 A 得到横截面上的正应力 σ,将试件的变形用伸长量 Δl 与标距 l 的比值 ε 来表示,即 $\varepsilon = \Delta l/l$,ε 称为纵向线应变。

🔑 **特别提示**

应变仪是来测定物体应变的仪器。一般通过采集应变片的信号,而转化为电信号进行分析和测量。方法是:将应变片贴在被测定物上,使其随着被测定物的应变一起伸缩,这样里面的金属箔材就随着应变伸长或缩短。很多金属在机械性地伸长或缩短时其电阻会随之变化。应变片就是应用这个原理,通过测量电阻的变化而对应变进行测定。

以 ε 为横坐标,σ 为纵坐标,便可绘制试件的应力应变图($\sigma \sim \varepsilon$ 图),如图 4-15 所示。

从图4-15我们可以了解到低碳钢拉伸时的力学性能。

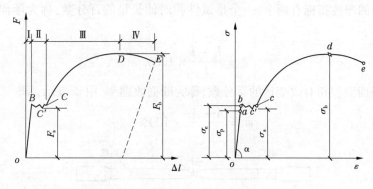

图4-14 低碳钢 $F \sim \Delta l$ 曲线　　　图4-15 低碳钢 $\sigma \sim \varepsilon$ 图

1. 弹性阶段

弹性阶段(ob段)试件的变形为完全弹性变形,故称b点的应力为弹性极限,用σ_e表示。其中,oa段的应力—应变图为直线,它表示应力与应变成正比,故将a点的应力称为比例极限,用σ_p表示。对于Q$_{235}$钢,$\sigma_p \approx 200$MPa。图中线段oa与横坐标ε间夹角为α,α与材料的弹性模量E、正应力σ、应变ε的关系可表示为

$$\tan\alpha = E = \frac{\sigma}{\varepsilon} \tag{4-6}$$

式(4-6)也可以表示为

$$\sigma = E\varepsilon \tag{4-7}$$

式(4-7)称为拉压胡克定律。

低碳钢的弹性模量$E \approx 2 \times 10^5$ MPa。弹性极限σ_e与比例极限σ_p的意义虽然不同,但它们的数值非常接近,在实际工程中对它们并不作严格区分。

2. 屈服阶段

屈服阶段(bc段)中应力—应变曲线的最低点c'称为下屈服点,该点的应力称为屈服极限,用σ_s表示,$\sigma_s = F_s/A$。对于Q$_{235}$钢,$\sigma_s \approx 235$ MPa。由于应力达到σ_s时,杆件就会因产生显著的塑性变形而无法正常使用,它是塑性材料的控制性强度指标。

3. 强化阶段

屈服阶段过后,材料又有了更大的承受荷载和抵抗变形的能力,故c点至d点,$\sigma \sim \varepsilon$曲线呈曲线上升状态。过了d点,试件即开始局部收缩并丧失承载能力而至断裂。因此,d点的应力是试件的极限应力,称为强度极限,用σ_b表示。对于低碳钢Q$_{235}$,$\sigma_b \approx 400$MPa。σ_b是衡量材料极限强度的另一个重要指标。

4. 局部变形阶段

在e点之前,试件产生匀布变形。过e点后,在试件的某一局部范围内,横向尺寸突然急剧缩小,形成颈缩现象。由于试件颈缩处的横截面面积显著减小,载荷读数开始下降,在$\sigma \sim \varepsilon$曲线中应力随之下降,直至f点试件断裂。ef阶段称为局部变形阶段。

试件拉断后,弹性变形随之消失,塑性变形(或残余变形)被保留下来。低碳钢圆形截面试件拉断后的变形情况如图4-16所示。塑性变形的大小是衡量材料塑性性能的重

要指标。

　　塑性材料的塑性指标有两个:一个是试件相对伸长量的百分数,称为延伸率,用 δ 表示,即

$$\delta = \frac{l_1 - l}{l} \times 100\% \qquad (4-8)$$

另一个是横截面面积相对改变量的百分数,称为断面收缩率,用 ψ 表示, 即

$$\psi = \frac{A - A_1}{A} \times 100\% \qquad (4-9)$$

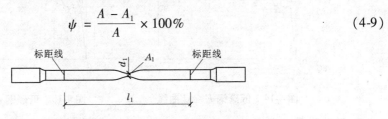

图 4-16　低碳钢圆形截面试件拉断后的变形情况

　　用同样的方法和试验条件,可得到 16 Mn、铝合金或硬铝、黄铜或青铜等几种塑性材料的应力—应变图($\sigma \sim \varepsilon$ 曲线),如图 4-17 所示。

　　这些塑性材料的共同特点是延伸率较大且没有明显的屈服阶段。对于这类塑性材料,工程上的常规做法是:取对应于试件产生 0.2% 塑性变形时的应力值作为材料的名义屈服极限,用 $\sigma_{0.2}$ 表示,如图 4-18 所示。

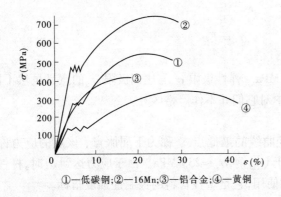

①—低碳钢;②—16Mn;③—铝合金;④—黄铜

图 4-17　各种材料的 $\sigma \sim \varepsilon$ 曲线

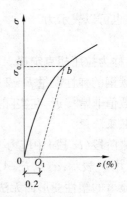

图 4-18　名义屈服极限

　　铸铁是典型的脆性材料,其拉伸时的 $\sigma \sim e$ 曲线如图 4-19 所示。铸铁的延伸率约为 0.4%,$\sigma \sim \varepsilon$ 曲线中没有明显的直线部分,也没有屈服阶段,断裂时的应力就是强度极限。因而,强度极限是衡量脆性材料强度的唯一指标。

　　脆性材料的变形极小,通常规定在产生 0.1% 应变时所对应的应力范围作为该材料的弹性范围,并认为材料在此范围内近似服从胡克定律。它的弹性模量 E 是以割线替代 $\sigma \sim \varepsilon$ 曲线,以割线的斜率 $\tan\alpha$ 为近似的 E 值,故称为割线模量。铸铁的弹性模量 $E = (1.2 \sim 1.8) \times 10^5$ MPa。拉断时断口与横截面平行。由于脆性材料抗拉强度低且破坏时无预兆,故不应用于制作受拉构件。

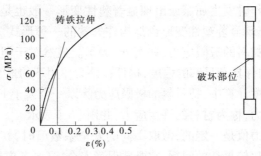

图 4-19 铸铁拉伸时的 $\sigma \sim \varepsilon$ 曲线

4.2.2.2 材料压缩时的力学性能

作为两种性质材料代表的低碳钢和铸铁,其压缩试件均采用如图 4-20 所示的圆柱体,圆柱体的高度为直径的 $1.2 \sim 1.5$ 倍。

低碳钢压缩时的 $\sigma \sim \varepsilon$ 曲线如图 4-21 所示。由图 4-21 可见,低碳钢压缩时的 $\sigma \sim \varepsilon$ 曲线只有三个阶段:弹性阶段、屈服阶段、强化阶段。其弹性阶段和屈服阶段的 $\sigma \sim \varepsilon$ 曲线与拉伸时基本重合,即其压缩时的弹性极限、屈服极限及弹性模量均与拉伸时相同。但在屈服阶段之后试件由于出现了明显的塑性变形而使横截面越来

图 4-20 铸铁试件

越大(高度减小,直径增大),强化阶段的极限值从理论上讲是无穷大的。由于低碳钢主要强度指标和塑性指标都可由拉伸试验得到,故一般不做低碳钢的压缩试验。

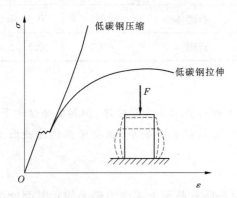

图 4-21 低碳钢压缩时的 $\sigma \sim \varepsilon$ 曲线

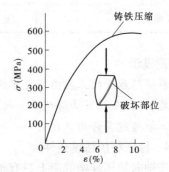

图 4-22 铸铁压缩时的 $\sigma \sim \varepsilon$ 曲线

铸铁压缩时的 $\sigma \sim \varepsilon$ 曲线如图 4-22 所示。铸铁压缩时的基本特征与拉伸时相似,即从开始受力到被破坏的整个过程中无屈服阶段,其 $\sigma \sim \varepsilon$ 曲线中无明显的直线部分,但其压缩时的塑性变形比拉伸时大,抗压强度极限是抗拉强度极限的 $4 \sim 5$ 倍。压缩破坏时的破坏面与试件轴线约成 $45°$,属于剪切破坏。由于脆性材料的抗拉能力差而抗压能力强,故通常用它制作受压构件。

4.2.2.3 许用应力与安全系数

如前所述,当塑性材料构件的应力达到屈服极限 σ_s(或 $\sigma_{0.2}$)时,将产生屈服或出现

显著塑性变形。构件工作时发生屈服或出现显著塑性变形一般也是不容许的。所以,从强度方面考虑,屈服或出现显著塑性变形也是构件失效的一种形式。通常我们将构件失效时所承受的应力称为材料的极限应力,并用 σ_u 表示。显然对于塑性材料: $\sigma_u = \sigma_s$ 或 $\sigma_u = \sigma_{0.2}$。为了保证构件具有足够的强度,构件在外力作用下的最大工作应力必须小于材料的极限应力。在强度计算中,把材料的极限应力除以一个大于 1 的系数 n,作为构件工作时所容许的最大应力,称为材料的许用应力,并用 $[\sigma]$ 表示。

每种材料的极限应力值是一定的,但取不同的安全系数值时,其许用应力却不相同。安全系数的确定是一个比较复杂的问题,它既要保障安全,又要考虑经济因素。选择安全系数的基本原则是:在保障安全的条件下尽量满足经济要求。

材料的安全系数与许用应力的具体数据可根据国家或行业的相关规范选取。工程中几种常用材料在常温、静载条件下的许用正应力值见表4-1,可供参考。材料的许用切应力也可从有关工程手册中查到,但实用中通常是根据材料的许用正应力来折算的:

塑性材料　　　　　　　$[\tau] = (0.6 \sim 0.8)[\sigma]$

脆性材料　　　　　　　$[\tau] = (0.8 \sim 1.0)[\sigma]$

表 4-1　几种常用材料的许用正应力

材料名称	许用正应力(MPa)		材料名称	许用正应力(MPa)	
	拉伸	压缩		拉伸	压缩
低碳钢(Q235)	160 ~ 170	160 ~ 170	C20	0.45	7
16 锰(16Mn)	210 ~ 230	210 ~ 230	C30	0.6	10.5
灰铸铁	35 ~ 55	160 ~ 200	石砌体	<0.3	0.5 ~ 4.0
松木(顺纹)	5 ~ 7	8 ~ 12	砖砌体	<0.2	0.5 ~ 2.0

🔑 **特别提示**

材料实际承受的正应力超过了许用正应力材料并不会立即破坏,但其安全性却下降,超过的越多,安全性下降得越多。所以,工程上为保证构件安全,就要保证构件截面上的正应力不能超过其许用正应力。

4.2.2.4　拉压杆的强度条件

由于轴向拉压杆横截面上只有正应力(也是所有截面上正应力最大的),其强度条件为:

(1)对于抗拉、压能力相同的塑性材料

$$|\sigma_{max}| = \frac{|N_{max}|}{A} \leqslant [\sigma] \tag{4-10}$$

(2)对于抗拉、压能力不同的材料

$$\left.\begin{array}{l} \sigma_{max}^+ \leqslant [\sigma]^+ \\ \sigma_{max}^- \leqslant [\sigma]^- \end{array}\right\} \tag{4-11}$$

式中　$|N_{max}|$——杆件横截面上的最大轴力的绝对值;

σ_{max}^{+}、σ_{max}^{-}——实际最大拉应力和实际最大压应力;

$[\sigma]^{+}$、$[\sigma]^{-}$——材料的许用拉应力和许用压应力,塑性材料$[\sigma] = [\sigma]^{+}$。

利用上述条件,可以解决以下三类强度问题:

(1)校核强度。当已知拉压杆的截面尺寸、许用应力和所受外力时,通过比较工作应力与许用应力的大小,以判断该杆是否安全。

(2)设计截面尺寸。如果已知拉压杆所受外力和材料的许用应力,根据强度条件可以确定该杆所需横截面面积。例如,对于等直杆,其所需横截面面积为

$$A \geqslant \frac{N_{max}}{[\sigma]}$$

(3)确定许可荷载。如果已知拉压杆的截面尺寸和许用应力,根据强度条件可以确定该杆所能承受的最大轴力

$$N \leqslant A[\sigma]$$

然后根据杆件的静力平衡条件,求出轴力与外力间的关系,就可以确定出杆件或结构所能承担的最大荷载,即许可荷载。

【例4-3】 一钢制直杆受力如图4-23所示。已知$[\sigma] = 160$ MPa,$A_1 = 300$ mm^2,$A_2 = 150$ mm^2,试校核此杆的强度。

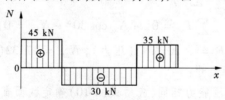

图4-23

解:(1)用截面法计算杆件各段轴力,并画轴力图,如图4-24所示。

图4-24 轴力图

(2)确定可能的危险截面:

AB段截面——其轴力$N_1 = 45$ kN最大;

BC段截面——其轴力$N_2 = -30$ kN虽然最小,但面积亦最小。

注意到CD段截面不可能是危险截面,因为其轴力$N_3 < N_1$,且AB段和CD段的截面面积都相同。

(3)用强度条件校核该杆的强度安全性:

AB段:$\sigma_{AB} = \dfrac{N_1}{A_1} = \dfrac{45 \times 10^3}{300 \times 10^{-6}} \times 10^{-6} = 150$(MPa)(拉应力) $< [\sigma]$

BC段:$\sigma_{BC} = \dfrac{N_2}{A_2} = \dfrac{30 \times 10^3}{150 \times 10^{-6}} \times 10^{-6} = 200$(MPa)(压应力) $> [\sigma]$

可见,AB 段满足强度要求,而 BC 段不满足强度要求。

特别提示

一般来说,要校核某一杆件或结构强度是否满足要求,需要其杆件的所有截面均满足强度要求。但若结构中某一杆件或某一杆件截面不满足强度要求,该结构的强度即是不安全的。

【例 4-4】 如图 4-25 所示为一三角支架,杆 AB 为圆形截面钢杆,其许用应力 $[\sigma]=160$ MPa;杆 AC 为方形截面木杆,许用应力 $[\sigma]^-=10$ MPa;作用于结点 A 的集中荷载 $F=10$ kN。试确定杆 AB 和杆 AC 的横截面尺寸。

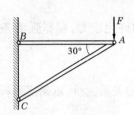

图 4-25　三角支架

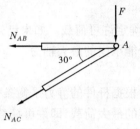

图 4-26　受力图

解: 由于支架在 A、B、C 三处为铰接,杆件中间未受任何外力作用,故杆 AB、AC 均为二力杆,即轴向拉压杆。求此二杆的横截面尺寸,需要先求出此二杆的内力,然后应用正应力强度条件求各杆的横截面尺寸。

(1)用截面法取包含结点 A 的部分为脱离体并做受力图,如图 4-26 所示,由静力平衡条件求得各杆的轴力:

由
$$\sum F_y = 0, \ -N_{AC}\sin 30° - F = 0$$
$$\sum F_x = 0, \ -N_{AC}\cos 30° - N_{AB} = 0$$

解得　　　$N_{AC} = -2F = -20(\text{kN})(压力), \ N_{AB} = 17.32(\text{kN})(拉力)$

(2)确定二杆的截面尺寸:

AB 钢杆的抗拉压能力相同,应用式(4-10)确定截面直径 d:

由　　$\dfrac{N_{AB}}{A_{AB}} \leqslant [\sigma] \rightarrow A_{AB} \geqslant \dfrac{N_{AB}}{[\sigma]} \rightarrow A_{AB} = \dfrac{17.32 \times 10^3}{160} = 108.25(\text{mm}^2)$

即

$$A_{AB} = \frac{\pi d^2}{4} = 108.25(\text{mm}^2)$$

解得

$$d = 12(\text{mm})$$

AC 杆的抗拉、抗压能力不同,由式(4-11)确定方形截面的边长 a:

由　　$\dfrac{N_{AC}}{A_{AC}} \leqslant [\sigma]^- \rightarrow a^2 \geqslant \dfrac{N_{AC}}{[\sigma]^-} \rightarrow a^2 = \dfrac{20 \times 10^3}{10} = 2\,000(\text{mm}^2)$

解得 $a = 44.7$ mm,取 $a = 45$ mm 作为杆 AC 的边长。

【例 4-5】 有一边长为 60 cm × 60 cm 的正方形截面砖柱,如图 4-27(a)所示,柱高

$h = 12$ m,材料的容重 $\gamma = 23$ kN/m³,作用于柱顶的轴向压力 $F = 500$ kN。若材料的许用应力 $[\sigma]^- = 1$ MPa,试问该砖柱的强度是否足够?

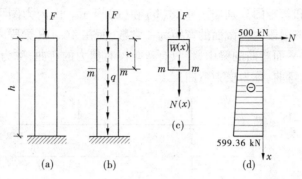

图 4-27

解:依题意,图 4-27(a)所示为考虑自重影响的轴向压杆,若要对其进行强度校核,先须求出其最大轴力,然后再由强度条件校核它的强度是否足够。考虑自重时砖柱的受力情况如图 4-27(b)所示。

(1)计算砖柱的轴力并做轴力图。由于自重的影响,柱各截面的轴力大小是沿截面高度变化的。现截取距柱顶为 x 长度的一段柱体为研究对象,如图 4-27(c)所示,设这段柱体的重力为 $W(x)$,m—m 截面上的轴力为 $N(x)$,求 m—m 的轴力 $N(x)$。

由

$$\sum F_x = 0, N(x) + W(x) + F = 0 \qquad (a)$$

得轴力方程

$$N(x) = -F - W(x) = -(500 + \gamma \cdot A \cdot x) \quad (0 < x < h) \qquad (b)$$

由上式可见,$N(x)$ 的大小与 x 成线性变化。按式(b)做出砖柱的轴力图如图 4-27(d)所示,该砖柱的最大轴向压力为 $N^-_{max} = 599.36$ kN。

(2)校核砖柱的强度:

因

$$\sigma^-_{max} = \frac{N^-_{max}}{A} = \frac{599.36 \times 10^3}{600 \times 600} = 1.665(MPa) > [\sigma]^- = 1(MPa)$$

所以,此砖柱的强度不够。

❄4.3 梁的强度计算

4.3.1 梁的应力

由以上章节我们知道,在平面弯曲梁的横截面上一般有两种内力,即剪力和弯矩,其中剪力 V 是横截面上切向力(其作用线与梁横向外力作用线平行),弯矩 M 是横截面上作用面与荷载作用平面重合的内力偶矩。与这两种内力相对应的是,一般情况下在梁的横截面上会同时存在由剪力 V 引起的切应力 τ 及由弯矩 M 引起的正应力 σ。

4.3.1.1　纯弯曲梁横截面上的正应力

如图 4-28(a)所示简支梁受分别等距于支座的两个大小相等、方向相同的集中荷载 F 作用下,其剪力图和弯矩图分别如图 4-28(b)和(c)所示。由内力图可见,梁段 CD 各个截面上均无剪力,该梁段内各截面的弯矩为一常数,而在 AC、DB 梁段内,各截面既有剪力又有弯矩。在发生平面弯曲的梁中,将只有弯矩没有剪力的弯曲,称为纯弯曲。而将既有剪力又有弯矩时的弯曲,称为横力弯曲。

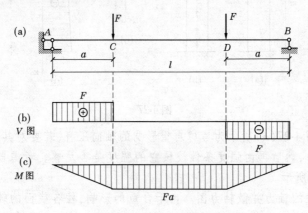

图 4-28　剪力图和弯矩图

为了探索梁横截面正应力的分布规律,特取出如图 4-29(a)所示矩形截面梁段进行变形观察。先在梁段的表面画出若干条与梁轴线平行的纵向直线和与梁轴线垂直的铅垂直线,这些直线构成了许多的矩形格子,然后在梁段的两端各作用一个力偶(这两个力偶等值、反向),使梁段发生纯弯曲变形,如图 4-29(b)所示。

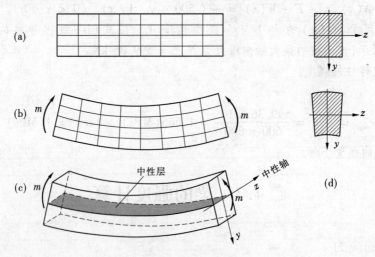

图 4-29　矩形截面梁段

如图 4-29(b)所示,可见到如下变形现象:

(1)原来相互平行的纵向直线均成为仍相互平行的曲线,且梁轴线以上部分曲线缩短,梁轴线以下部分曲线伸长。

（2）所有原来与纵向直线垂直的横向线仍保持与纵向线垂直的直线。另外，如图4-29（d）所示，梁的横截面上部变宽、下部变窄但仍然保持为平面。

根据上述变形现象，我们可做如下假设：

（1）平面假设。发生纯弯曲后梁的横截面像刚性平面一样，仍保持为与梁的曲轴线垂直的平面，只是在变形过程中该平面绕通过截面形心的水平轴（z轴）转动了一个角度。

（2）单向受力假设。将梁视为由无数多根纵向纤维组成，弯曲后各纵向纤维之间未出现相互挤压，只受到沿纤维长度方向的拉伸或压缩，即单向拉伸和压缩，并且在同一纤维层中每根纤维的变形量均相同。

由这两个假设可以断定，梁在弯曲过程中必有一层纤维既不伸长也不缩短，只是产生了弯曲。我们将这个既不伸长也不缩短的纤维层称为中性层，中性层与横截面的交线称为该截面的中性轴，如图4-29（c）所示。中性层将梁沿梁高分为两个区域：纤维伸长的受拉区和纤维缩短的受压区。

为了弄清梁横截面上正应力的分布规律，我们从纯弯曲梁中取一微段 dx，如图4-30（a）所示，y 为某层纤维 ab 到中性层（或中性轴）的距离，该微段的变形如图4-30（b）所示，原纤维层 ab 变形后为 ab'，图中 ρ 为中性层的曲率半径，$d\theta$ 为微段变形后左右两截面间的夹角。由图4-30（b）所示的几何关系可知，纤维层 ab 伸长量为 $yd\theta$，即 $yd\theta = ab' - ab = ab' - dx$，又 $dx = \rho d\theta$，则 ab 的线应变 ε 为

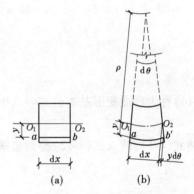

图4-30　纯弯曲梁变形特点

$$\varepsilon = \frac{yd\theta}{dx} = \frac{y}{\rho}$$

根据单向受力假设及拉压胡克定律可知，截面上任意点的应力—应变关系为

$$\sigma = E\varepsilon = E\frac{y}{\rho} \tag{4-12}$$

式（4-12）表明了梁横截面正应力的分布规律：梁横截面上的正应力沿截面高度成线性分布，在中性轴处正应力等于零，在截面的上、下边缘正应力值最大，如图4-31所示。

式（4-12）虽然反映了横截面上的应力—应变关系，且当梁和变形一定时，ρ 为一常数，但还不能确定 ρ 的大小，况且中性轴的位置也未能确定，所以还不能由式（4-12）进行应力计算。在梁同时产生的内力和变形之间必然存在一定的关系，如果我们找到了这种关系，就可以建立起应力与内力之间的关系。

如图4-32所示受弯矩 M 作用的矩形截面上，任取一微分面积 dA，dA 上作用的法向微元内力为 σdA，截面上所有微元内力构成一个与截面法线平行的空间平行力系。由变形现象可知截面上拉区和压区的 σdA 方向相反，且在截面的同一高度上 σdA 的数值相等，故此力系的合成结果是一个绕截面中性轴转动的内力偶矩，这个内力偶矩就是截面上的弯矩 M，即

$$M = \int_A y \cdot \sigma dA \tag{4-13}$$

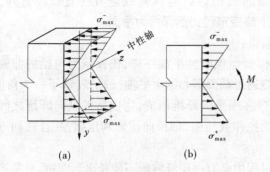 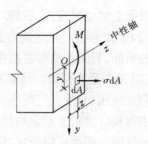

图 4-31　梁横截面正应力的分布规律　　　　图 4-32　受弯矩 M 作用

把式(4-12)代入得

$$M = \frac{E}{\rho}\int_A y^2 dA = \frac{E}{\rho}I_z$$

即

$$\frac{1}{\rho} = \frac{M}{EI_z} \tag{4-14}$$

式(4-14)称为弯曲变形基本公式。式中，I_z 为截面对中性轴的惯性矩，EI_z 称为梁的抗弯刚度。

将式(4-14)代入式(4-12)得到梁横截面上任意点正应力的计算公式

$$\sigma = \frac{M}{I_z}y \tag{4-15}$$

式(4-15)表明，纯弯曲梁横截面上任意点的正应力与截面上的弯矩和该点到中性轴的距离成正比，与截面对中性轴的惯性矩成反比。在梁的同一截面上，由于弯矩 M 和惯性矩 I_z 均为常数，故该截面上的正应力 σ 是点在截面上的位置变量 y 的函数。在横截面的上、下边缘($y = y_{max}$ 处)$\sigma = \sigma_{max}$，且拉区内 $y = y_{max}$ 处 $\sigma = \sigma_{max}^+$，压区内的 $y = y_{max}$ 处 $\sigma = \sigma_{max}^-$。

由式(4-15)计算梁的正应力 σ 时，要注意正应力 σ 的正负号或 σ 在截面上的作用方向。一般来讲，确定 σ 正负号的方法有两种：

(1)同时代入弯矩 M 和 σ 作用点的坐标 y(中性轴以下的点 y 为正，中性轴以上的点 y 为负)，计算结果为正时是拉应力，为负时是压应力。

(2)如图 4-33 所示，可由梁的变形情况或弯矩图来判断截面上正应力 σ 的方向：

当弯矩图位于梁的上侧时，中性轴以上部分为拉应力，取正号；中性轴以下部分为压应力，取负号。

当弯矩图位于梁的下侧时，则中性轴以下部分为拉应力，取正号；中性轴以上部分为压应力，取负号。

4.3.1.2　横力弯曲时梁横截面上的正应力

式(4-15)是梁在纯弯曲条件下，利用平面假设和单向受力假设得出的梁横截面上任

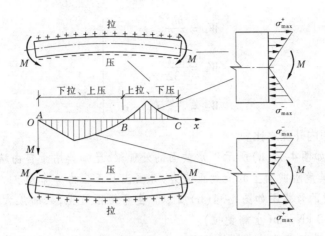

图 4-33　梁横截面上正应力分布

意点正应力计算公式。在实际工程中,大多数梁处于横力弯曲状态,即梁上既有正应力也有切应力。由于切应力的作用,使得各纵向纤维存在相互挤压现象,梁的横截面难以保持为平面。但经弹性力学分析,对于梁的跨高比(l/h)大于 5 的横力弯曲梁,用式(4-15)计算所得的正应力与按横力弯曲算出的正应力相差甚小。因此,对于工程中常见的横力弯曲梁,仍采用式(4-15)计算正应力足以满足精度要求。但对于 $l/h \leqslant 5$ 或更短的横力弯曲梁,须采用弹性力学或其他方法计算其应力。

横力弯曲时,梁各横截面上的弯矩都是截面位置变量 x 的函数,即每个截面上的弯矩各不相同,故不同截面上的最大正应力也不相同。梁横截面上的最大正应力(包括最大拉应力 σ_{max}^+ 和最大压应力 σ_{max}^-),即危险截面上的危险点应力,必定在弯矩最大截面的上、下边缘。

任意截面上最大正应力计算公式为

$$\sigma_{max} = \frac{My_{max}}{I_z} = \frac{M}{\dfrac{I_z}{y_{max}}} = \frac{M}{W_z} \tag{4-16}$$

危险截面上最大正应力计算公式为

$$\sigma_{max} = \frac{M_{max}}{\dfrac{I_z}{y_{max}}} = \frac{M_{max}}{W_z} \tag{4-17}$$

式中,W_z 是与截面形状和尺寸相关的几何量,称为抗弯截面系数,其单位是 m^3 或 mm^3。

在最大正应力的计算中,若截面对称于自身的中性轴,则此截面上的最大拉应力与最大压应力数值相等,知其一便知其二。若截面关于其中性轴不对称,则必须分别计算出最大拉应力和最大压应力。

矩形、圆形、圆环形截面对中性轴 z 的抗弯截面系数 W_z 计算公式分别为

矩形　　　　　　　　　　　　　$W_z = \dfrac{bh^2}{6}$

圆形　　　　　　　　　　　　　$W_z = \dfrac{\pi d^3}{32}$　　　　　　　　　　　　　　　　　(4-18)

圆环形　　　　　　　　　　　　$W_z = \dfrac{\pi D^3}{32}(1 - \alpha^4)$

式中,$\alpha = d/D$,即内外径之比。

【例4-6】　如图4-34(a)所示T形截面的外伸梁,已知作用于自由端的集中荷载 $F = 20\ \text{kN}$。试计算其危险截面上的最大正应力,并画出其正应力分布图。

解:(1)做梁的弯矩图如图4-34(b)所示。由弯矩图可见,梁的最大弯矩出现在 B 截面上,且 $M_{max} = 40\ \text{kN} \cdot \text{m}$(上侧受拉)。

(2)确定危险截面及其中性轴位置。由弯矩图可知,该梁的危险截面是 B 截面。为确定该截面的中性轴(z 轴)位置,取如图4-34(c)所示 z' 为参考坐标轴,并将T形截面分为上、下两个矩形,计算形心坐标 $y_C(y_C = y_a)$:

$$y_C = \frac{A_1 y_1 + A_2 y_2}{A_1 + A_2} = \frac{240 \times 40 \times 20 + 240 \times 40 \times 160}{240 \times 40 + 240 \times 40} = 90\ (\text{mm})$$

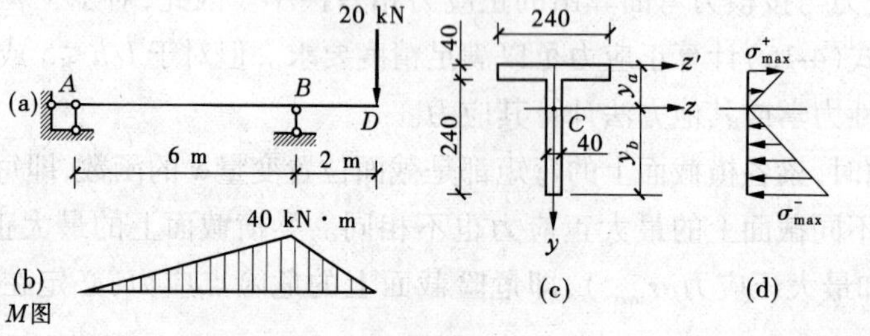

图4-34

(3)由于截面与中性轴不对称,故需要计算截面对中性轴的惯性矩。计算时仍分为上、下两个矩形,计算惯性矩:

$$I_z = I_{z1} + A_1 a_1^2 + I_{z2} + A_2 a_2^2$$
$$= \frac{240 \times 40^3}{12} + 240 \times 40 \times (90 - 20)^2 + \frac{40 \times 240^3}{12} + 240 \times 40 \times (280 - 120 - 90)^2$$
$$= 141.44 \times 10^6\ (\text{mm}^4)$$

(4)计算危险截面上的最大正应力。该梁 B 截面的上边缘具有最大拉应力,下边缘有最大压应力,中性轴的应力等于零。上、下边缘的正应力(即最大正应力)分别为:

最大拉应力　　　　$\sigma_{max}^+ = \dfrac{M_{max}}{I_z} y_a = \dfrac{40 \times 10^6}{141.44 \times 10^6} \times 90 = 25.45\ (\text{MPa})(拉应力)$

最大压应力　　　　$\sigma_{max}^- = \dfrac{M_{max}}{I_z} y_b = \dfrac{40 \times 10^6}{141.44 \times 10^6} \times 190 = 53.73\ (\text{MPa})(压应力)$

(5)做 B 截面的正应力分布图如图4-34(d)所示。

4.3.1.3　梁横截面上的切应力

如前所述,在横力弯曲梁的横截面上存在由剪力引起的切应力。不同材料的抗剪能力是不同的,如果切应力过大,会导致杆件产生剪切破坏。

如图 4-35(a)所示矩形截面梁横截面上的切应力计算公式基于以下两条假定:

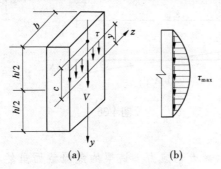

图 4-35　梁横截面上切应力

(1)假定横截面上切应力的方向都与该截面上剪力的方向相同。

(2)假定距中性轴等距离处各点的切应力相等。

基于以上假定,矩形截面上任意点切应力计算基本公式为

$$\tau = \frac{VS_z}{I_z b} \tag{4-19}$$

式中　V——截面上的剪力;

　　　b——所求应力点处的截面宽度;

　　　S_z——截面上所求应力点处横线以下(或以上)的部分截面面积对该截面中性轴的面积矩。

图 4-35(a)所示距中性轴的距离为 y 处以上面积对中性轴的面积矩为

$$S_z = \left(\frac{h}{2} - y\right) \times b \times c = \left(\frac{h}{2} - y\right) \times b \times \left[y + \frac{1}{2}\left(\frac{h}{2} - y\right)\right] = \frac{b}{2}\left(\frac{h^2}{4} - y^2\right) \tag{4-20}$$

将 S_z 代入式(4-19)得到矩形截面上任意点切应力计算公式为

$$\tau = \frac{3}{2} \cdot \frac{V}{A}\left(1 - \frac{4y^2}{h^2}\right) \tag{4-21}$$

式中　A——矩形截面的面积。

由式(4-21)看出:矩形截面梁横截面上的切应力沿截面高度成抛物线分布。由式(4-21)知,当 $y = y_{\max} = h/2$(即截面的上、下边缘)时 $\tau = 0$;在 $y = 0$(即中性轴上)处,$\tau = \tau_{\max}$,且

$$\tau_{\max} = \frac{3}{2} \cdot \frac{V}{A} \tag{4-22}$$

由此可知,矩形截面梁横截面上最大切应力发生在截面中性轴上的各点处,其值等于截面上平均切应力的 1.5 倍。

【例 4-7】　计算如图 4-36(a)所示矩形截面简支梁危险截面上的最大切应力。

解:(1)做梁的剪力图如图 4-36(b)所示。由剪力图可知,梁的两端截面具有最大剪

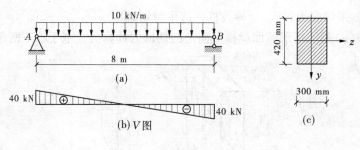

图 4-36

力,最大剪力值为 40 kN。

（2）计算危险截面上的最大切应力。该梁的危险截面虽然有两个,但它们的截面形状与尺寸相同,内力等值、反号,即这两个截面上的切应力只是方向不同而已。该梁两端截面上的最大切应力为

$$\tau_{max} = \frac{3}{2} \cdot \frac{V_{max}}{A} = \frac{3}{2} \times \frac{40 \times 10^3}{420 \times 300} = 0.476(\text{MPa})$$

4.3.2　梁的强度条件

梁横截面上往往会同时存在剪力和弯矩,对梁进行强度计算时应同时满足正应力强度条件和切应力强度条件。但在一般情况下,梁中的最大切应力比最大正应力要小得多。因此,在梁的强度计算中,除下面指出的几种特殊形式的梁必须注意其切应力强度问题外,通常是以正应力作为控制条件,而对切应力只做(或不做)强度校核。

特别提示

几种特殊形式的梁为高跨比较大的短粗梁,或在支座附近有较大集中荷载作用的梁,自行焊接的组合截面钢梁,木梁(顺纹方向)。

4.3.2.1　梁的正应力强度条件

（1）塑性材料梁

$$\sigma_{max} = \frac{M_{max}}{W_z} \leqslant [\sigma] \tag{4-23}$$

（2）脆性材料梁(通常采用与中性轴不对称的截面形状)

$$\left. \begin{array}{l} \sigma_{max}^+ = \dfrac{M_{max}}{W_1} \leqslant [\sigma]^+ \\[3mm] \sigma_{max}^- = \dfrac{M_{max}}{W_2} \leqslant [\sigma]^- \end{array} \right\} \tag{4-24}$$

式中　W_1、W_2——针对计算受拉区和受压区正应力的抗弯截面系数。

特别提示

对于与中性轴不对称的截面,虽然惯性矩一样,但截面的上下端到中性轴的距离不同,故抗弯截面系数不同。

4.3.2.2　梁的切应力强度条件

（1）一般形式

$$\tau_{max} = \frac{V_{max}S_{zmax}}{I_z b} \leqslant [\tau] \tag{4-25}$$

（2）简化形式

$$\tau_{max} = k\frac{V_{max}}{A} \leqslant [\tau] \tag{4-26}$$

式中　k——截面形状系数,矩形、圆形、圆环形和工字形截面的 k 值分别为 1.5、4/3、2、1;

　　　A——横截面面积,但对于工字形截面,A 为其腹板部分的面积。

【例 4-8】　如图 4-37(a)所示矩形截面悬臂梁的截面尺寸为高度 $h = 20$ cm,宽度 $b = 10$ cm,许用正应力和许用切应力分别为$[\sigma] = 40$ MPa,$[\tau] = 12$ MPa。试校核此梁的强度。

解:(1)做梁的剪力图和弯矩图如图 4-37(a)、(b)所示。

由内力图可知,最大内力值均出现在梁的左端截面上,其值分别为 $V_{max} = 8$ kN, $M_{max} = 8$ kN・m。

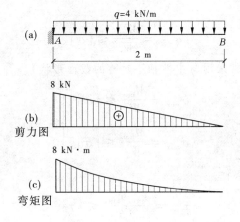

图 4-37

(2)对梁进行正应力和切应力强度校核:

正应力强度校核

$$\sigma_{max} = \frac{M_{max}}{W_z} = \frac{8 \times 10^6}{\dfrac{10 \times 20^2}{6} \times 10^3} = 12(\text{MPa}) < [\sigma] = 40 \text{ MPa}$$

切应力强度校核

$$\tau_{max} = \frac{3}{2} \cdot \frac{V_{max}}{A} = 1.5 \times \frac{8 \times 10^3}{20 \times 10 \times 10^2} = 0.6(\text{MPa}) < [\tau] = 12 \text{ MPa}$$

由计算结果可知,该梁的正应力强度和切应力强度均满足要求。

⁑ 小　结

1.应力是杆件截面上某点的分布内力集度,有以下两种:

(1)正应力 σ,与横截面垂直;

（2）切应力 τ，与横截面平行。

2. 轴向拉压杆横截面上的正应力计算公式：$\sigma = \dfrac{N}{A}$。

3. 轴向拉压杆斜截面上的应力计算公式：

$$\left.\begin{aligned}\sigma_\alpha &= p_\alpha \cos\alpha = \sigma\cos^2\alpha \\ \tau_\alpha &= p_\alpha \sin\alpha = \sigma\cos\alpha\sin\alpha = \frac{1}{2}\sigma\sin 2\alpha\end{aligned}\right\}$$

4. 轴向拉压杆的强度条件：$|\sigma_{\max}| = \dfrac{|N_{\max}|}{A} \leqslant [\sigma]$。

5. 梁横截面上正应力计算公式：$\sigma = \dfrac{M}{I_z}y$；切应力的计算公式：$\tau = \dfrac{VS_z}{I_z b}$。

6. 梁的正应力强度条件：

（1）塑性材料梁

$$\sigma_{\max} = \frac{M_{\max}}{W_z} \leqslant [\sigma]$$

（2）脆性材料梁（通常采用与中性轴不对称的截面形状）

$$\left.\begin{aligned}\sigma_{\max}^+ &= \frac{M_{\max}}{W_1} \leqslant [\sigma]^+ \\ \sigma_{\max}^- &= \frac{M_{\max}}{W_2} \leqslant [\sigma]^-\end{aligned}\right\}$$

7. 梁的切应力强度条件：

$$\tau_{\max} = \frac{V_{\max}S_{z\max}}{I_z b} \leqslant [\tau]$$

◀ 习　题

一、选择题

1. 常用的应力单位是兆帕（MPa），1 MPa =（　　　）。
　　A. 10^3 N/m^2　　　　　　　　　　　B. 10^6 N/m^2
　　C. 10^9 N/m^2　　　　　　　　　　　D. 10^{12} N/m^2

2. 拉（压）杆应力公式 $\sigma = \dfrac{F_N}{A}$ 的应用条件是（　　　）。

　　A. 应力在比例极限内　　　　　　　B. 外力合力作用线必须沿着杆的轴线
　　C. 应力在屈服极限内　　　　　　　D. 杆件必须为矩形截面杆

3. 如图 4-38 所示受拉杆件横截面面积为 A，则 α 斜截面上的正应力公式 σ_α 为
（　　　）。
　　A. $\sigma_\alpha = F/A$　　　　　　　　　B. $\sigma_\alpha = (F\cos\alpha)/A$
　　C. $\sigma_\alpha = F/(A\cos\alpha)$　　　　　D. $\sigma_\alpha = (F\cos^2\alpha)/A$

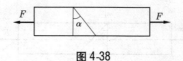

图 4-38

4. 轴向拉伸杆,正应力最大的截面和切应力最大的截面(　　)

    A. 分别是横截面、45°斜截面　　　　B. 都是横截面

    C. 分别是 45°斜截面、横截面　　　　D. 都是 45°斜截面

5. 轴向拉压杆件危险截面是(　　)的横截面。

    A. 轴力最大　　　　B. 正应力最大　　　　C. 面积最小　　　　D. 位移最大

6. 截面上的正应力的方向(　　)

    A. 平行于截面　　　　　　　　　　B. 垂直于截面

    C. 可以与截面任意夹角　　　　　　D. 与截面无关

二、简答题

1. 应力和内力是什么关系?

2. 什么是极限应力、许用应力? 同一材料的许用应力是否相同?

3. 拉压杆的强度条件是什么? 根据这个强度条件可以解决工程中哪三类强度问题?

4. 何谓中性层? 何谓中性轴?

5. 平面弯曲梁在纯弯曲状态下导出的正应力计算公式,在什么条件下可用于计算横力弯曲时的正应力?

6. 梁的正应力和切应力在横截面上是如何分布的? 最大正应力和最大切应力分布在横截面上的什么位置?

7. 如图 4-39 所示矩形截面梁各指定截面的正应力分布图中哪些是正确的?

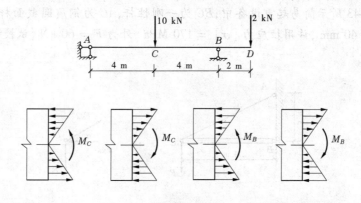

图 4-39

三、计算题

1. 如图 4-40 所示轴向受拉等截面杆,横截面面积 $A = 500 \text{ mm}^2$,荷载 $F = 50 \text{ kN}$。试求图示斜截面 $(\alpha = 30°)$ $m—m$ 上的正应力与切应力,以及杆内的最大正应力与最大切应力。

2. 如图 4-41 所示阶梯形圆截面杆 AC,承受轴向载荷 $F_1 = 200 \text{ kN}$ 与 $F_2 = 100 \text{ kN}$,AB 段的直径 $d_1 = 40 \text{ mm}$。如欲使 BC 与 AB 段的正应力相同,求 BC 段的直径。

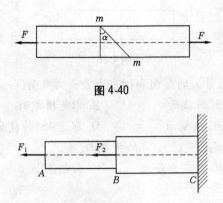

图 4-40

图 4-41

3. 如图 4-42 所示结构中 AC 为钢杆，横截面面积 $A_1 = 200 \text{ mm}^2$，许用应力 $[\sigma]_1 = 160 \text{ MPa}$；$BC$ 为铜杆，横截面面积 $A_2 = 300 \text{ mm}^2$，许用应力 $[\sigma]_2 = 100 \text{ MPa}$。试求许可用荷载 $[F]$。

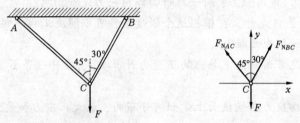

图 4-42

4. 如图 4-43 所示简易起重设备中，BC 为一刚性杆，AC 为钢质圆截面杆，已知 AC 杆的直径为 $d = 40 \text{ mm}$，许用拉应力 $[\sigma] = 170 \text{ MPa}$，外力 $F = 60 \text{ kN}$，试校核 AC 杆的强度。

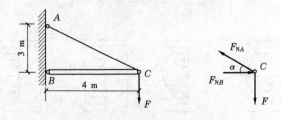

图 4-43

5. 矩形截面的简支木梁受力如图 4-44 所示，荷载 $F = 5 \text{ kN}$，距离 $a = 0.7 \text{ m}$，材料的许用正应力 $[\sigma] = 10 \text{ MPa}$，横截面为 $h/b = 3$ 的矩形。试确定梁横截面的尺寸。

6. 如图 4-45 所示矩形截面外伸梁受集度为 $q = 5 \text{ kN/m}$ 的均布荷载作用，截面宽度 $b = 60 \text{ mm}$ 和高度 $h = 120 \text{ mm}$。已知 $[\sigma] = 40 \text{ MPa}$，许用切应力为 $[\tau] = 15 \text{ MPa}$。试校核梁的正应力和切应力强度。

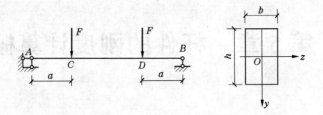

图 4-44

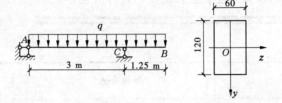

图 4-45

◆◆ 第 5 章　杆件的刚度计算概述

教学目标

1.掌握杆件弯曲时的挠度、转角及挠曲线等基本概念。
2.掌握杆件变形的计算方法和杆件刚度的计算方法。

教学要求

能力目标	知识要点	权重
了解梁变形的概念	挠度和转角的概念	10%
掌握积分法原理	积分法求挠度和转角	30%
理解梁的刚度条件	刚度条件校核的计算	40%
提高弯曲刚度的措施	提高弯曲刚度的措施	20%

章节导读

工程中结构和构件不仅应该有足够的强度,还应该有足够的刚度,即要求荷载产生的变形不能太大。实际工程中由变形过大引起的事故很多,特别是梁,内力复杂,弯曲变形明显,容易导致事故的发生,相对来说其他类型的受力构件,如柱、墙等变形较小而且变形对构件的影响也不大,所以本章主要讨论受弯构件的变形和刚度问题。由于在一般细长梁中,剪力对弯曲变形的影响较小,可以忽略不计,故本章主要讨论梁在平面弯曲时由弯矩引起的弯曲变形,介绍梁的挠曲线及其近似微分方程,以及梁弯曲变形的计算方法,即积分法求解梁的挠度和转角,并根据讨论的结果,建立弯曲变形的刚度条件。

引例

梁在实际荷载作用下,当变形过大,超出了工程所限定的值时,即使强度能满足要求,也会因变形过大、刚度不满足要求而不能正常使用。如楼面的变形过大,会导致它下面的抹灰层开裂、脱落;如吊车梁变形过大,会导致吊车不能水平行驶,而是要走上行和下行路线,并引起吊车的振动;如桥梁的变形过大,当机车通过时也会引起很大振动等,这些现象一旦出现,梁将失去它正常的工作能力。因此,为了让梁能正常工作,在满足强度要求的前提下,还必须同时满足刚度要求,即对梁的变形给予限制,使它的变形在规定的范围内。

5.1 变形的概念

5.1.1 变形的概念

在工程实际中,对某些受弯杆件的刚度要求十分重要。例如,机床主轴图如图 5-1 所示,变形过大时,会影响轴上齿轮间的正常啮合、轴与轴承的配合,从而造成齿轮、轴承和轴的不均匀磨损,同时产生噪声,并影响加工精度。又如,输送液体的管道,若弯曲变形过大,将会影响管道内液体的正常输送,出现积液、沉淀或导致法兰盘连接不紧密的现象。

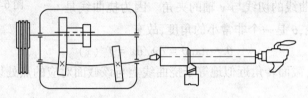

图 5-1 悬臂梁位移图

但在一些场合,又往往需要利用弯曲变形达到某种目的。例如车辆上使用的叠板弹簧如图 5-2 所示,正是利用弯曲变形较大的特点,以达到缓冲减振的作用。如图 5-3 所示的弹簧杆切断刀,由于弹簧刀杆的弹性变形较大,因此能较好地起自动让刀作用,能有效地缓和冲击,切削速度比用直刀杆时提高了 2~3 倍。为了限制或利用梁的变形,需要掌握弯曲变形的计算方法。另外,在求解超静定梁时,需要根据梁的变形,建立变形谐调条件。在讨论梁的振动问题时,也需要知道梁的弯曲变形。

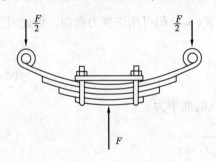

图 5-2 车辆上使用的叠板弹簧

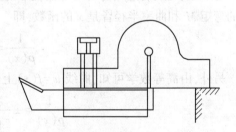

图 5-3 弹簧杆切断刀

5.1.2 梁的挠度与转角

梁变形前后形状的变化称为变形。如图 5-4 所示为在荷载作用下的一任意梁。以变形前直梁的轴线为 x 轴,垂直向上的轴为 y 轴,在平面弯曲的情况下,变形后的梁轴线将成为 xy 平面内的一条光滑的曲线。该曲线称作梁的挠曲线,其方程可以表示为

$$w = f(x) \tag{5-1}$$

根据变形曲线,其变形可以由两个基本变量来度量:

(1)挠度。梁弯曲时,任一横截面的形心(即轴线上的各点)在垂直于 x 轴方向(即沿

y 轴方向)的线位移 w,称为该截面的挠度。坐标系下对挠度符号的规定:挠度向上为正,向下为负,见图 5-4。

(2)转角。梁弯曲时,任一横截面绕其中性轴相对于原来位置所转过的角度 θ,称为该截面的转角。对转角符号的规定:逆时针为正,顺时针为负。

严格地说,梁的横截面形心还将产生 x 方向的位移,由于在工程中常见的梁的挠度都远小于跨度,挠曲线是一条非常平坦的曲线,故横截面形心在 x 方向的位移可略去不计。

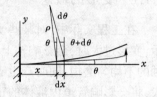

根据平面假设,梁的横截面在变形前垂直于轴线,变形后仍垂直于轴线,所以横截面转角 θ 就是挠曲线的法线与 y 轴的夹角,亦即挠曲线的切线与 x 轴的夹角。因为挠曲线是一非常平坦的曲线,θ 是一个非常小的角度,故有

图 5-4　梁的变形

$$\theta \approx \tan\theta = \mathrm{d}w/\mathrm{d}x = f'(x) \tag{5-2}$$

式(5-2)说明,截面转角近似地等于挠曲线上与该截面对应的点处切线的斜率。

🔑 **特别提示**

挠曲线上各点的纵坐标 y 是随着截面位置 x 而变化的,且满足连续性。所以,梁的挠曲线可以用方程 $w=f(x)$ 表示。

5.1.3　梁的挠曲线及其近似微分方程

在推导弯曲正应力时,曾得到梁的中性层的曲率表达式(当 $\sigma \leqslant \sigma_p$ 时)为

$$\frac{1}{\rho(x)} = \frac{M(x)}{EI_z} \tag{5-3}$$

对于细长梁,若忽略剪力对弯曲变形的影响,式(5-3)仍可用于横力弯曲。但此时,梁上的弯矩 M 和曲率半径皆是 x 的函数,即

$$\frac{1}{\rho(x)} = \frac{M(x)}{EI_z} \tag{5-4}$$

另外,由高等数学可知,曲线 $w=f(x)$ 上任一点的曲率为

$$\frac{1}{\rho(x)} = \pm \frac{w''}{\left[1 + (w')^2\right]^{\frac{3}{2}}} \tag{5-5}$$

上述关系同样也适用于挠曲线。比较式(5-4)、式(5-5),可得

$$\pm \frac{w''}{\left[1 + (w')^2\right]^{\frac{3}{2}}} = \frac{M(x)}{EI_z} \tag{5-6}$$

式(5-6)称为挠曲线微分方程。在工程实际中,梁的挠度 y 和转角 θ 数值都很小,因此 $(w')^2$ 与 1 相比也很小,可以忽略不计。于是上式又可简化为

$$\pm w'' = \frac{M(x)}{EI_z} \tag{5-7}$$

根据弯矩正负号的规定,当挠曲线向下凸出时,M 为正,如图 5-5 所示。另外,在本章所选定的右手系中,向下凸出的曲线的二阶导数 w'' 也为正。同理,当挠曲线向上凸时,M

为负而 w'' 也为负。所以,上述两端的符号应一致。于是,上述表达式可写为

$$- \frac{\mathrm{d}^2 w}{\mathrm{d}x^2} = \frac{M}{EI_z} \qquad (5\text{-}8)$$

式(5-8)称为挠曲线近似微分方程,由此方程即可求出
梁的挠度,同时利用式(5-2),又可求得梁横截面的转
角。

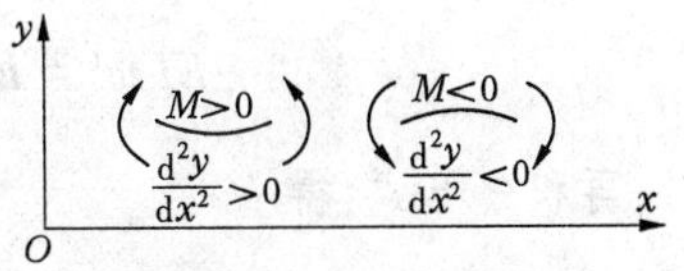

5.1.4　用积分法求梁的位移

图 5-5　弯矩与变形的正负号关系

梁的挠曲线近似微分方程是在线弹性小变形情况
下研究梁弯曲变形的基本方法。通过求解上述微分方程,即可得到梁的挠曲线方程和转
角方程,并可进一步求出梁任意截面的挠度和转角。

在等直梁的情况下,EI_z 等于常数,式(5-8)又可表示为

$$EI_z w'' = -M(x) \qquad (5\text{-}9)$$

两端积分,可得梁的转角方程为

$$EI_z w' = EI_z \theta = \int -M(x)\,\mathrm{d}x + C \qquad (5\text{-}10)$$

再次积分,即可得到梁的挠曲线方程

$$EI_z y = \int \left(\int -M(x)\,\mathrm{d}x \right) \mathrm{d}x + Cx + D \qquad (5\text{-}11)$$

式中,C 和 D 为积分常数,它们可由梁的支撑约束条件和连续性条件(统称为边界条件)
确定。

🔑 **特别提示**

要计算梁的挠度和转角,关键是确定梁的挠曲线方程。挠曲线近似微分方程是计算
梁变形的基本方程,只适用于弹性范围内的小变形。在材料力学和结构力学中还会讲到
卡式定理、虚功原理等计算变形和位移的方法。

边界条件是指梁发生弯曲变形时在挠曲线上由变形相容条件确定的一些已知位移条
件。

【例 5-1】　如图 5-6 所示,等直悬臂梁 AB 长度为 l,受集中荷载 F 作用,试求 AB 梁的
最大挠度和转角。

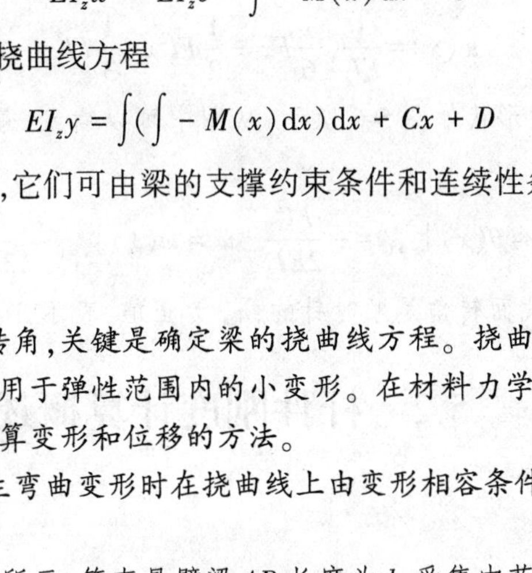

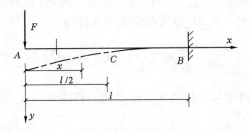

图 5-6

解:(1)取如图 5-6 所示的坐标系,梁的弯矩方程为

$$M(x) = -Fx \qquad (0 < x \leqslant l)$$

(2) AB 梁的挠曲线近似微分方程为

$$EI_z w'' = -M(x) = Fx$$

积分上式,可得

$$EI_z w' = EI_z \theta = \int -M(x)\,\mathrm{d}x + C = \frac{F}{2}x^2 + C \tag{a}$$

再积分上式,得

$$EI_z y = \int \left(\int -M(x)\,\mathrm{d}x \right)\mathrm{d}x + Cx + D = \frac{F}{6}x^3 + Cx + D \tag{b}$$

悬臂梁的两个边界条件为:$x=l$ 时(固定端),挠度 w 和转角 θ 都为零。
将 $x=l, \theta=0, w=0$ 代入式(a)和式(b)得

$$C = -\frac{1}{2}Fl^2 \quad D = \frac{1}{3}Fl^3$$

(3) AB 梁的转角方程和挠曲线方程分别为

$$\theta(x) = \frac{1}{EI_z}\left(\frac{1}{2}Fx^2 - \frac{1}{2}Fl^2 \right)$$

$$w(x) = \frac{1}{EI_z}\left(\frac{1}{6}Fx^3 - \frac{1}{2}Fl^2 x + \frac{1}{3}Fl^3 \right)$$

AB 梁的挠曲线大致形状如图 5-6 所示,从图中可以看到,最大挠度和转角都发生在梁的自由端,即

$$\theta = \theta(x)\,\big|_{x=0} = -\frac{Fl^2}{2EI_z} \quad w = w(x)\,\big|_{x=0} = \frac{Fl^3}{3EI_z}$$

θ_A 为负值,说明 A 截面转角是顺时针的;w_A 为正值,表示 A 点的挠度向下。

5.2　杆件刚度计算概述

5.2.1　梁的刚度条件

梁的刚度是指梁抵抗变形的能力,为使梁正常工作,应使梁具有足够的刚度,根据具体的工作要求,限制梁的最大挠度与跨长之比和最大转角(或特定截面的挠度和转角),不得超过某一规定的数值。所以,梁弯曲的刚度条件为

$$\frac{w_{\max}}{l} \leqslant \left[\frac{w}{l} \right] \quad \theta_{\max} \leqslant [\theta] \tag{5-12}$$

式中,$\left[\dfrac{w}{l} \right]$ 是梁的许用挠度与跨长之比,$[\theta]$ 是梁的许用转角。

许用挠度与跨长之比 $\left[\dfrac{w}{l} \right]$ 和许用转角 $[\theta]$ 的值,是根据具体工作要求决定的,例如:

在土建工程中　　　　　　$\left[\dfrac{w}{l} \right] = \dfrac{1}{250} \sim \dfrac{1}{1\,000}$

在机械制造工程中 $\left[\dfrac{w}{l}\right]=\dfrac{1}{5\ 000}\sim\dfrac{1}{10\ 000}$

传动轴支座处 $[\theta]=0.005\sim0.001$ rad

🔑 **特别提示**

在土建工程中对梁进行刚度校核时,通常只对挠度进行校核;而在机械制造中往往要同时对挠度和转角进行校核。

由于梁的强度条件起着决定性作用,所以一般情况下是根据强度条件来设计构件,而刚度条件在工程中的应用主要是对梁进行校核,即强度作为控制条件。但在工程中也存在由刚度条件来确定构件尺寸的情况,即刚度作为控制条件。

【例 5-2】 有一长度为 $l=4$ m 的悬臂梁,在自由端承受集中力 $P=10$ kN,如图 5-7 所示,是按强度条件和刚度条件从型钢表中选择一工字形截面。已知 $[\sigma]=170$ MPa,$\left[\dfrac{w}{l}\right]=1/400$。

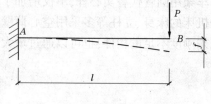

图 5-7

解:(1)按强度条件选择截面

$$M_{\max}=Pl=40\ \text{kN}\cdot\text{m}$$

$$W=\frac{M_{\max}}{[\sigma]}=\frac{40\times10^3}{170\times10^6}=0.235\times10^{-3}(\text{m}^3)=235\ \text{cm}^3$$

选用 20a 工字钢,其中 $W=237$ cm³,$I=2\ 370$ cm⁴。

(2)进行刚度校核

$$f=\frac{Pl^3}{3EI}=\frac{10\times10^3\times4^3}{3\times210\times10^9\times2\ 370\times10^{-8}}=42.9(\text{mm})>[f]=10\ \text{mm}$$

所以,不满足刚度条件。

(3)按刚度条件重新选择截面,由 $f=\dfrac{Pl^3}{3EI}\leqslant[f]$ 得

$$I\geqslant\frac{Pl^3}{3E[f]}=1.016\times10^{-4}(\text{m}^4)=10\ 160\ \text{cm}^4$$

选用 32a 工字钢,$I=11\ 075.525$ cm⁴,显然能满足刚度要求,故此时梁的截面取决于刚度条件。

刚度条件在工程中的应用与强度条件在工程中的应用类似,即刚度校核、设计截面、许用荷载计算。

许用挠度与跨长之比和许用转角 $[\theta]$ 的值,是根据具体工作要求决定的。一般土建工程中的构件,强度要求如能满足,刚度条件一般也能满足。但当对构件的位移限制很严,或按强度条件设计的构件截面过于单薄时,刚度条件也可能起控制作用。

5.2.2　提高弯曲刚度的措施

从挠曲线近似微分方程及积分结果可以看出,影响梁的变形的主要因素有 3 个:梁的跨度 l、所受的荷载和抗弯刚度 EI。所以,提高弯曲刚度,应从以下三个方面采取措施。

5.2.2.1　增加支承约束,减小梁的跨度

在可能的条件下,尽量减小梁的跨度是提高弯曲刚度的有效措施。如果梁变形过大而又不允许减小梁的长度,则可采用其他结构(桁架)或增加支撑约束。

5.2.2.2　改变荷载的作用方式

在结构和使用条件允许的情况下,合理调整荷载的位置及分布情况,使梁的挠度减小。

5.2.2.3　选择合理截面,增大梁的抗弯刚度

梁的弯曲刚度 EI_z 与梁的变形成反比。增大梁的弯曲刚度可以减小其变形。由于各种钢材(包括各种普通碳素钢、优质合金钢)的弹性模量 E 的数值相差不多,故通过选用优质钢材来提高梁的刚度意义不大。因此,主要方法是增大截面的惯性矩 I_z。也就是说,选用合理的截面,使用比较小的截面面积获得较大的惯性矩来提高梁的刚度。例如,自行车车架用圆管代替实心杆,不仅增加了车架的强度,也提高了车架的抗弯刚度。再如,各种机床的床身、立柱等多采用空心薄壁箱形件,其目的也正是增加截面的惯性矩。对一些原来刚度不足的构件,也可以通过增大惯性矩的措施,来提高其刚度。

❰ 小　结

1.梁变形前后形状的变化称为变形。挠度是截面形心沿垂直于梁轴线方向的位移,称为挠度,用 y 表示;挠度向上为正,向下为负。转角是横截面变形前后的夹角,称为转角,用 θ 表示;转角逆时针为正,顺时针为负。

2.积分法是求挠度和转角的基本方法。用积分法求挠度和转角的关键是正确列出各段梁的转角方程和挠曲线方程。

❰ 习　题

一、简答题

1.四种基本变形的特点是什么?

2.什么是挠度?什么是转角?挠度和转角的正、负号是如何规定的?

3.什么是挠曲线?挠曲线近似微分方程是如何建立的?

4.如何用积分法求梁的变形?

5.梁的最大挠度处弯矩一定取得最大值;最大挠度处转角一定等于零,这些说法对吗?请举例说明。

6 如何进行梁的刚度校核?

二、计算题

1.如图 5-8 所示,各梁弯曲刚度 EI 均为常数,试用积分法求梁的最大挠度和最大转角。

2.如图 5-9 所示各梁弯曲刚度 EI 均为常数,试用积分法求梁的挠度方程和转角方程。

3.某简支钢梁,截面为高宽比为 2:3 的矩形,受如图 5-10 所示荷载作用。已知:$F=10$ kN,$q=10$ kN/m,$l=4$ m,$E=2\times10^5$ MPa,$[\sigma]=140$ MPa,$\left[\dfrac{w}{l}\right]=1/400$,试确定钢梁的截面尺寸。

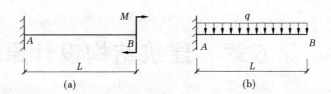

图 5-8

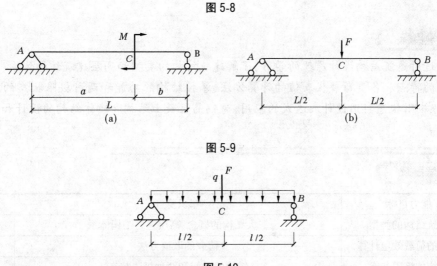

图 5-9

图 5-10

4.如图 5-11 所示圆形截面简支梁 $l=5$ m，$q=8$ kN/m，材料为木材，$E=10^4$ MPa，$[\sigma]=12$ MPa，$[\frac{w}{l}]=1/200$，试求梁的直径 D。

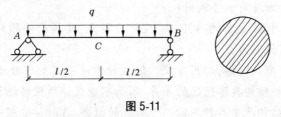

图 5-11

5.如图 5-12 所示吊车梁采用 25a 工字钢，截面面积 $A=4\ 850$ mm^2，对形心轴惯性矩为 $I_x=5\ 020\times10^4$ mm^4，$[\sigma]=170$ MPa，$l=8$ m，$E=2\times10^5$ MPa，$[\frac{w}{l}]=1/400$，试计算荷载的许用值。

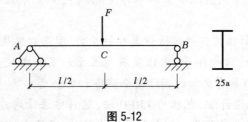

图 5-12

第6章　建筑结构设计原理

教学目标

通过对建筑结构设计原理的学习,了解建筑结构的类型和高层建筑结构体系,掌握各类荷载的特点和各类荷载代表值的计算方法,掌握结构的功能和两种极限状态的基本概念,掌握极限状态实用设计表达式的应用,为钢筋混凝土结构和砌体结构的设计和构造打下基础。

教学要求

能力目标	知识要点	权重
建筑结构的类型	三大结构的概念、高层建筑结构体系	10%
结构的荷载效应计算	荷载的取值方法	10%
结构的极限状态	结构的功能和两种极限状态	20%
结构的设计原理	可靠性、强度分项系数、设计表达式、结构的耐久性	60%

章节导读

建筑结构的设计方法有如下两种:

(1)容许应力设计法,也称为 ASD 法,设计准则是:结构构件的计算应力应不超过结构设计规范规定的容许应力。

容许应力设计法形式简单,应用方便。但这种方法采用凭经验确定的定值的单一安全系数,没有考虑各种结构具体情况的差异,因而不能保证所设计结构具有比较一致的安全水平。例如,不同结构承受各种不同类型荷载的组合,各种荷载超过标准值的概率和幅度各不相同,尤其对某些活荷载有较大的超载可能,有些情况某些荷载小于标准值反而对结构或构件更不利;因而在相同的安全系数下将反映不同的安全度。各种材料的强度性能等的离散情况(标准差)不同,需要采用相应不同的安全系数(钢材强度的标准差较小,故钢结构的安全系数小于钢筋混凝土和砌体等结构),安全系数较大的结构也不反映有更大的安全度等。

此外,容许应力设计法按弹性方法计算构件应力,因而对发展塑性变形能继续提高承载力的构件或结构(如受弯构件等)将比发展塑性变形不能或较少提高承载力的构件或结构(如轴心受力构件)具有更大的实际安全储备和安全度。

(2)概率极限状态设计法,也称为 LRFD 法,这种方法除考虑两类极限状态、采用数理统计方法以一定概率确定荷载和材料强度标准值外,还给出极限状态方程和功能函数,用结构失效概率或可靠指标度量结构可靠性,对荷载效应 S 和结构抗力 R 的联合分布进行考察,在结构极限状态方程和结构可靠度之间以概率建立关系。

这种方法只需考虑随机变量的平均值(又称一阶原点矩)和方差(即标准差的平方,又称二阶中心矩),而且在计算中对非线性的结构功能函数用泰勒级数展开,取一次幂项近似变为线性的。所以,这种方法称为一次二阶矩极限状态设计法,简称一次概率法或二阶矩概率法。因为用这种方法分析结构可靠度还存在一定的近似性,所以有时也称为近似概率法。

　引例

前面在静力学中我们讲述过构件的设计计算,这些计算公式有一个重要前提就是构件的材料必须满足理想变形固体的三个假设,但实际中的建筑结构不一定满足这三个假设,就以最常见的钢筋混凝土结构而言,它用了混凝土和钢筋两种材料,很明显不满足均匀性假设,而混凝土本身也不是弹性材料。静力学中构件的设计计算方法能否直接用于建筑结构的设计? 实际的建筑结构应该怎样设计? 请思考以下问题:

(1)建筑结构和设计与静力学中构件的设计计算方法相同吗?

(2)满足强度、刚度和稳定性要求的建筑物就一定可靠吗?

(3)在静力学中荷载都是已知的,实际工程中荷载已知吗? 重力荷载和风荷载对结构的影响是一样的吗?

(4)砌体结构、钢筋混凝土结构、钢结构、木结构四种结构所用的材料不同,设计方法相同吗?

6.1　建筑结构的类型

6.1.1　建筑结构的分类

建筑形式很多,按所使用的主要材料不同可分为砌体结构、钢筋混凝土结构、钢结构、钢-钢筋混凝土组合结构和混合结构等。

6.1.1.1　砌体结构

主要由砖、石、砌块等砌体材料建成的结构称为砌体结构。由于砌体材料的承载力较低,尤其是抗弯和抗剪承载力很差,当建筑高度较高时,水平荷载引起的弯矩和剪力都比较大,砌体材料难以满足要求,因此砌体结构在高层建筑中应用较少,砌体结构的高度不宜超过8层,而且在地震区不采用。

🔑 **特别提示**

纯砌体结构一般没有,通常所说的砌体结构也可以用钢筋混凝土材料做梁和板,甚至柱。

6.1.1.2　钢筋混凝土结构

主要由钢筋和混凝土材料建成的结构称为钢筋混凝土结构。钢筋混凝土结构具备很多优点,同砌体结构相比,钢筋混凝土结构具有承载力高、整体性和抗震性好、施工方便、可塑性好等优点。特别是高强钢筋和轻质高强混凝土的出现,使钢筋混凝土结构在高层建筑中应用最多,占主导地位。但钢筋混凝土结构也有自重大、占地面积大等一些缺点。如建于 1989 年的我国广东国际大厦,共 63 层,楼高 200.18 m,建筑面积 101 632 m²,其底层有 24 根柱,每根柱的截面尺寸达到了 1.8 m×2.2 m,这些柱占据了较大的底层空间。

6.1.1.3　钢结构

主要由钢板、型钢等钢材料建成的结构称为钢结构。钢结构自重小、强度高、抗震性好、安装方便、施工速度快、跨越能力大。但在我国应用较晚,随着我国钢产量的增大,钢结构高层建筑才不断增多。如北京京广中心,共 56 层,高 208 m,如图 6-1 所示。中国国际贸易中心,共 37 层,高 13 m,建筑面积 56 万 m²,如图 6-2 所示。上海锦江饭店,共 44 层,高 153 m,为八角形钢框架。

图 6-1　北京京广中心　　　　　　　　图 6-2　中国国际贸易中心

6.1.1.4　钢–钢筋混凝土组合结构

钢–钢筋混凝土组合结构是用钢材来加强钢筋混凝土构件的强度,钢材(多为型钢,如工字钢)置于内部,外部由钢筋混凝土做成,称为钢骨混凝土(劲性混凝土构件)或在内部填充混凝土,用钢构件(如钢管)外包混凝土,称为钢管混凝土。这种组合结构可以使钢材和钢筋混凝土两种材料互补,达到经济合理、性能优良的效果。如北京香格里拉饭店的立柱就是采用的钢骨混凝土柱,如图 6-3 所示。

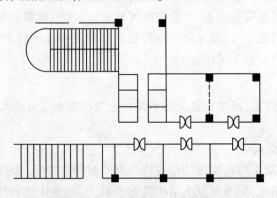

图 6-3　北京香格里拉饭店宴会厅

6.1.1.5　混合结构

最常见的混合结构是结构的抗侧向力部分采用钢结构,其他部分则采用钢筋混凝土结构,或者在结构内部设置钢构件来分担钢筋混凝土构件承受的竖向荷载。混合结构一般是用钢筋混凝土构件做筒,用钢构件做框架。这种结构能发挥钢构件和钢筋混凝土构件各自的优势,现在应用越来越多。如美国西雅图双联广场大厦,如图6-4所示,共58层,中间四根大钢筋混凝土柱直径3.05 m,管壁厚30 mm,四个大柱承受了60%以上的竖向荷载。

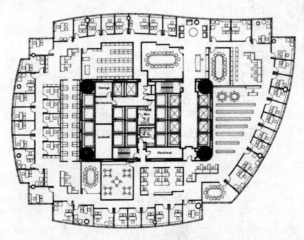

图6-4　美国西雅图双联广场大厦

6.1.2　高层建筑结构体系简介

高层建筑主要用于住宅、旅馆、办公楼、商业大楼和一些特殊建筑。我国《民用建筑设计通则》(GB 50352—2005)对高层建筑做出了明确规定:

(1)住宅建筑按照层数划分为:1~3层为低层;4~6层为多层;7~9层为中高层;10层以上为高层。

(2)公共建筑及综合性建筑总高度超过24 m为高层(不包括高度超过24 m的单层主体建筑)。

(3)建筑高度超过100 m时,不论住宅或公共建筑均为超高层。

1972年,国际高层建筑会议将高层建筑分为以下四类:

(1)第一类:9 ~ 16层,最高到50 m。

(2)第二类:17 ~25层,最高到75 m。

(3)第三类:26 ~40层,最高到100 m。

(4)第四类:40层以上或高于100 m。

为统一标准,我国住房和城乡建设部对建筑一律以10层作为高层建筑统计的起点。

6.1.2.1　高层建筑结构受力特点

建筑物除受到自重等竖向荷载外,还受到风力、地震等水平荷载作用。对于高层建筑,无论是竖向荷载还是水平荷载都很大。在高层建筑中,荷载效应(轴向力、弯矩和剪力)最大值位于底层,侧向位移最大值位于最顶部,荷载效应、侧向位移(轴向力、弯矩和剪力)与建筑高度对应的关系如图6-5所示。

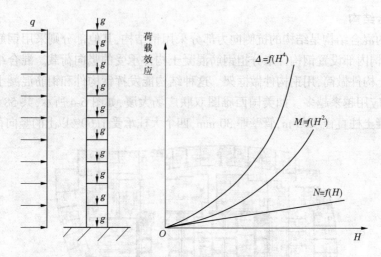

图 6-5　荷载效应与建筑高度的对应关系

关系式如下

$$\begin{cases} N = f(H) \\ M = f(H^2) \\ V = f(H) \\ \Delta = f(H^4) \end{cases}$$

式中, N、M、V、Δ——轴力、弯矩、剪力、挠度。

由关系式可以看出,随着建筑高度的增加,侧向力的影响增幅快于竖向荷载。因此,水平荷载对高层建筑的影响远大于多层或低层建筑,对高层建筑而言,水平荷载(或称侧向力)已经成为影响结构内力和变形的主要因素,对高层建筑结构设计(结构体系、结构布置、结构尺寸等)起着控制作用,也成为高层建筑造价的主要因素。

6.1.2.2　高层建筑结构体系简介

在高层建筑特别是超高层建筑结构设计时,水平荷载往往成为主要控制因素,因此除考虑竖向荷载外,还应考虑水平荷载,如风力和地震荷载等。为了抵抗水平荷载和避免产生过大侧移,高层建筑应选用合理的结构体系。高层建筑中常用的结构体系有框架体系、剪力墙体系、框支剪力墙体系、框架-剪力墙体系和筒体体系五种。

1.框架体系

框架体系是由框架柱和框架梁组成的承重骨架构成的体系,如图 6-6 所示。一般柱与梁的连接采用刚接的形式。框架多用钢筋混凝土作为主要承重材料(钢筋混凝土框架),当高度或跨度太大时,也可以用钢材作为主要承重材料(钢框架)。

1)框架体系特点

由框架梁和框架柱承受竖向荷载和水平荷载,墙体可不承重,可只起填充和隔断作用,可方便将空间改大或改小,因此平面布置灵活,可以做成有较大空间的建筑,能满足各类建筑不同的使用要求,如餐厅、会议室、商场、教室、住宅等。竖向承载力较大,自重小,整体性和抗震性比混合结构好。梁是主要的受弯构件,其截面高度较大,降低了室内净空高度。框架柱是主要的竖向构件,其高度远大于截面尺寸,当建筑高度较高时,抗水平荷

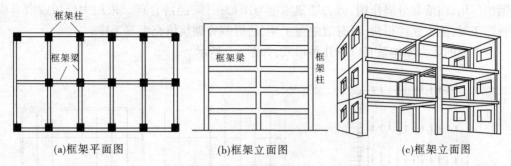

图 6-6　框架结构示意图

载能力有限,因此框架体系建筑高度受到限制,一般控制在 10~15 层,不宜超过 60 m(非抗震 70 m)。

2)框架体系的形式

框架结构形式很多,常见的有以下几种,如图 6-7 所示。

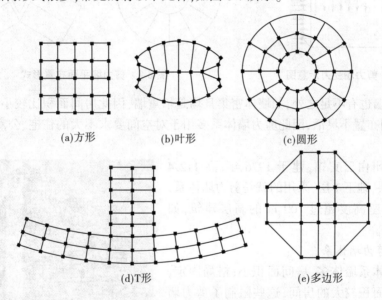

图 6-7　柱网布置形式

框架结构的承重方式有横向框架承重(横向采用框架梁,纵向采用连系梁)、纵向框架承重(横向采用连系梁,纵向采用框架梁)和纵横框架承重(纵横向均采用框架梁)三种。

2.剪力墙体系

当建筑高度更高,对抗水平荷载能力有更高的要求时,可采用剪力墙体系,即体系纵横墙全部采用剪力墙,剪力墙是由钢筋混凝土材料建造的墙体,厚度一般为 160~500 mm,高厚比一般不小于 8,因抗水平荷载能力强,称为剪力墙,在抗震结构中也称为抗震墙。它在自身平面内的刚度大、整体性好、水平承载力高,在水平荷载作用下的侧向位移小,剪力墙受力示意图如图 6-8 所示。在我国,20~40 层的建筑大多采用剪力墙体系,目前剪力墙体系建筑最大高度达到 170 m(非抗震地区达到 180 m)。此外,外剪力墙兼起围护作用,内墙起分隔作用,剪力墙集承重与围护一体,经济合理。采用大模板或滑升模板施工时,施工速度很快,可有效缩短工期,还可节省砌筑填充墙等工序。

常见的剪力墙体系有以下几种形式,如图6-9所示。

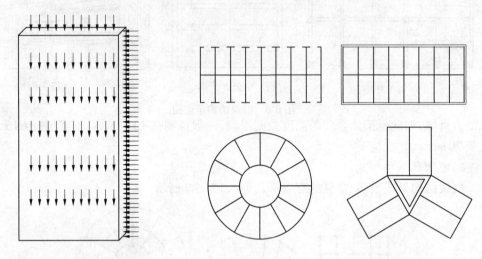

图6-8　剪力墙受力示意图　　　　　　　　图6-9　剪力墙平面布置形式

但剪力墙也有不足之处,如墙体密集且均是承重墙,因此房间面积比较小,且房间格局固定,空间布置不灵活,因此剪力墙体系多用于对空间要求不大的住宅、公寓或旅馆等高层建筑。

我国广州白云宾馆,建于1976年,高112.4 m,地上33层,地下1层,采用的就是剪力墙体系,是我国第一座高度超过100 m的高层建筑,如图6-10所示。

3.框支剪力墙体系

剪力墙体系墙体多,房间面积小,格局固定,不容易布置面积较大的房间,这些限制了剪力墙体系的应用。为了更合理地利用土地,完善建筑的使用功能,对于宾馆、住宅等高层建筑,可以考虑将剪力墙体系底部的一层或数层用框架体系来代替,这样可以利用框架体系空间布置灵活、易于布置较大面积房间的优点,将宾馆、住宅等高层建筑底部几层布置成门厅、餐厅、商店、会议室等大面积用房,上部标准层仍然采用小面积房间。这

图6-10　广州白云宾馆

样可以同时满足上部住宿、办公,下部开设商店、门厅两种功能要求,经济合理。这种下部采用框架、上部采用剪力墙的体系称为框支剪力墙体系,如图6-11所示。

我国建于1985年的北京兆龙饭店,高71.8 m,地上22层,采用的就是框支剪力墙体系,如图6-12所示。

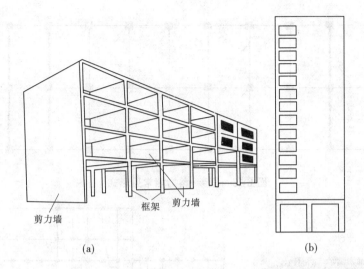

(a)　　　　　　　　　　　　　　　　　　　　(b)

图 6-11　框支剪力墙体系图

　　框支剪力墙体系上、下部分采用了两种体系,受力和变形特点不同,为了避免这一缺陷,通常要在剪力墙和框架交界位置设置巨型的转换大梁,这种转换大梁高度很大,通常设置成一个层高,可同时作为设备层,但转换层大梁应力复杂,材料耗用量大,自重大,施工复杂,造价高。

　　框支剪力墙体系上部剪力墙刚度大,而下部框架刚度小,造成结构上下刚度突变,在荷载作用下底层柱会产生很大的内力和变形,特别是在地震荷载作用时会造成严重的影响,因此在地震区不允许采用这种框支剪力墙体系,而需要设置部分落地剪力墙。

4.框架-剪力墙体系

　　框架-剪力墙体系是在框架结构体系中适当位

图 6-12　北京兆龙饭店

置布置一定数量的剪力墙,通过在自身平面内刚度很大的楼盖结构将框架与剪力墙这两类结构单元组合而成的结构体系,框架-剪力墙常见的形式如图 6-13 所示。

　　建筑物的竖向荷载由框架和剪力墙共同承担,而水平荷载主要由剪力墙承担,这种体系比框架结构平面布置灵活,易于满足不同建筑功能的要求,又由于布置了剪力墙,结构避免了框架结构抗水平荷载能力差、抗震性差的缺点。框架-剪力墙体系一般适用于 15~30 层的高层建筑。

　　当建筑物较低时,配置少量的剪力墙即可满足水平承载力和抗震性的要求;当建筑物较高时,可多布置剪力墙。

　　我国建于 1985 年的北京饭店,高 71.8 m,地上 22 层,采用的就是框支剪力墙结构体系,如图 6-14 所示。

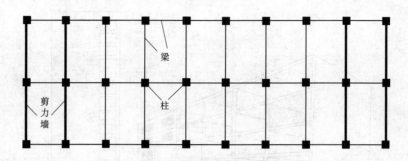

图 6-13　框架-剪力墙常见形式

（a）北京饭店立面图　　　　　　　　（b）北京饭店结构平面图

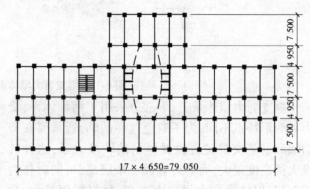

图 6-14　北京饭店（在框架中嵌入剪力墙）

5.筒体体系

随着建筑物高度的增加,框架体系、框支剪力墙体系和框架-剪力墙体系已不能很好地满足高层建筑在水平荷载作用下的承载力和刚度要求,若仍采用剪力墙体系,会导致剪力墙过于密集且难以满足较大空间的使用要求,此时可采用筒体体系。当剪力墙封闭或框架柱排列密集(框架柱柱距不大于 4 m,一般不大于 3 m)时,均可视为筒体。将密封剪力墙视为薄壁实心筒体,将密集柱视为空心筒体。筒体体系是由若干纵横交错的密集框架或封闭剪力墙围成的筒状封闭空间受力体系,比框架和剪力墙有更大的空间刚度,适用于超高层建筑。

筒体结构的特点是刚度大、整体性和抗震性很好,抗侧水平荷载能力非常强,在水平荷载作用下,其受力类似于箱形截面的悬臂梁。目前,全世界最高的 100 幢高层建筑,约有 2/3 采用筒体结构。

筒体结构可分为框筒体系、筒中筒体系、桁架筒体系和成束筒体系等。

1)框筒体系

框筒体系有两种形式:①中心为核心薄壁剪力墙,外围为普通框架,如图 6-15(a)所示;②内部为普通框架,外围为框架筒,如图 6-15(b)所示。

深圳华联大厦高 88.8 m,地上 26 层,就是采用的框筒体系,如图 6-16 所示。

2)筒中筒体系

大筒套小筒,一般中央为薄壁剪力筒,外围为框架筒。

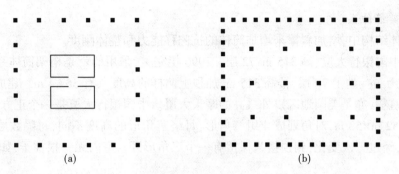

图 6-15 框筒体系

图 6-16 深圳华联大厦

美国独特贝壳广场建于 1970 年,位于休斯敦,是一座高 218 m,52 层的办公大楼,建成时是当时最高的钢筋混凝土大楼,该大楼采用的就是筒中筒体系,外筒是柱距为 1.83 m 的框架筒,内筒为薄壁剪力墙实心筒,如图 6-17 所示。

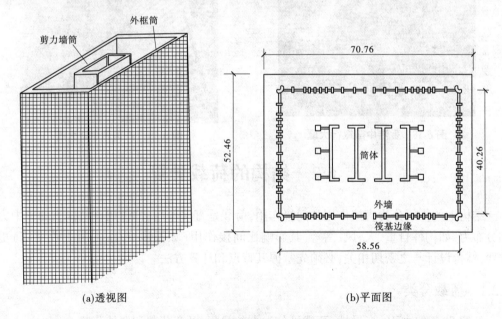

(a)透视图   (b)平面图

图 6-17 美国独特贝壳广场(筒中筒体系)

3）桁架筒体系

在筒体结构中，增加斜撑来增加筒体的抗侧移能力和整体刚度。

香港中国银行大厦，高 315 m，72 层。1990 年完工，采用的就是桁架筒体系。总建筑面积 12.9 万 m²，地上 70 层，楼高 315 m，加顶上两杆的高度共有 367.4 m。建成时是香港最高的建筑物，亦是美国地区以外最高的摩天大厦。中国银行大厦是一个正方形平面，底部尺寸为 52 m×52 m，对角划成 4 组三角形，每组三角形的高度不同，每隔数层减少一个三角形区，经过三次变化，到顶楼只保留有一个三角形区。室内无一根柱子，如图 6-18 所示。

4）成束筒体系

成束筒体系是由多个筒体组成的筒体结构体系。

美国希尔斯大厦，建于 1974 年，高 443 m（加上天线达 500 m），共 110 层，采用的就是成束筒体系。大楼由 9 个标准正方形钢筒体组成，到 51 层后，减少 2 个筒体；到 66 层，再减少 2 个筒体；然后到 91 层后，又减少 3 个筒体，只保留 2 个筒体，如图 6-19 所示。

图 6-18　香港中国银行大厦　　　　图 6-19　美国希尔斯大厦

6.2　结构的荷载计算

结构上的作用分为直接作用和间接作用，荷载是直接作用，即作用在结构上的集中力和分布力，如构件自重、人、风、雪等，其影响比间接作用（如温度变化、混凝土收缩等）更重要，结构设计与之密切相关，必须先掌握其特点和计算方法。

6.2.1　荷载分类

按照荷载随时间的变异性，荷载可分为永久载荷、可变荷载和偶然荷载。

（1）永久荷载。是指在结构使用期间，荷载值（包括荷载大小、方向和作用位置）不随时间变化或变化幅度可以忽略不计的荷载，如自重、固定设备的重力、土压力等，有时也称为恒载。

（2）可变荷载。是指在结构使用期间，荷载值（包括荷载大小、方向和作用位置）随时间会发生变化且变化幅度不可以忽略不计的荷载，如楼面人群的压力、外部的风荷载、雪荷载、工业厂房的吊车荷载等，有时也称为活载。

（3）偶然荷载。是指在结构使用期间，出现的概率很小，但一旦出现其量值很大且持续时间很短的荷载，如地震荷载、撞击荷载等。

🔑 **特别提示**

偶然荷载由于变异性太大，一般不和永久荷载及可变荷载一起考虑，而是单独考虑，如高层建筑单独考虑地震的影响。

6.2.2　荷载代表值

荷载是随机变量，大小、位置都随时间在变化，如楼面人群对楼面的压力会随着人的活动发生变化，这就造成不同的影响，结构设计时难以取值，因此应根据不同的设计要求而采用不同的荷载代表值。我国《建筑结构荷载规范》（GB 50009—2012）（简称《荷载规范》）给出了荷载标准值、可变荷载组合值、可变荷载频遇值、可变荷载准永久值等几种荷载代表值。

6.2.2.1　荷载标准值

荷载标准值是指该荷载在结构设计基准期内，可能出现的最大值。它是建筑结构设计时采用的基本代表值，荷载的其他代表值都是以它为基础乘以相应的系数而得到的。

1.永久荷载标准值

构件自重及固定设备的重量是最常见的永久荷载，一般用 G_k 或 g_k 表示，离散性不大，其标准值的计算可按构件体积乘以材料容重来计算。常见建筑材料的容重见表 6-1，据此可求出一般构件的自重。

表 6-1　几种常见建筑材料的容重

名称	容重（kN/m³）	名称	容重（kN/m³）
素混凝土	22~24	石灰砂浆、混合砂浆	17
钢筋混凝土	24~25	普通砖砌体	18~19
水泥砂浆	20		

【例 6-1】　某矩形截面尺寸为 250 mm×600 mm 的钢筋混凝土梁，长 6 m，其上石灰砂浆抹灰（梁两侧及梁底）厚 20 mm，求此梁永久荷载的大小。

解：梁身混凝土重：$g_{1k}=0.25×0.6×25=3.75（kN/m）$；

其上抹灰重：$g_{2k}=(0.6×0.02×2+0.25×0.02)×17=0.493（kN/m）$；

则此梁的永久荷载：$g_k=3.75+0.493=4.243（kN/m）$。

2.可变荷载标准值

可变荷载一般用 Q_k 或 q_k 表示，由于离散性大，所以标准值的计算较为复杂。《荷载规范》给出了不同结构构件的各种可变荷载的标准值大小，见表 6-2，以后计算时可直接查用。

表 6-2　民用建筑楼面均布可变荷载标准值及其组合值、频遇值和准永久值系数

项次	类别	标准值（kN/m²）	组合值系数 ψ_c	频遇值系数 ψ_f	准永久值系数 ψ_q
1	（1）住宅、宿舍、旅馆、办公楼、医院病房、托儿所、幼儿园	2.0	0.7	0.5	0.4
	（2）教室、实验室、阅览室、会议室、医院门诊等	2.0	0.7	0.6	0.5
2	食堂、餐厅、一般资料档案室	2.5	0.7	0.6	0.5
3	（1）礼堂、剧场、电影院、有固定座位的看台	3.0	0.7	0.5	0.3
	（2）公共洗衣房	3.0	0.7	0.6	0.5
4	（1）商店、展览厅、车站、港口、机场大厅及其旅客候车室；	3.5	0.7	0.6	0.5
	（2）无固定座位的看台	3.5	0.7	0.5	0.3
5	（1）健身房、演出舞台	4.0	0.7	0.6	0.5
	（2）舞厅	4.0	0.7	0.6	0.3
6	（1）书库、档案库、贮藏室	5.0	0.9	0.9	0.8
	（2）密集柜书库	12.0	0.9	0.9	0.8
7	通风机房、电梯机房	7.0	0.9	0.9	0.8
8	汽车通道及停车库： （1）单向板楼盖（板跨不小于 2 m） 　客车 　消防车 （2）双向板楼盖和无梁楼盖（柱网不小于 6 m×6 m） 　客车 　消防车	 4.0 35.0 2.5 20.0	 0.7 0.7 0.7 0.7	 0.7 0.7 0.7 0.7	 0.6 0.6 0.6 0.6
9	一般厨房	2.0	0.6	0.6	0.5
	餐厅厨房	4.0	0.7	0.7	0.7
10	浴室、厕所、盥洗： （1）第 1 项中的民用建筑	2.0	0.7	0.5	0.4
	（2）其他民用建筑	2.5	0.7	0.6	0.5
11	走廊、门厅、楼梯： （1）宿舍、旅馆、医院病房、托儿所、幼儿园、住宅	2.0	0.7	0.5	0.4
	（2）办公楼、教室、餐厅、医院门诊部	2.5	0.7	0.6	0.5
	（3）消防疏散楼梯、其他民用建筑	3.5	0.7	0.5	0.3
12	挑出阳台 （1）一般情况	2.5	0.7	0.6	0.5
	（2）当有密集人群时	3.5	0.7	0.6	0.5

注：1.本表所给各项可变荷载适用于一般使用条件，当使用荷载较大时，应按实际情况采用。

2.第 6 项书库可变荷载，当书架高度大于 2 m 时，尚应按每米书架高度不小于 2.5 kN/m² 确定。

3.第 8 项中的客车可变荷载只适用于停放载人少于 9 人的客车，消防车可变荷载是适用于满载总重为 300 kN 的大型车辆，当不符合本表要求时，应将车轮的局部荷载按结构效应等效原则，换算为等效均布荷载。

4.第 11 项楼梯可变荷载，对预制楼梯踏步平板，尚应按 1.5 kN 集中荷载验算。

5.本表各项荷载不包括隔墙自重和二次装修荷载，对固定隔墙的自重应按永久荷载考虑，当隔墙位置可灵活自由布置时，非固定隔墙的自重应取每延米墙重的 1/3 作为楼面可变荷载附加值计入，附加值不小于 1.0 kN/m。

6.对于雪荷载和风荷载等可变荷载标准值的计算参看《荷载规范》。

在实际工程中,可变荷载并不是同时布满所有各楼层的,因此在计算时,应将楼面可变变荷载进行折减,折减系数见表 6-3。

表 6-3　楼面可变荷载折减系数

墙、柱、基础计算截面以上的层数	1	2~3	4~5	6~8	9~20	20 以上
计算截面以上各楼层可变荷载总和的折减系数	1.00 (0.90)	0.85	0.70	0.65	0.60	0.55

注:当楼面梁的从属面积超过 25 m² 时,采用括号内的系数。

6.2.2.2　可变荷载组合值

当结构同时作用有两种及其以上的可变荷载时,考虑到所有可变荷载同时出现最大值的可能性很小,因此计算时除主导荷载采用标准值外,其他可变荷载应按组合值采用。荷载组合值即为标准值乘以该荷载对应的组合值系数而得的荷载值,一般用 Q_c 表示,计算方法为

$$Q_c = \psi_c Q_k \tag{6-1}$$

式中　ψ_c——可变荷载组合值系数,见表 6-2。

6.2.2.3　可变荷载频遇值

针对偶尔出现的较大荷载,如果在设计基准期内总持续时间较短或发生的次数较少,该类荷载采用频遇值采用代表值,可变荷载频遇值一般采用 Q_f 表示,计算方法为

$$Q_f = \psi_f Q_k \tag{6-2}$$

式中　ψ_f——可变荷载频遇值系数,见表 6-2。

6.2.2.4　可变荷载准永久值

对于总持续时间超过设计基准期一半时间的可变荷载,其对结构的影响类似于永久荷载,但在整个设计基准期内又不是一直在作用,这类荷载一般采用准永久值作为荷载代表值,一般用 Q_q 表示,计算方法为

$$Q_q = \psi_q Q_k \tag{6-3}$$

式中　ψ_q——可变荷载准永久值系数,见表 6-2。

在对结构构件进行变形和裂缝宽度验算时,要考虑可变荷载长期作用对结构构件的影响,因此荷载应采用准永久值作为代表值,它其实是对标准值进行折减后的值。

6.3　结构的极限状态

6.3.1　结构的功能

进行建筑结构设计,就是要使设计的结构在预定的使用期限内,能满足设计所规定的各种功能要求。结构的功能包括以下三个方面:

(1)安全性。要求结构和构件在正常施工和正常使用时,能承受各种可能出现的各种作用(如荷载),并且在偶然事件发生时和发生后,仍能保持必需的整体稳定性,如允许

产生局部性的损坏但结构不致倒塌等。

(2)适用性。要求结构在正常使用时具有良好的工作性能,如允许结构或构件产生较小的变形或裂缝,但不致妨碍结构的正常使用。

(3)耐久性。要求结构在正常维护下具有足够的耐久性能,如结构或构件在规定的正常工作环境下,达到设计所规定的使用年限。

6.3.2　结构的极限状态

结构或结构的一部分超过某一特定状态时就不能满足设计规定的某一功能要求,此特点状态就称为结构的极限状态。当钢筋混凝土梁上的荷载达到某一量值时,梁受压区的混凝土被压碎,梁不能再继续工作,则该荷载即为该梁的一种极限状态。极限状态是判定结构或构件是否可靠的标志。要使设计的结构或构件能满足预定的功能要求,就必须保证不超过结构的极限状态。结构的极限状态可分为承载能力极限状态和正常使用极限状态两大类。

6.3.2.1　承载能力极限状态

当结构或构件达到最大承载力或达到了不适于继续承载的变形时,就认为结构或构件达到了承载能力极限状态。它是针对结构的安全性所提出的极限状态,即认为当结构或构件超过了承载能力极限状态就失去了安全性。当结构或构件出现了下列状态之一时,应认为超过了承载能力极限状态:

(1)整个结构或结构的一部分作为刚体失去平衡,如阳台发生了倾覆、挡土墙发生了滑移等。

(2)结构或构件因超过材料强度而破坏(包括疲劳破坏),如荷载过大使梁发生断裂。

(3)结构或构件丧失稳定,如长细比过大使柱子被压曲而失稳。

(4)结构因连接破坏变为机动体系。

(5)地基丧失承载力,如地基抗剪强度不足而发生整体剪切破坏,导致上部结构发生倾覆。

🔑 特别提示

上述五种承载能力极限状态可以说都是由于内部产生过大的内力而导致的,因此本教材所涉及结构或构件的承载能力极限状态,一般是指构件截面上的内力达到所能承受的最大值时的状态。

6.3.2.2　正常使用极限状态

当结构或构件达到了正常使用或耐久性的某项规定限值后,就不能满足设计的某些功能,就认为达到了正常使用极限状态。如过宽的裂缝会导致钢筋发生锈蚀而影响构件的继续使用。它是针对结构的适用性和耐久性所提出的极限状态,即认为当结构或构件超过了正常使用极限状态后就失去了适用性和耐久性。当结构或构件出现了下列状态之一时,应认为超过了正常使用极限状态:

(1)有影响正常使用或影响外观的变形,如梁的挠度过大使梁底开裂。

(2)有影响正常使用的局部损坏,如过宽的裂缝。

(3)有影响正常使用的震动。

（4）有其他的影响正常使用的特定状态。

🔑 特别提示

结构的正常使用极限状态有很多，但产生的因素主要是变形和裂缝这两个，因此本教材所涉及结构或构件正常使用极限状态，一般是针对构件的变形和裂缝两个方面。

6.3.3　荷载效应和结构的抗力

荷载效应是指荷载引起的结构或构件的内力、变形和裂缝等，它是荷载、构件尺寸等的函数，通常用 S 表示。

结构的抗力是指结构或构件承受荷载效应的能力，如承载力（抵抗荷载破坏的能力）、刚度（抵抗变形的能力）和抗裂度（抵抗裂缝产生的能力）等，它是材料性能、构件尺寸等的函数，通常用 R 表示。

🔖 6.4　结构设计原理

6.4.1　结构的可靠性和可靠度

6.4.1.1　可靠性

结构或构件在规定的时间内和规定的条件下，完成预定功能的可能性，称为可靠性。它是安全性、适用性和耐久性的总称。当作用效应小于结构的抗力时，结构处于可靠状态。可见，结构的可靠性取决于荷载效应 S 和结构抗力 R 这两个因素。用功能函数 Z 来表示结构的可靠性，则公式为

$$Z = R - S$$

当 $Z<0$，即 $R<S$ 时，结构处于不可靠状态；

当 $Z>0$，即 $R>S$ 时，结构处于可靠状态；

当 $Z=0$，即 $R=S$ 时，结构处于极限态。

6.4.1.2　可靠度

由于荷载效应和结构抗力都是随机变量，因此任何结构都不可能绝对可靠。可靠度是可靠性的定量描述，表示结构完成预定功能的概率，用可靠概率 P_s 表示，反之称为失效概率，用 P_f 表示，很明显 $P_s+P_f=1$。因此，可以用 P_s 或 P_f 来度量结构的可靠性。

6.4.1.3　可靠指标

根据概率论和数理统计学，荷载效应 S 和结构抗力 R 均为随机变量，因此结构的功能函数 $Z=R-S$，也为随机变量，其概率密度函数如图 6-20 所示。

无论是 P_s 或是 P_f，不但准确计算有困难，而且表示也不方便，因此《建筑结构可靠度设计统一标准》（GB 50068—2001）采用了可靠度指标 β 来代替结构的可靠概率和失效概率。结构的可靠度指标 β 是指功能函数 Z 的平均值 μ_Z 与标准差 σ_Z 的比值，即

$$\beta = \frac{\mu_Z}{\sigma_Z}$$

可靠度指标 β 与失效概率的对应关系如表 6-4 所示。

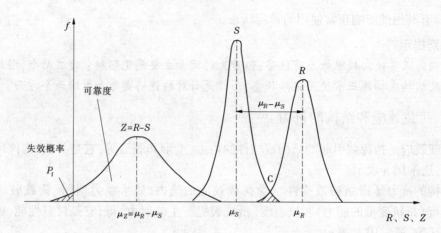

图 6-20　荷载效应 S、结构抗力 R 及结构功能函数 Z 的概率分布曲线

表 6-4　可靠度指标 β 与失效概率的对应关系

β	2.5	2.7	3	3.2	3.5	3.7	4	4.2	4.5
$P_f(\times 10^{-4})$	62.1	35	13.5	6.9	2.33	1.1	0.317	0.13	0.034

6.4.1.4　目标可靠指标

为使结构或构件既可靠又经济合理,必须将可靠指标控制在一个能够接受的范围内,作为结构设计的依据,即要确定目标可靠指标 $[\beta]$,以保证结构的实际可靠指标 $\beta \geqslant [\beta]$。我国规定结构构件按承载能力极限状态设计时,采用的目标可靠指标是以一般建筑物严重延性破坏的 $[\beta]=3.2$ 作为基准,其他情况根据结构安全等级或破坏类型相应地增减0.5,具体见表 6-5。

表 6-5　结构构件承载能力极限状态的目标可靠指标

结构的安全等级	延性破坏	脆性破坏
一级	3.7	4.2
二级	3.2	3.7
三级	2.7	3.2

当直接根据前述规定的目标可靠指标进行结构设计时,计算方法非常复杂。为简化计算,《建筑结构可靠度设计统一标准》(GB 50068—2001)采用以概率论为基础的以分项系数表达的承载能力设计表达式,即以基本变量(荷载和材料强度)标准值和相应的分项系数来表示的设计表达式,而分项系数即是根据目标可靠指标并考虑工程实际而选定的。

6.4.2　材料强度分项系数和荷载分项系数

6.4.2.1　材料强度分项系数

材料的离散性及不可避免的制作误差和施工误差,会造成材料的实际强度低于其强度标准值,在进行设计计算时应考虑这一不利影响,为此引入材料强度分项系数以考虑这一影响(相当于把标准值进行了一定的折减)。

(1)混凝土离散性较大,其强度分项系数 $\gamma_c = 1.4$。

(2)钢筋离散性相对较小,其强度分项系数 $\gamma_s = 1.1 \sim 1.15$。

习惯上将除以分项系数后的材料强度称为强度设计值,即

$$材料强度设计值 = \frac{材料强度标准值}{材料强度分项系数}$$

特别提示

为了方便,对于承载能力极限状态的计算,我们一般直接根据提供的表格查出材料的强度设计值,而不需根据材料强度标准值除以材料强度分项系数来得到强度设计值。

6.4.2.2 荷载分项系数

荷载标准值是设计基准期内可能出现的最大值,其保证率为 95%,但实际情况下荷载仍有可能超过标准值,在进行设计计算时应考虑这一不利影响,为此引入荷载分项系数以考虑这一不利影响(相当于把荷载标准值进行一定的放大)。

1.永久荷载分项系数 γ_G

由永久荷载效应控制的组合,$\gamma_G = 1.35$。

由可变荷载效应控制的组合,$\gamma_G = 1.20$。

2.可变荷载分项系数 γ_Q

一般情况下 $\gamma_Q = 1.4$,对于标准值大于 4 kN/m^2 的工业房屋楼面时取 $\gamma_Q = 1.3$。

习惯上将乘以分项系数后的荷载值称为荷载设计值,即

$$荷载设计值 = 荷载标准值 \times 荷载分项系数$$

特别提示

由于一般的结构和构件承受的荷载既有永久荷载又有可变荷载,在设计计算时都要考虑。

6.4.2.3 建筑结构的安全等级及重要性系数

建筑物的重要性不同,其破坏后产生的后果也不同,根据建筑物破坏后果的严重程度,建筑物划分为 3 个安全等级,每一安全等级有相应的重要性系数,见表 6-6。

表 6-6 建筑物的安全等级及相应的重要性系数

建筑物类型	破坏后果	安全等级	重要性系数 γ_0	设计使用年限
重要的建筑物	很严重	一级	1.1	100 年及以上
一般建筑物	严重	二级	1.0	50 年
次要建筑物	不严重	三级	0.9	5 年

6.4.3 建筑结构的极限状态实用设计表达式

6.4.3.1 承载能力极限状态设计表达式

$$\gamma_0 S \leqslant R \tag{6-4}$$

式中 γ_0——结构或构件的重要性系数,见表 6-6;

S——荷载效应;

R——结构抗力设计值。

这里先讨论 $\gamma_0 S$（即荷载效应设计值）的计算方法，对于结构的抗力 R 到后面的章节再进行讨论。

考虑到荷载不止一个，而且既有永久荷载又有可变荷载（它们的荷载分项系数不同），而且多个可变荷载也不一定同时产生，因此在计算荷载效应设计值时，既要区分永久荷载和可变荷载，又要考虑可变荷载的标准值和组合值。

《建筑结构可靠度设计统一标准》（GB 50068—2001）规定，进行承载能力极限状态计算时，一般考虑荷载效应的基本组合，必要时考虑荷载效应的偶然组合。荷载效应的基本组合的设计值按由永久荷载效应控制的组合和可变荷载控制的效应组合中的最不利组合确定，即取两种组合下的较大值作为基本组合值。

（1）由永久荷载效应控制的组合

$$\gamma_0 S = \gamma_0 \left(\gamma_G S_{Gk} + \sum_{i=1}^{n} \psi_{ci} \gamma_{Qi} S_{Qik} \right) \tag{6-5}$$

（2）由可变荷载效应控制的组合

$$\gamma_0 S = \gamma_0 \left(\gamma_G S_{Gk} + \gamma_{Q1} S_{Q1k} + \sum_{i=2}^{n} \psi_{ci} \gamma_{Qi} S_{Qik} \right) \tag{6-6}$$

式中　γ_0——结构或构件的重要性系数，见表 6-6；

　　　　S——荷载效应；

　　　　γ_G——永久荷载分项系数，此时 $\gamma_G = 1.35$，对于由可变荷载效应控制的组合 $\gamma_G = 1.20$，当永久荷载效应对结构有利时取 $\gamma_G = 1.0$，对结构的倾覆、滑移和漂浮验算时取 $\gamma_G = 0.9$；

　　　　S_{Gk}——按永久荷载标准值计算的荷载效应值，具体来说就是荷载在构件截面上产生的内力，如承受均布荷载 g 的简支梁，跨中截面弯矩效应 $M_{Gk} = \dfrac{1}{8} g l_0^2$，支座截面剪力效应为 $V_{gk} = \dfrac{1}{2} g l_n$，其他荷载效应也均可按相应的力学公式计算；

　　　　ψ_{ci}——第 i 个可变荷载的组合值系数，见表 6-1；

　　　　γ_{Qi}——第 i 个可变荷载分项系数；

　　　　S_{Gik}——按可变荷载标准值计算的荷载效应值，其计算方法同 S_{Gk}。

对于一般排架和框架结构，可以采用以下简化公式

$$\gamma_0 S = \gamma_0 \left(\gamma_G S_{Gk} + \psi \sum_{i=1}^{n} \gamma_{Qi} S_{Qik} \right)$$

当只有一个可变荷载时 $\psi = 1.0$，当有多个可变荷载时 $\psi = 0.9$。

【例 6-2】　某住宅钢筋混凝土简支梁，截面尺寸为 $b \times h = 200 \text{ mm} \times 500 \text{ mm}$，计算跨度 $l_0 = 2.5 \text{ m}$，净跨 $l_n = 2.26 \text{ m}$，其上作用有上部结构传来的可变荷载标准值 $q_k = 6 \text{ kN/m}$ 和永久荷载标准值 $g_{1k} = 4 \text{ kN/m}$，梁的容重 $\gamma = 25 \text{ kN/m}^3$（包括梁两侧及梁底的抹灰重），试求该梁的最大弯矩设计值和最大剪力设计值。

解：该梁承受的可变荷载标准值 $q_k = 6 \text{ kN/m}$。

承受的永久荷载标准值有两项：①上部结构传来的 $g_{1k} = 4 \text{ kN/m}$；②梁自重 $g_{2k} = 0.2 \times$

$0.5 \times 25 = 2.5 (\text{kN/m})$，则该梁的永久荷载标准值为 $g_k = g_{1k} + g_{2k} = 4 + 2.5 = 6.5 (\text{kN/m})$。

（1）按由永久荷载效应控制的组合：

$$M_{\max} = \gamma_0 \left(\gamma_G S_{Gk} + \sum_{i=1}^{n} \psi_{ci} \gamma_{Qi} S_{Qik} \right)$$

$$= 1.0 \times \left[1.35 \times \left(\frac{1}{8} g_k l_0^2 \right) + 0.7 \times 1.4 \times \left(\frac{1}{8} q_k l_0^2 \right) \right]$$

$$= 1.0 \times \left(1.35 \times \frac{1}{8} \times 6.5 \times 2.5^2 + 0.7 \times 1.4 \times \frac{1}{8} \times 6 \times 2.5^2 \right)$$

$$= 11.45 (\text{kN} \cdot \text{m})$$

$$V_{\max} = \gamma_0 \left(\gamma_G S_{Gk} + \sum_{i=1}^{n} \psi_{ci} \gamma_{Qi} S_{Qik} \right)$$

$$= 1.0 \times \left[1.35 \times \left(\frac{1}{2} g_k l_n \right) + 0.7 \times 1.4 \times \left(\frac{1}{2} q_k l_n \right) \right]$$

$$= 1.0 \times \left(1.35 \times \frac{1}{2} \times 6.5 \times 2.26 + 0.7 \times 1.4 \times \frac{1}{2} \times 6 \times 2.26 \right)$$

$$= 16.56 (\text{kN})$$

（2）按由可变荷载效应控制的组合：

$$M_{\max} = \gamma_0 \left(\gamma_G S_{Gk} + \gamma_{Q1} S_{Qik} + \sum_{i=2}^{n} \psi_{ci} \gamma_{Qi} S_{Qik} \right)$$

$$= 1.0 \times \left[1.20 \times \left(\frac{1}{8} g_k l_0^2 \right) + 1.4 \times \left(\frac{1}{8} q_k l_0^2 \right) \right]$$

$$= 1.0 \times \left(1.20 \times \frac{1}{8} \times 6.5 \times 2.5^2 + 1.4 \times \frac{1}{8} \times 6 \times 2.5^2 \right)$$

$$= 12.66 (\text{kN} \cdot \text{m})$$

$$V_{\max} = \gamma_0 \left(\gamma_G S_{Gk} + \gamma_{Q1} S_{Qik} + \sum_{i=2}^{n} \psi_{ci} \gamma_{Qi} S_{Qik} \right)$$

$$= 1.0 \times \left[1.20 \times \left(\frac{1}{2} g_k l_n \right) + 1.4 \times \left(\frac{1}{2} q_k l_n \right) \right]$$

$$= 1.0 \times \left(1.20 \times \frac{1}{2} \times 6.5 \times 2.26 + 1.4 \times \frac{1}{2} \times 6 \times 2.26 \right)$$

$$= 18.31 (\text{kN})$$

则该梁的最大弯矩设计为 12.66 kN·m，最大剪力设计值为 18.31 kN。

6.4.3.2　正常使用极限状态设计表达式

结构或构件按正常使用极限状态设计时，主要是验算结构或构件的变形、抗裂度以及裂缝宽度等。当结构或构件超过了正常使用极限状态后就失去了适用性和耐久性，其引起的后果不如超过了承载能力极限状态的后果严重，故对其可适当降低可靠度，在计算时，主要体现在以下几点：

（1）荷载值采用标准值（相当于不乘以荷载分项系数）。

（2）材料强度也采用标准值（相当于不除以材料强度分项系数）。

（3）不考虑结构构件的重要性系数。

但不同于承载能力极限状态设计表达式的是,荷载的短期作用和长期作用对结构构件的正常使用性能的影响不同,因此应根据实际情况,分别按荷载效应的标准组合和准永久组合或频遇组合进行计算,或按标准组合并考虑长期作用的影响进行计算。正常使用极限状态设计表达式为

$$S \leq C$$

式中　S——荷载效应的标准组合和准永久组合值;

　　　　C——正常使用规定的某项限值,如裂缝宽度、变形等。

1.荷载效应组合计算

(1)标准组合

$$S = S_{Gk} + S_{Q1k} + \sum_{i=2}^{n} \psi_{ci} S_{Qik} \tag{6-7}$$

(2)准永久组合

$$S = S_{Gk} + \sum_{i=1}^{n} \psi_{qi} S_{Qik} \tag{6-8}$$

(3)频遇组合

$$S = S_{Gk} + \psi_{f1} S_{Q1k} + \sum_{i=2}^{n} \psi_{ci} S_{Qik} \tag{6-9}$$

式中　ψ_{ci}——第i个可变荷载的组合值系数,见表6-2;

　　　　ψ_{qi}——第i个可变荷载的准永久值系数,见表6-2;

　　　　ψ_{fi}——第i个可变荷载的频遇值系数,见表6-2。

2.验算的内容

1)变形验算

根据使用要求需要控制变形的构件,应进行变形的验算。变形验算主要针对受弯构件的挠度验算,即

$$f \leq [f]$$

2)钢筋混凝土结构裂缝控制验算

根据钢筋混凝土结构构件的使用要求或所处环境,裂缝控制等级分为三级:

一级:严格要求不出现裂缝的构件,按荷载效应标准组合计算时,要求构件的受拉边缘不产生拉应力。

二级:一般要求不出现裂缝的构件,按荷载效应标准组合计算时要求构件受拉边缘混凝土的拉应力不超过混凝土的轴心抗拉强度标准值,即混凝土允许出现拉应力但要控制出现裂缝;按荷载效应准永久组合计算时,构件受拉边缘不产生拉应力。

三级:允许出现裂缝的构件,按荷载效应标准组合计算并考虑荷载长期作用影响时,构件的最大裂缝宽度不超过裂缝宽度允许值。

3.结构构件的挠度限值和最大裂缝宽度限值

(1)受弯构件挠度限值,见表6-7。

表 6-7　受弯构件的挠度限值

构件类型	挠度限值
吊车梁:手动吊车	$l_0/500$
电动吊车	$l_0/600$
屋盖、楼盖及楼梯构件:当 $l_0 \leqslant 7$ m 时	$l_0/200(l_0/250)$
当 7 m$<l_0 \leqslant 9$m 时	$l_0/250(l_0/300)$
当 $l_0>9$ m 时	$l_0/300(l_0/400)$

注:1.括号内的数值适用于使用上对挠度有较高要求的构件。

　　2.如果构件制作时有起拱,则应将计算的挠度值减去起拱值。

　　3.对于悬臂构件,其计算跨度按实际悬臂长的 2 倍采用。

(2)混凝土最大允许裂缝宽度,见表 6-8。

表 6-8　混凝土最大允许裂缝宽度

环境类别	钢筋混凝土结构		预应力混凝土结构	
	裂缝控制等级	允许裂缝宽度(mm)	裂缝控制等级	允许裂缝宽度(mm)
一	三	0.3(0.4)	三	0.2
二	三	0.2	二	—
三	三	0.2	一	—

注:对于处于四、五类环境下的结构构件,其裂缝控制要求应符合专门标准的有关规定,对其他特殊结构构件参看

　　GB 50010—2010 有关规定。

(3)混凝土结构的环境类别,见表 6-9。

表 6-9　环境类别

环境类别		条件
一		室内干燥环境;永久的无侵蚀性静水浸没环境
二	a	室内潮湿环境;非严寒和非寒冷地区的露天环境;非严寒和非寒冷地区与无侵蚀性的水或土壤直接接触的环境;寒冷和严寒地区的冰冻线以下与无侵蚀性的水或土壤直接接触的环境
	b	干湿交替环境;水位频繁变动环境,严寒和寒冷地区的露天环境;严寒和寒冷地区的冰冻线以上与无侵蚀性的水或土壤直接接触的环境
三	a	严寒和寒冷地区冬季水位冰冻区环境;受除冰盐影响环境;海风环境
	b	盐渍土环境;受除冰盐作用环境;海岸环境
四		海水环境
五		受人为或自然的侵蚀性物质影响的环境

🔑 **特别提示**

　　承载能力极限状态和正常使用极限状态计算的对象不同,在设计结构或构件时都要予以考虑,一般先按承载能力极限状态进行设计,然后再校核是否满足承载能力极限状

态,不满足再进行调整。

【例 6-3】　条件同例 6-2,可变荷载准永久值系数 $\psi_{qi}=0.4$,试按标准组合和准永久组合计算最大弯矩值。

解:$q_k=6\ kN/m, g_k=g_{1k}+g_{2k}=4+2.5=6.5(kN/m)$。

(1)标准组合:

$$M_k=S_{Gk}+S_{Q1k}+\sum_{i=2}^{n}\psi_{ci}S_{Qik}$$

$$=\frac{1}{8}g_kl_0^2+\frac{1}{8}q_kl_0^2$$

$$=\frac{1}{8}\times6.5\times2.5^2+\frac{1}{8}\times6\times2.5^2$$

$$=9.77(kN\cdot m)$$

(2)准永久组合:

$$M=S_{Gk}+\sum_{i=1}^{n}\psi_{qi}S_{Qik}$$

$$=\frac{1}{8}g_kl_0^2+0.4\times\frac{1}{8}q_kl_0^2$$

$$=\frac{1}{8}\times6.5\times2.5^2+0.4\times\frac{1}{8}\times6\times2.5^2$$

$$=6.95(kN\cdot m)$$

6.4.4　结构的耐久性设计

混凝土结构在自然和人为环境的长期作用下,进行着复杂的物理和化学反应,如混凝土的风化、钢筋的锈蚀等,这些反应会造成构件的损伤。随着时间的延长,损伤会逐步累积,使结构的性能逐步恶化,甚至影响结构构件的正常使用。因此,为保证结构构件满足正常使用的要求,应对结构构件进行耐久性设计。对于混凝土结构而言,影响耐久性的因素很多,包括内部因素和外部因素,内部因素如混凝土的强度、密实度、水灰比、有害元素的含量;外部因素包括环境条件、设计不周全、施工质量差和维护不当等。

6.4.4.1　提高结构耐久性的措施

(1)适当降低水灰比。

(2)提高混凝土的密实性。

(3)防止混凝土的碳化。

(4)防止碱骨料反应。

(5)减小裂缝宽度,防止钢筋锈蚀。

(6)为提高混凝土的抗渗性和抗冻性,在混凝土中掺加适量的掺合料,如引气剂、减水剂、防水剂等。

6.4.4.2　耐久性设计

1.耐久性设计的基本原则

对结构构件进行耐久性设计,是为了保证结构构件在规定的设计使用年限内,在自然和人为环境作用下,不出现无法承受的承载力降低、使用功能减低和不能接受的外观变形等。对临时性混凝土结构可以不考虑耐久性问题。

2.耐久性设计

1)技术措施

(1)未经许可,不能改变结构的使用环境和用途。

(2)对结构中使用环境较差的构件,可设计成可更换的构件。

(3)对于重要性结构,宜设置供耐久性检查的专门构件。

(4)对于处于侵蚀性环境中的混凝土结构构件,为防止钢筋锈蚀,可在钢筋避免涂保护膜或采用高强度的混凝土。

2)构造措施

(1)用于一、二类和三类环境中设计使用年限为50年混凝土结构,应符合表6-10的规定。

表6-10　混凝土耐久性的要求(50年)

环境类别		最大水灰比	最小水泥用量（kg/m³）	最低混凝土强度	最大氯离子含量	最大碱含量（kg/m³）
一		0.65	225	C20	1.0%	不限制
二	a	0.60	250	C25	0.3%	30
	b	0.55	275	C30	0.2%	
三		0.50	300	C30	0.1%	

注:1.氯离子含量是指其占水泥用量的百分比。

2.预应力混凝土构件中的最大氯离子含量为0.06%,最小水泥用量为300 kg/m³,混凝土强度等级应比表中所列提高两个等级。

3.素混凝土构件的最小水泥用量不应小于表中对应数值减小25 kg/m³。

4.当混凝土中加入活性掺合料或外加剂时,可适当降低最小水泥用量。

5.当有可靠工程经验时,处于一类和二类环境中的混凝土强度等级可降低一个等级。

6.当使用非碱性活性骨料时,对混凝土中的碱含量可不做限值。

(2)对设计使用年限为100年及其以上的结构,混凝土的耐久性应符合表6-11的规定。

表6-11　混凝土耐久性的要求(100年及其以上)

环境类别	最低混凝土强度	最大氯离子含量	碱活性集料的最大碱含量(kg/m³)	保护层厚度
一级	C30(预应力混凝土 C40)	0.06%	3.0	比规定增加40%
二、三级	应采取专门措施			

🔑 **特别提示**

在实际设计结构或构件时,其耐久性的设计一般不需要通过计算保证,而是通过构造、施工等来考虑。

小　结

1.建筑结构按照主要使用的材料可分为砌体结构、钢筋混凝土结构、钢结构、钢-钢筋混凝土组合结构和混合结构。

2.高层建筑结构体系分类如下：

(1)框架体系：由框架柱和框架梁组成的承重骨架构成的体系。

(2)剪力墙体系：纵横墙全部采用剪力墙，剪力墙由钢筋混凝土材料建造的墙体。

(3)框支剪力墙体系：将剪力墙体系底部的一层或数层用框架体系来代替。

(4)框架-剪力墙体系：是在框架结构体系中适当位置布置一定数量的剪力墙，通过在自身平面内刚度很大的楼盖结构将框架与剪力墙这两类结构单元组合而成的结构体系。

(5)筒体体系：由若干纵横交错的密集框架或封闭剪力墙围成的筒状封闭空间受力体系。筒体结构可分为框筒体系、筒中筒体系、桁架筒体系和成束筒体系等。

3. 按照荷载随时间的变异性，荷载可分为永久荷载、可变荷载、偶然荷载。

4. 荷载代表值分类如下：

(1)荷载标准值：永久荷载标准值和可变荷载标准值。

(2)可变荷载组合值：　　　　　　$Q_c = \psi_c Q_k$

(3)可变荷载频遇值：　　　　　　$Q_f = \psi_f Q_k$

(4)可变荷载准永久值：　　　　　　$Q_q = \psi_q Q_k$

5.结构的功能包括三个方面：安全性、适用性和耐久性。

6.结构或结构的一部分超过某一特定状态时就不能满足设计规定的某一功能要求，此特点状态就称为结构的极限状态，结构的极限状态可分为承载能力极限状态和正常使用极限状态两大类。

7.荷载效应是指荷载引起的结构或构件的内力、变形和裂缝等，它是荷载、构件尺寸等的函数，通常用 S 表示。结构的抗力是指结构或构件承受荷载效应的能力，通常用 R 表示。

8.可靠性是指结构或构件在规定的时间内和规定的条件下，完成预定功能的可能性，称为可靠性，它是安全性、适用性和耐久性的总称。可靠度是可靠性的定量描述，表示结构完成预定功能的概率。

9.材料强度分项系数

$$材料强度设计值 = \frac{材料强度标准值}{材料强度分项系数}$$

10.荷载分项系数包括永久荷载分项系数和可变荷载分项系数。

$$荷载设计值 = 荷载标准值 \times 荷载分项系数$$

11.承载能力极限状态设计表达式为

$$\gamma_0 S \leqslant R$$

(1)由永久荷载效应控制的组合：

$$\gamma_0 S = \gamma_0 \left(\gamma_G S_{Gk} + \sum_{i=1}^{n} \psi_{ci} \gamma_{Qi} S_{Qik} \right)$$

(2)由可变荷载效应控制的组合：

$$\gamma_0 S = \gamma_0 \left(\gamma_G S_{Gk} + \gamma_{Q1} S_{Q1k} + \sum_{i=2}^{n} \psi_{ci} \gamma_{Qi} S_{Qik} \right)$$

对于一般排架和框架结构，可以采用以下简化公式：

$$\gamma_0 S = \gamma_0 \left(\gamma_G S_{Gk} + \psi \sum_{i=1}^{n} \gamma_{Qi} S_{Qik} \right)$$

12.正常极限状态设计表达式为 $S \leq C$。

(1)标准组合

$$S = S_{Gk} + S_{Q1k} + \sum_{i=2}^{n} \psi_{ci} S_{Qik}$$

(2)准永久组合

$$S = S_{Gk} + \sum_{i=1}^{n} \psi_{qi} S_{Qik}$$

(3)频遇组合

$$S = S_{Gk} + \psi_{f1} S_{Q1k} + \sum_{i=2}^{n} \psi_{ci} S_{Qik}$$

验算的内容有两项:①变形验算;②钢筋混凝土结构裂缝控制验算。

13.提高结构耐久性的措施有:

(1)适当控制降低水灰比。

(2)提高混凝土的密实性。

(3)防止混凝土的碳化。

(4)防止碱骨料反应。

(5)减小裂缝宽度,防止钢筋锈蚀。

(6)为提高混凝土的抗渗性和抗冻性,在混凝土中掺加适量的掺合料,如引气剂、减水剂、防水剂等。

14.耐久性设计包括技术措施和构造措施。

习　题

一、思考题

1.如何区分可变荷载和永久荷载? 它们的特点有何不同?

2.何为可变荷载准永久值? 什么时候可变荷载需采用准永久值?

3.何为可变荷载组合值? 什么时候可变荷载需采用组合值?

4.何为可变荷载频遇值? 什么时候可变荷载需采用频遇值?

5.当梁上的荷载过大,使梁内的钢筋发生断裂时,则该梁的荷载效应是超过了哪种极限状态?

6.梁的跨中截面裂缝宽度超过了规定的宽度,则该梁又是超过了哪种极限状态?

7.若结构或构件满足预定的功能要求,其上的荷载效应与抗力之间应满足何种关系?

8.结构的目标可靠度的意义是什么?

9.承载能力极限状态的计算表达式与正常使用极限状态的计算表达式有何不同? 为何?

10.进行承载能力极限状态计算时,最大荷载效应如何确定?

11.正常使用极限状态的计算一般包括哪几个方面?

12.当设计民用住宅楼面梁时,应按哪类环境考虑?

13.结构为何要进行耐久性设计？

14.影响结构耐久性的因素有哪些？

15.耐久性设计包括哪些方面？

二、计算题

1.某民用住宅屋面板,作用有可变荷载标准值 $q_k = 2.0 \ \text{kN/m}^2$,请根据表6-2,试计算当该可变荷载分别采用组合值、准永久值和频遇值时的代表值。

2.某简支梁,计算跨度 $l_0 = 6 \ \text{m}$,净跨 $l_n = 5.76 \ \text{m}$,承受均布荷载,其中永久荷载标准值 $g_k = 2.4 \ \text{kN/m}$,可变荷载标准值 $q_k = 6 \ \text{kN/m}$,结构安全级别为二级,试计算最大弯矩效应设计值和最大剪力效应设计值。

3.某工业厂房屋面板,计算跨度 $l_0 = 2.5 \ \text{m}$,净跨 $l_n = 5.26 \ \text{m}$,每米宽的荷载如下:永久荷载标准值为 $g_k = 2.14 \ \text{kN/m}$(包括板自重和上下面层),屋面可变荷载为 $q_{1k} = 1.86 \ \text{kN/m}$,屋面积灰荷载 $q_{2k} = 0.6 \ \text{kN/m}$,屋面可变荷载组合值系数为0.7,准永久值系数为0.4,屋面积灰荷载组合值系数为0.9,准永久值系数为0.8,结构安全级别为二级,试计算最大弯矩效应设计值、最大弯矩标准组合值和最大弯矩准永久组合值。

第7章　钢筋和混凝土材料的力学性能

教学目标

1.掌握钢筋和混凝土的基本性质及各种强度指标。

2.钢筋混凝土是由钢筋和混凝土这两种力学性能不同的材料组成的,理解它们能共同工作的原理。

教学要求

能力目标	知识要点	权重
了解混凝土的组成材料、强度、变形	强度指标,影响混凝土强度的因素	50%
理解钢筋的基本性质	钢筋的强度、变形,钢筋的级别和品种	40%
钢筋和混凝土之间黏结力产生的原因	黏结力的作用、影响黏结力的因素	10%

章节导读

混凝土的应用可以追溯到古老的年代,当时所用的胶凝材料为黏土、石灰、石膏、火山灰等。自19世纪20年代出现了波特兰水泥后,由于用它配制成的混凝土具有工程所需要的强度和耐久性,而且原料易得,造价较低,特别是能耗较低,因而用途极为广泛。1861年,钢筋混凝土得到了第一次的应用,首先建造的是水坝、管道和楼板。1875年,法国的一位园艺师蒙耶(1828~1906年)建成了世界上第一座钢筋混凝土桥。20世纪初,有人发表了水灰比等学说,初步奠定了混凝土强度的理论基础。以后,相继出现了轻骨料混凝土、加气混凝土及其他混凝土,各种混凝土外加剂也开始使用。60年代以来,广泛应用减水剂,并出现了高效减水剂和相应的流态混凝土;高分子材料进入混凝土材料领域,出现了聚合物混凝土;多种纤维被用于分散配筋的纤维混凝土。现代测试技术也越来越多地应用于混凝土材料科学的研究。

随着时代的变迁,技术的进步,"混凝土家族"里也有了新成员的加盟,其中纤维混凝土,无论从抗压强度和价格来看,都具有一定的优势。然而,钢筋混凝土虽然受到"混凝土家族"的竞争影响,其发展的优势也不如从前,但是在如今的很多领域中,仍能看到它那熟悉的身影。它依旧是坚固耐用的代名词。代表城市形象的高楼大厦,自然少不了钢筋混凝土。高速公路、建筑桥梁、隧道等是钢筋混凝土现代应用的另一方面。然而,钢筋混凝土还有一个更为实用的功能,那就是除险,在处理各类坍塌事故中,使用钢筋混凝土,可以更快地取得关键性的进展,因为有了它的支撑,才能使抢险行动获得控制性成果。因此,从这些方面可以看出,钢筋混凝土在众多建材中,依旧占有一席之地,我们期待,在未来的建筑道路上,钢筋混凝土可以走得更好、更稳。

　　钢筋混凝土结构有其独特的优点,应用极为广泛,无论是桥梁工程、隧道工程、房屋建筑、铁路工程,还是水工结构工程、海洋结构工程等都已广泛采用。

引例

　　建筑材料是构成建筑结构的物质基础,建筑材料质量的好坏,决定着建筑物的质量。但在实践中由于使用不合格的建筑材料造成质量事故的比比皆是。例如:一些施工企业看重效益,不看重质量,低价购买一些不合格的钢材如地下小炼铁厂、黑工厂生产的螺纹钢或圆钢,或者是从废品回收站买来生锈钢材,致使钢结构强度和韧度达不到要求,这些质量不合格的材料,会给建筑工程质量事故的发生埋下隐患。

7.1　混凝土

7.1.1　混凝土的强度

　　普通混凝土是由水泥、砂子和骨料三种基本材料用水拌和经过养护凝固硬化后形成的人工石材。混凝土承受压力的能力要远大于其承受拉力的能力,故混凝土在结构中主要起承受压力的作用。因此,抗压强度就成为其力学性能中最为重要的性能。

7.1.1.1　混凝土立方体抗压强度

　　目前,国际上确定混凝土的立方体抗压强度所采用的试件形状有圆柱体和立方体两种。

　　我国国家标准《普通混凝土力学性能试验方法标准》(GB/T 50081—2002)规定以每边边长为 150 mm 的立方体为标准试件,在温度为(20±2)℃和相对湿度为95%以上的潮湿空气中养护28 d,依照标准制作方法和试验方法测得的抗压强度值(以 N/mm² 为单位)作为混凝土的立方体抗压强度,用符号 f_{cu} 表示。按这样的规定,就可以排除不同制作方法、养护环境等因素对混凝土立方体强度的影响。

　　混凝土立方体抗压强度与试验方法有着密切的关系。在通常情况下,试件的上下表面与试验机承压板之间将产生阻止试件向外自由变形的摩阻力,阻滞了裂缝的发展,如图 7-1(a)所示,从而提高了试块的抗压强度。破坏时,远离承压板的试件中部混凝土所受的约束最少,混凝土也剥落得最多,形成两个对顶叠置的截头方锥体,如图 7-1(b)所示。如果在承压板和试件上下表面之间涂油脂润滑剂,则试验加压时摩擦力将大为减少,所测得的抗压强度较低,出现破坏形态如图 7-1(c)所示的开裂破坏。规定采用的方法是不加油脂润滑剂的试验方法。

　　混凝土的抗压强度还与试件尺寸有关。试验表明,立方体试件尺寸愈小,摩擦力的影响愈大,测得的强度也愈高。在实际工程中也有采用边长为 200 mm 和边长为 100 mm 的混凝土立方体试件,则所测得的立方体强度应分别乘以换算系数 1.05 和 0.95 来折算成边长为 150 mm 的混凝土立方体抗压强度。

7.1.1.2　混凝土轴心抗压强度(棱柱体抗压强度)

　　通常钢筋混凝土构件的长度比它的截面边长要大得多,因此棱柱体试件(高度大于

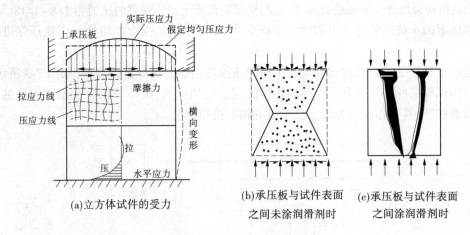

图 7-1　立方体抗压强度试件

截面边长的试件)的受力状态更接近于实际构件中混凝土的受力情况。按照与立方体试件相同条件下制作和相同试验方法所得的棱柱体试件的抗压强度值,称为混凝土轴心抗压强度,用符号 f_c 表示。

　　试验表明,棱柱体试件的抗压强度较立方体试块的抗压强度低。棱柱体试件高度 h 与边长 b 之比愈大,则强度愈低。当 h/b 由 1 增至 2 时,混凝土强度降低很快。但是当 h/b 由 2 增至 4 时,其抗压强度变化不大,如图 7-2 所示。因为在此范围内,既可消除垫板与试件接触面间摩擦力对抗压强度的影响,又可以避免试件因纵向初弯曲而产生的附加偏心距对抗压强度的影响,故所测得的棱柱体抗压强度较稳定。因此,国家标准《普通混凝土力学性能试验方法标准》(GB/T 50081—2002)规定,混凝土的轴心抗压强度试验以 150 mm×150 mm×300 mm 的试件为标准试件。一般棱柱体强度与立方体强度之比对普通混凝土为 0.76,对高强混凝土(>C50)则大于 0.76。

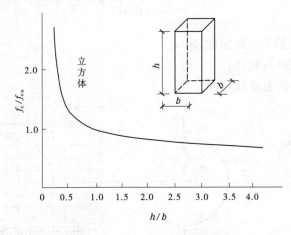

图 7-2　h/b 对抗压强度的影响

7.1.1.3　混凝土抗拉强度

　　混凝土抗拉强度(用符号 f_t 表示)和抗压强度一样,都是混凝土的基本强度指标。但是混凝土的抗拉强度比抗压强度低得多,它与同龄期混凝土抗压强度的比值为 1/8~1/18。这项比值随混凝土抗压强度等级的增大而减少,即混凝土抗拉强度的增加慢于抗压强度的增加。

混凝土轴心受拉试验的试件可采用在两端预埋钢筋的混凝土棱柱体,如图 7-3 所示。试验时用试验机的夹具夹紧试件两端外伸的钢筋施加拉力,破坏时试件在没有钢筋的中部截面被拉断,其平均拉应力即为混凝土的轴心抗拉强度。

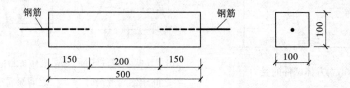

图 7-3　混凝土抗拉强度试验试件

在用上述方法测定混凝土的轴心抗拉强度时,保持试件轴心受拉是很重要的,也是不容易完全做到的。因为混凝土内部结构不均匀,钢筋的预埋和试件的安装都难以对中,而偏心又对混凝土抗拉强度测试有很大的干扰。因此,目前国内外常采用立方体或圆柱体的劈裂试验来测定混凝土的轴心抗拉强度。

劈裂试验是在卧置的立方体(或圆柱体)试件与压力机压板之间放置钢垫条及三合板(或纤维板)垫层,如图 7-4 所示,压力机通过垫条对试件中心面施加均匀的条形分布荷载。这样,除垫条附近外,在试件中间垂直面上就产生了拉应力,它的方向与加载方向垂直,并且基本上是均匀的。当拉应力达到混凝土的抗拉强度时,试件即被劈裂成两半。规范规定,采用 150 mm 立方块作为标准试件进行混凝土劈裂抗拉强度测定,按照规定的试验方法操作,则混凝土劈裂抗拉强度 f_{ts} 按下式计算

$$f_{ts} = \frac{2F}{\pi A} = 0.637 \frac{F}{A} \tag{7-1}$$

式中　f_{ts}——混凝土劈裂抗拉强度,MPa;

　　　F——劈裂破坏荷载,N;

　　　A——试件劈裂面面积,mm^2。

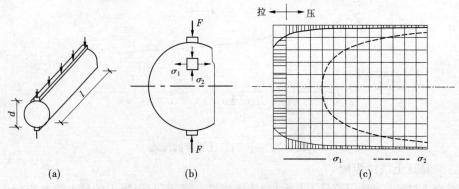

图 7-4　劈裂试验图

采用上述试验方法测得的混凝土劈裂抗拉强度值换算成轴心抗拉强度时,应乘以换算系数 0.9,即 $f_t = 0.9 f_{ts}$。

各种级别的混凝土的强度指标见附录 1。

🔑 **特别提示**

混凝土在结构中主要承受压力,因此其抗压强度指标是最重要的指标。

混凝土轴心抗压强度和轴心抗拉强度都可以通过对比试验由立方体抗压强度推算求得,三者之间的大小关系是:$f_{cu} > f_c > f_t$,实际情况一般是直接查表查出这三种强度指标。

7.1.2 混凝土的变形

混凝土的变形可分为两类:一类是在荷载作用下的受力变形,如单调短期加载的变形、荷载长期作用下的变形以及多次重复加载的变形;另一类与受力无关,称为体积变形,如混凝土收缩以及温度变化引起的变形。

7.1.2.1 混凝土在单调、短期加载作用下的变形性能

1.混凝土的应力—应变曲线

混凝土的应力—应变关系是混凝土力学性能的一个重要方面,它是研究钢筋混凝土构件的截面应力分布,建立承载能力和变形计算理论必不可少的依据。特别是近代采用计算机对钢筋混凝土结构进行非线性分析时,混凝土的应力—应变关系已成了数学物理模型研究的重要依据。

一般取棱柱体试件来测试混凝土的应力—应变曲线。在试验时,需使用刚度较大的试验机,或者在试验中用控制应变速度的特殊装置来等应变速度地加载,或者在普通压力机上用高强弹簧(或油压千斤顶)与试件共同受压,测得混凝土试件受压时典型的应力应变曲线,如图 7-5 所示。

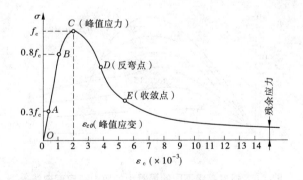

图 7-5 混凝土受压时应力—应变曲线

完整的混凝土轴心受压应力—应变曲线由上升段 OC、下降段 CD 和收敛段 DE 三个阶段组成。

(1)上升段:当压应力 $\sigma < 0.3 f_c$ 时,应力—应变关系接近直线变化(OA 段),混凝土处于弹性阶段工作。在压应力 $\sigma \geq 0.3 f_c$ 后,随着压应力的增大,应力—应变关系愈来愈偏离直线,任一点的应变 ε 可分为弹性应变 ε_{ce} 和塑性应变 ε_{cp} 两部分。原有的混凝土内部

微裂缝发展，并在孔隙等薄弱处产生新的个别的微裂缝。当应力达到 $0.8f_c$（B 点）左右后，混凝土塑性变形显著增大，内部裂缝不断延伸扩展，并有几条贯通，应力—应变曲线斜率急剧减小，如果不继续加载，裂缝也会发展，即内部裂缝处于非稳定发展阶段。当应力达到最大应力即 $\sigma=f_c$（C 点）时，应力—应变曲线的斜率已接近于水平，试件表面出现不连续的可见裂缝。

（2）下降段：到达峰值应力点 C 后，混凝土的强度并不完全消失，随着应力 σ 的减少（卸载），应变仍然增加，曲线下降坡度较陡，混凝土表面裂缝逐渐贯通。

（3）收敛段：在反弯点 D 后，应力下降的速率减慢，趋于稳定的残余应力。表面纵向裂缝把混凝土棱柱体分成若干个小柱，外载力由裂缝处的摩擦咬合力及小柱体的残余强度所承受。

对于没有侧向约束的混凝土，收敛段没有实际意义，所以通常只注意混凝土轴心受压应力—应变曲线的上升段 OC 和下降段 CD，而最大应力值 f_c 及相应的应变值 ε_{co} 和 D 点的应变值（称为极限压应变值 ε_{cu}）成为曲线的三个特征值。对于均匀受压的棱柱体试件，其压应力达到 f_c 时，混凝土就不能承受更大的压力，成为结构构件计算时混凝土强度的主要指标。与 f_c 相对应的应变 ε_{co} 随混凝土强度等级而异，在 $(1.5\sim2.5)\times10^{-3}$ 间变动，通常取其平均值 $\varepsilon_{co}=2.0\times10^{-3}$。应力—应变曲线中相应于 D 的混凝土极限压应变 ε_{cu} 为 $(3.0\sim5.0)\times10^{-3}$。

影响混凝土轴心受压应力—应变曲线的主要因素是：

（1）混凝土强度。试验表明，混凝土强度对其应力应变曲线有一定影响，如图 7-6 所示。对于上升段，混凝土强度的影响较小，与应力峰值点相应的应变大致为 0.002。随着混凝土强度增大，则峰值点处的应变也稍大些。对于下降段，混凝土强度则有较大影响。混凝土强度愈高，应力应变曲线下降愈剧烈，延性就愈差（延性是材料承受变形的能力）。

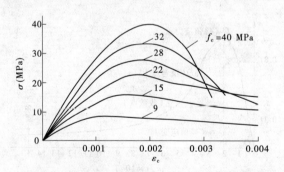

图 7-6　强度等级不同的混凝土的应力—应变曲线

（2）变速率。应变速率小，峰值应力 f_c 降低，ε_{co} 增大，下降段曲线坡度显著地减缓。

（3）测试技术和试验条件。①应该采用等应变加载。如果采用等应力加载，则很难测得下降段曲线。②试验机的刚度对下降段的影响很大。如果试验机的刚度不足，在加载过程中积蓄在压力机内的应变能立即释放所产生的压缩量，当它大于试件可能产生的变形时，导致形成压力机的回弹并对试件产生冲击，使试件突然破坏，以致无法测出应力—应变曲线的下降段。③应变测量的标距也有影响，应变测量的标距愈大，曲线坡度愈陡;标距愈小,坡度愈缓。④试件端部的约束条件对应力—应变曲线下降段也有影响。例如,在试件与支撑垫板间垫以橡胶薄板并涂以油脂,则与正常条件情况相比,不仅强度降低,而且没有下降段。

　　2.混凝土的弹性模量、变形模量

　　在实际工程中,为了计算结构的变形,必须要求一个材料常数——弹性模量。而混凝土的应力—应变的比值并非一个常数,是随着混凝土的应力变化而变化的,所以混凝土弹性模量的取值比钢材复杂得多。混凝土的弹性模量有三种表示方法,如图7-7所示。

　　(1)原点弹性模量。在混凝土受压应力—应变曲线图的原点作切线,该切线的斜率即为原点弹性模量,即

$$E_c' = \frac{\sigma}{\varepsilon_{ce}} = \tan\alpha_0 \qquad (7-2)$$

　　(2)切线模量。在混凝土应力—应变曲线上某一应力 σ_c 处做一切线,该切线的斜率即为相应于应力 σ_c 时的切线模量,即

$$E_c'' = \frac{\mathrm{d}\sigma}{\mathrm{d}\varepsilon} \qquad (7-3)$$

　　(3)变形模量。连接混凝土应力应变曲线的原点 O 及曲线上某一点 K 做割线,K 点混凝土应力为 $\sigma_c(=0.5f_c)$,则该割线(OK)的斜率即为变形模量,也称割线模量或弹塑性模量,即

$$E_c''' = \tan\alpha_1 = \frac{\sigma_c}{\varepsilon_c} \qquad (7-4)$$

在某一应力 σ_c 下,混凝土应变 ε_c 由弹性应变 ε_{ce} 和塑性应变 ε_{cp} 组成,于是混凝土的变形模量与原点弹性模量的关系为

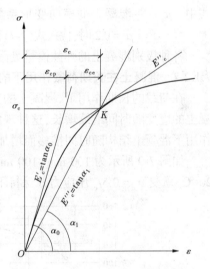

图7-7　混凝土变形模量的表示方法

$$E_c''' = \frac{\sigma_c}{\varepsilon_c} = \frac{\varepsilon_{ce}}{\varepsilon_c} \cdot \frac{\sigma_c}{\varepsilon_{ce}} = \gamma E_c' \qquad (7-5)$$

式中　γ——弹性特征系数,$\gamma = \dfrac{\varepsilon_{ce}}{\varepsilon_c}$,弹性特征系数 γ 与应力值有关,当 $\sigma_c \leq 0.5f_c$ 时 $\gamma = 0.8 \sim 0.9$,当 $\sigma_c = 0.9f_c$ 时 $\gamma = 0.4 \sim 0.8$,一般情况下,混凝土强度愈高,γ 值愈大。

　　目前,弹性模量 E_c 值是用下述方法测定的:试验采用棱柱体试件,取应力上限 $\sigma = 0.5f_c$,然后卸荷至零,再重复加载卸荷 $5 \sim 10$ 次。由于混凝土的非弹性性质,每次卸荷至零时,变形不能完全恢复,存在残余变形。随着荷载重复次数的增加,残余变形逐渐减小,重复 $5 \sim 10$ 次后,变形已基本趋于稳定,应力—应变曲线接近于直线(如图7-8所示),该直线的斜率即作为混凝土弹性模量的取值。因此,混凝土弹性模量是根据混凝土棱柱体标准试件,用标准的试验方法所得的规定压应力值与其对应的压应变值的比值。

　　根据不同等级混凝土弹性模量试验值的统计分析,给出 E_c 的经验公式为

$$E_c = \frac{10^5}{2.2 + (\frac{34.74}{f_{cu,k}})} \quad (N/mm^2) \quad (7\text{-}6)$$

式中　$f_{cu,k}$——混凝土立方体抗压强度标准值。

　　混凝土的受拉弹性模量与受压弹性模量之比为 0.82～1.12,平均为 0.995,故可认为混凝土的受拉弹性模量与受压弹性模量相等。

　　混凝土的剪切弹性模量 G_c,一般可根据试验测得的混凝土弹性模量 E_c 和泊松比按式(7-7)确定

$$G_c = \frac{E_c}{2(1 + \mu_c)} \quad (7\text{-}7)$$

式中　μ_c——混凝土的横向变形系数(泊松比),取 $\mu_c = 0.2$ 时,代入式(7-7)得到 $G_c = 0.4E_c$。

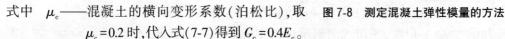

图 7-8　测定混凝土弹性模量的方法

　　各种级别混凝土的弹性模量见附表 1-4。

7.1.2.2　混凝土在长期荷载作用下的变形性能

　　在荷载的长期作用下,混凝土的变形将随时间而增加,亦即在应力不变的情况下,混凝土的应变随时间继续增长,这种现象被称为混凝土的徐变。混凝土徐变变形是在持久作用下混凝土结构随时间推移而增加的应变。

　　如图 7-9 所示为 100 mm×100 mm×400 mm 的棱柱体试件在相对湿度为 65%、温度为 20 ℃、承受 $\sigma_c = 0.5f_c$ 压应力并保持不变的情况下变形与时间的关系曲线。

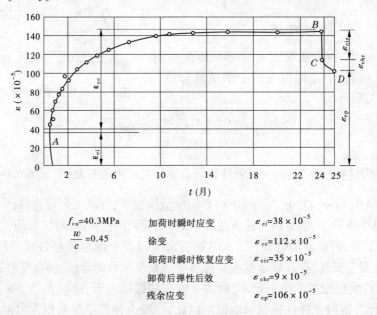

$f_{cu} = 40.3$MPa	加荷时瞬时应变　　　　　$\varepsilon_{ci} = 38 \times 10^{-5}$
$\frac{w}{c} = 0.45$	徐变　　　　　　　　　　$\varepsilon_{cc} = 112 \times 10^{-5}$
	卸荷时瞬时恢复应变　　　$\varepsilon_{cir} = 35 \times 10^{-5}$
	卸荷后弹性后效　　　　　$\varepsilon_{chr} = 9 \times 10^{-5}$
	残余应变　　　　　　　　$\varepsilon_{cp} = 106 \times 10^{-5}$

图 7-9　混凝土徐变曲线

　　如图 7-9 所示,24 个月的徐变变形 ε_{cc} 为加荷时立即产生的瞬时弹性变形 ε_{ci} 的 2～4 倍,前期徐变变形增长很快,6 个月可达到最终徐变变形的 70%～80%,以后徐变变形增长

逐渐缓慢。从图 7-9 还可以看到,有 B 点卸荷后,应变会恢复一部分,其中立即恢复的一部分应变被称为混凝土瞬时恢复弹性应变 ε_{cir};再经过一段时间(约 20 d)后才逐渐恢复的那部分应变被称为弹性后效 ε_{chr};最后剩下的不可恢复的应变称为残余应变 ε_{cp}。

混凝土产生徐变的主要原因是在荷载长期作用下,混凝土凝胶体中的水分逐渐压出,水泥石逐渐黏性流动,微细空隙逐渐闭合,结晶体内部逐渐滑动,微细裂缝逐渐发生等。

在进行混凝土徐变试验时,需注意观测到的混凝土变形中还含有混凝土的收缩变形,故需用同批浇筑同样尺寸的试件在同样环境下进行收缩试验,这样,从量测的徐变试验试件总变形中扣除对比的收缩试验试件的变形,便可得到混凝土徐变变形。

影响混凝土徐变的因素很多,其主要因素有:

(1)混凝土在长期荷载作用下产生的应力大小。如图 7-10 所示,当压应力 $\sigma_c \leqslant 0.5 f_c$ 时,徐变大致与应力成正比,各条徐变曲线的间距差不多是相等的,被称为线性徐变。线性徐变在加荷初期增长很快,一般在两年左右趋以稳定,三年左右徐变即基本终止。

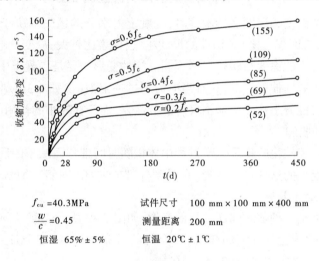

$f_{cu} = 40.3\text{MPa}$　　　　　　试件尺寸　　$100 \text{ mm} \times 100 \text{ mm} \times 400 \text{ mm}$

$\dfrac{w}{c} = 0.45$　　　　　　　　测量距离　　200 mm

恒湿　$65\% \pm 5\%$　　　　　　恒温　$20℃ \pm 1℃$

图 7-10　压应力与徐变的关系

当压应力 σ 为 $(0.5 \sim 0.8) f_c$ 时,徐变的增长较应力的增长快,这种情况称为非线性徐变。

当压应力 $\sigma > 0.8 f_c$ 时,混凝土的非线性徐变往往是不收敛的。

(2)加荷时混凝土的龄期。加荷时混凝土龄期越短,则徐变越大,如图 7-11 所示。

(3)混凝土的组成成分和配合比。混凝土中骨料本身没有徐变,它的存在约束了水泥胶体的流动,约束作用大小取决于骨料的刚度(弹性模量)和骨料所占的体积比。当骨料的弹性模量小于 $7 \times 10^4 \text{ N/mm}^2$ 时,随骨料弹性模量的降低,徐变显著增大。骨料的体积比越大,徐变越小。近年的试验表明,当骨料含量由 60% 增大为 75% 时,徐变可减少50%。混凝土的水灰比越小,徐变也越小,在常用的水灰比范围(0.4~0.6)内,单位应力的徐变与水灰比呈近似直线关系。

(4)养护及使用条件下的温度与湿度。混凝土养护时温度越高,湿度越大,水泥水化作用就越充分,徐变就越小。混凝土的使用环境温度越高,徐变越大;环境的相对湿度越低,徐变也越大,因此高温干燥环境将使徐变显著增大。

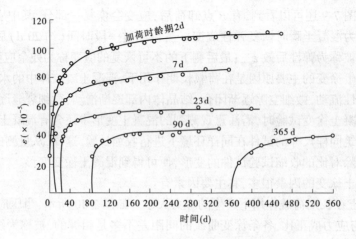

图 7-11　加荷时混凝土龄期对徐变大小的影响

当环境介质的温度和湿度保持不变时,混凝土内水分的逸失取决于构件的尺寸和体表比(构件体积与表面积之比)。构件的尺寸越大,体表比越大,徐变就越小。

应当注意混凝土的徐变与塑性变形不同。塑性变形主要是混凝土中骨料与水泥石结合面之间裂缝的扩展延伸引起的,只有当应力超过一定值(例如 $0.3f_c$ 左右)时才发生,而且是不可恢复的。混凝土徐变变形不仅可部分恢复,而且在较小的作用应力时就能发生。

7.1.2.3　混凝土的收缩

在混凝土凝结和硬化的物理化学过程中体积随时间推移而减小的现象称为收缩。混凝土在不受力情况下的这种自由变形,在受到外部或内部(钢筋)约束时,将产生混凝土拉应力,甚至使混凝土开裂。

混凝土的收缩是一种随时间而增长的变形,如图 7-12 所示。凝结硬化初期收缩变形发展很快,两周可完成全部收缩的 25%,一个月约可完成 50%,三个月后增长缓慢,一般两年后趋于稳定,最终收缩值为 $(2\sim6)\times10^{-4}$。

引起混凝土收缩的原因,主要是硬化初期水泥石在水化凝固结硬过程中产生的体积变化,后期主要是混凝土内自由水分蒸发而引起的干缩。

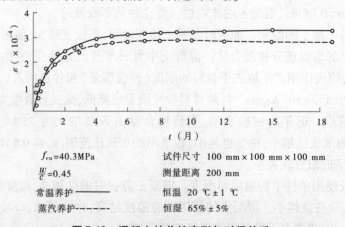

$f_{cu}=40.3\text{MPa}$	试件尺寸　100 mm×100 mm×100 mm
$\dfrac{w}{c}=0.45$	测量距离　200 mm
常温养护————	恒温　20 ℃±1 ℃
蒸汽养护------	恒湿　65%±5%

图 7-12　混凝土的收缩变形与时间关系

混凝土的组成和配合比是影响混凝土收缩的重要因素。水泥的用量越多,水灰比较大,收缩就越大。骨料的级配好、密度大、弹性模量高、粒径大能减小混凝土的收缩。这是因为骨料对水泥石的收缩有制约作用,粗骨料所占体积比越大、强度越高,对收缩的制约作用就越大。

由于干燥失水是引起收缩的重要原因,所以构件的养护条件、使用环境的温度与湿度、以及凡是影响混凝土中水分保持的因素,都对混凝土的收缩有影响。高温湿养(蒸汽养护)可加快水化作用,减少混凝土中的自由水分,因而可使收缩减少。使用环境的温度越高,相对湿度较低,收缩就越大。

混凝土的最终收缩量还和构件的体表比有关,因为这个比值决定着混凝土中水分蒸发的速度。体表比较小的构件如工字形、箱形薄壁构件,收缩量较大,而且发展也较快。

🔑 特别提示

徐变与变形是两个不同的概念,混凝土的徐变是在应力不变的情况下随时间的增长的变形徐变,与荷载的大小关系不大,而变形则与荷载有关。徐变对构件受力性能的影响有:受弯构件的挠度增加;细长柱的偏心距增大;预应力混凝土构件将产生预应力损失等。因此,在设计和施工中应采取合理的措施,力求减少徐变和收缩。

7.2　钢　筋

7.2.1　钢筋的强度与变形

钢筋的力学性能有强度和变形(包括弹性变形和塑性变形)等。根据钢筋在单向拉伸时应力—应变关系曲线特点不同,可将钢筋分为两大类:有明显屈服点的钢筋(软钢)和无明显屈服点的钢筋(硬钢)。

7.2.1.1　有明显屈服点的钢筋

有明显屈服点的钢筋工程上习惯称为软钢,软钢从加载到拉断,有四个阶段,即弹性阶段、屈服阶段、强化阶段和破坏阶段。如图 7-13 所示为软钢的应力—应变曲线,自开始加载至应力达到 a 点以前,应力—应变成线性关系,a 点称为比例极限,oa 段属于线弹性工作阶段。应力达到 b 点以后钢筋进入屈服阶段,产生很大的塑性变形,b 点应力称为屈服强度,在 cf 段应力—应变曲线中呈现一水平段,称为流幅。超过 c 点以后应力—应变关系重新表现为上升的曲线,称为强化阶段。曲线最高点 d 点称为抗拉强度。此后钢筋时间产生紧缩现象,应力—应变关系称为下降曲线,应变继续增加。到 e 点钢筋被拉断,de 段称为破坏阶段。

e 点所对应的应变(用百分数表示)称为伸长率,用 δ_{10} 或 δ_5 表示(分别对应于量测标距为 10d 或 5d,d 为钢筋直径)。它标志着钢筋的塑性性能,伸长率越大,塑性越好,钢筋的塑性除用伸长率表示外,还用冷弯试验检验。冷弯即是把钢筋绕弯心直径为 D 的辊轴弯转 α 角度而要求不发生裂纹。冷弯后,钢筋外表面不产生裂纹、鳞落或断裂现象为合格。钢筋塑性越好,冷弯角 α 就越大。

有明显阶段的钢筋拉伸时的应力—应变曲线显示了钢筋主要物理力学指标,即屈服

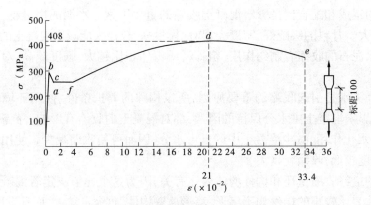

图 7-13　软钢的应力—应变曲线

强度、抗拉极限强度和伸长率。屈服强度是钢筋混凝土结构计算中钢筋强度取值的主要依据,把屈服强度与抗拉极限强度的比值称为屈强比,它可以代表材料的强度储备,一般屈强比要求不大于 0.8。伸长率是衡量钢筋拉伸时的塑性指标。

7.2.1.2　无明显屈服点的钢筋

　　无明显屈服点的钢筋工程上习惯称为硬钢,硬钢强度高,但塑性差,脆性大。从加载到拉断,不像软钢那样有明显的阶段,基本上不存在屈服阶段(流幅)。硬钢应力—应变曲线如图 7-14 所示。

　　由图 7-14 可知,这类拉伸曲线上没有明显屈服阶段的钢筋,只有一个强度指标,即极限抗拉强度,在设计中极限抗拉强度不能作为钢筋强度取值的依据。因此工程上一般取残余应变为 0.2% 所对应的应力 $\sigma_{0.2}$ 作为无明显屈服点钢筋的强度取值,通常称为条件屈服强度。

　　硬钢塑性差,伸长率小,用硬钢配筋的钢筋混凝土构件,受拉破坏时往往突然断裂,不像用软钢配筋的钢筋混凝土构件那样,在破坏前有明显的征兆。

　　各种钢筋的强度见附表 1-5。

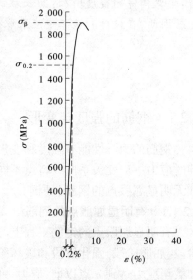

图 7-14　硬钢的应力—应变曲线

🔑 特别提示

　　对有明显屈服点的钢筋进行质量检验时,主要测定四项指标:屈服强度、极限抗拉强度、伸长率和冷弯性能;对没有明显屈服点钢筋的质量检验须测定三项指标:极限抗拉强度、伸长率和冷弯性能。

7.2.2　钢筋的成分、级别和品种

　　我国钢材按化学成分可分为碳素钢和普通低合金钢两大类。

　　碳素钢除含铁元素外,还有少量的碳、锰、硅、磷等元素。其中,含碳量愈高,钢筋强度愈高,但钢筋的塑性和可焊性愈差。一般把含碳量少于 0.25% 的称为低碳钢;含碳量在

0.25%~0.6%的称为中碳钢;含碳量大于0.6%的称为高碳钢。

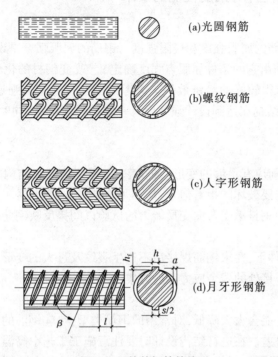

图7-15 热轧钢筋的外形

在碳素钢的成分中加入少量合金元素就成为普通低合金钢,如20MnSi、20MnSiV、20MnTi等,其中名称前面的数字代表平均含碳量(以万分之一计)。由于加入了合金元素,普通低合金钢虽含碳量高,强度高,但塑性也好,而且其拉伸应力—应变曲线仍具有明显的流幅。

按照钢材生产加工工艺和力学性能的不同,用于混凝土结构中的钢筋分为热轧钢筋、冷加工钢筋、预应力钢丝、预应力钢绞线和热处理钢筋等。近年来,我国强度高、性能好的预应力钢筋可充分供应,应优先采用。

热轧钢筋属于有明显屈服点的钢筋,由冶金工厂直接热轧成型,分为HPB300、HRB335级(HRBF335级)、HRB400(HRBF400、RRB400)级或HRB500(HRBF500)级四个强度等级。

热轧钢筋按照外形特征可分为热轧光圆钢筋和热轧带肋钢筋。热轧光圆钢筋是经热轧成型并自然冷却的表面平整、截面为圆形的钢筋,如图7-15(a)所示。热轧带肋钢筋是经热轧成型并自然冷却而其圆周表面通常带有两条纵肋和沿长度方向有均匀分布横肋的钢筋,其中横肋斜向一个方向而成螺纹开的称为螺纹钢筋,如图7-15(b)所示。横肋斜向不同方向而成"人"字形的,称为人字形钢筋,如图7-15(c)所示。纵肋与横肋不相交且横肋为月牙形状的,称为月牙形钢筋,如图7-15(d)所示。

🔑 **特别提示**

在钢筋的强度、塑形、可焊性、温度要求、与混凝土的黏结力等性能要求中,主要以强度为主。

7.2.3　钢筋混凝土构件对钢筋性能的要求

7.2.3.1　强度

所谓强度是指钢筋的屈服强度和极限强度。钢筋的屈服强度是设计计算时的主要依据(无明显流幅的钢筋由它的条件屈服点强度确定)。改变钢材的化学成分,采用高强度钢筋可以节约钢材,取得较好的经济效果。应考虑钢筋有适宜的强屈比(极限强度与屈服强度的比值),保证结构在达到设计强度后有一定的强度储备,同时应满足专门规程的规定。

7.2.3.2　塑性

要求钢材在断裂前应有足够的变形(伸长率)以保证构件和结构的延性,在钢筋混凝土结构中,给人们以将要破坏的报警信号,从而采取措施进行补救。另外,还要保证钢筋冷弯的要求,通过检验钢材承受弯曲变形能力的试验以间接反映钢筋的塑性性能。

7.2.3.3　可焊性

在一定的工艺条件下,要求钢筋焊接后不产生裂纹及过大的变形,保证焊接后的接头性能良好,尽量减小焊接处的残余应力和应力集中。

7.2.3.4　温度要求

钢材在高温下,性能会大大降低,对常用的钢筋类型,热轧钢筋的耐火性最好,冷轧钢筋次之,预应力钢筋最差。在进行结构设计时要注意施工工艺中高温对各类钢筋的影响,同时注意混凝土保护层厚度对构件耐火极限的要求。在寒冷地区,为了防止钢筋发生脆性破坏,对钢筋的低温性能也应有一定的要求。

7.2.3.5　与混凝土的黏结力

为了保证钢筋与混凝土共同工作的有效性,两者之间必须有足够的黏结力,钢筋表面的形状对黏结力有重要的影响。同时要保证钢筋的锚固措施、锚固长度和混凝土保护层厚度。另外,针对不同的存在条件对钢筋还应有具体的要求。

7.3　钢筋与混凝土之间的黏结力

在钢筋混凝土结构中,钢筋和混凝土这两种材料之所以能共同工作的基本前提是具有足够的黏结强度,能承受由于变形差(相对滑移)沿钢筋与混凝土接触面上产生的剪应力,通常把这种剪应力称为黏结应力。

7.3.1　黏结的作用

通过对黏结力基准试验和模拟构件试验,可以测定出黏结应力的分布情况,了解钢筋和混凝土之间的黏结作用的特性。钢筋自混凝土试件中的拔出试验就是一种对黏结力的观测试验。如图 7-16 所示为钢筋一端埋置在混凝土试件中,在钢筋伸出端施加拉拔力的拔出试验示意图。试件端部以外,全部作用力 F 由钢筋(其面积设为 A_s)负担,故钢筋的应力 $\sigma_s = F/A_s$,相应的应变为 $\varepsilon_s = \sigma_s/E_s$,$E_s$ 为钢筋的弹性模量。而试件端面混凝土的应力 $\sigma_c = 0$,应变 $\varepsilon_c = 0$。钢筋与混凝土之间有应变差,应变差导致两者之间产生黏结应力

τ,通过 τ 将钢筋的拉力逐渐向混凝土传递。随着距试件端部截面距离的增大,钢筋应力 σ_s(相应的应变 ε_s)减小,混凝土的拉应力 σ_c(相应的应变 ε_c)增大,两者之间的应变差逐渐减小,直到距试件端部截面为 l 处钢筋和混凝土的应变相同,无相对滑移,$\tau = 0$。自试件端部 $x<l$ 区段内取出长度为 dx 的微段,设钢筋直径为 d,截面面积 $A_s = \dfrac{\pi d^2}{4}$,钢筋应力为 $\sigma_s(x)$,其应力增量为 $d\sigma_s(x)$,则由 dx 微段的平衡可得到

$$\frac{\pi d^2}{4} d\sigma_s(x) = \pi d \cdot \tau dx \text{ 或 } \tau = \frac{d}{4} \frac{d\sigma_s(x)}{dx} \tag{7-8}$$

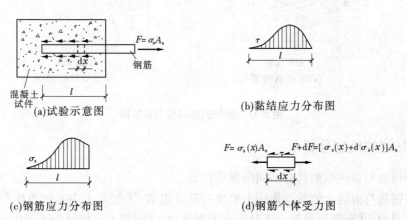

(a)试验示意图　　　(b)黏结应力分布图

(c)钢筋应力分布图　　　(d)钢筋个体受力图

图 7-16　光圆钢筋拔出试件

式(7-8)表明,黏结应力使钢筋应力沿其长度上发生变化,或者说没有黏结应力 τ 就不会产生钢筋应力增量 $d\sigma_s(x)$。

经拔出试验证明,黏结应力的分布呈曲线形,但是光圆钢筋和带肋钢筋的黏结应力分布图有明显不同。光圆钢筋的黏结应力分布如图 7-17(a)所示。表现出 τ 值自试件混凝土端面开始迅速增长,在靠近端面的一定距离内达到峰值,其后迅速衰减的现象。随着拉拔力 F 的增加,光圆钢筋的峰值不断向埋入端内移,到破坏时渐呈三角形分布。带肋钢筋的黏结应力分布图中的衰减段略呈凹进,随着拉拔力 F 的增加,应力分布的长度将略有增长;应力峰值也增大,但峰值位置内移甚少,只在接近破坏时才明显内移,如图 7-17(b)所示。

在实际工程中,通常以拔出试验中黏结失效(钢筋被拔出,或者混凝土被劈裂)时的最大平均黏结应力作为钢筋和混凝土的黏结强度。平均黏结应力 $\bar{\tau}$ 计算式为

$$\bar{\tau} = \frac{F}{\pi d l} \tag{7-9}$$

式中　F——拉拔力;

　　　d——钢筋直径;

　　　l——钢筋埋置长度。

当钢筋压入试验时,因钢筋受压缩短、直径增大,在实际工程中钢筋端头又有混凝土顶住,故得到的黏结强度比拔出试验要大。

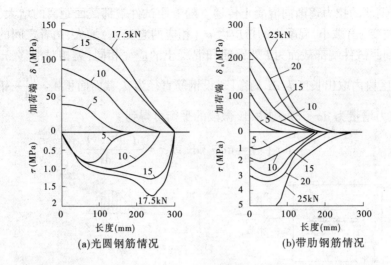

(a)光圆钢筋情况   (b)带肋钢筋情况

图 7-17   钢筋的黏结应力分布图

7.3.2   黏结的机制分析

光圆钢筋与带肋钢筋具有不同的黏结机制。

光圆钢筋与混凝土的黏结作用主要由三部分组成:①混凝土中水泥胶体与钢筋表面的化学胶着力;②钢筋与混凝土接触面上的摩擦力;③钢筋表面粗糙不平产生的机械咬合作用。其中,胶着力所占比例很小,发生相对滑移后,黏结力主要由摩擦力和咬合力提供。光圆钢筋的黏结强度较低,为 1.5~3.5 MPa。光圆钢筋拔出试验的破坏形态是钢筋自混凝土中被拔出的剪切破坏,其破坏面就是钢筋与混凝土的接触面。

带肋钢筋由于表面轧有肋纹,能与混凝土犬牙交错紧密结合,其胶着力和摩擦力仍然存在,但主要是钢筋表面凸起的肋纹与混凝土的机械咬合作用(如图 7-18 所示)。带肋钢筋的肋纹对混凝土的斜向挤压力形成滑移阻力,斜向挤压力沿钢筋轴向的分力使带肋钢筋表面肋纹之间混凝土犹如悬臂梁受弯、受剪;斜向挤压力的径向分力使外围混凝土犹如受内压的管壁,产生环向拉力。因此,变形钢筋的外围混凝土处于复杂的三向应力状态,剪应力及拉应力使横肋混凝土产生内部斜裂缝,而其外围混凝土中的环向拉应力则使钢筋附近的混凝土产生径向裂缝。

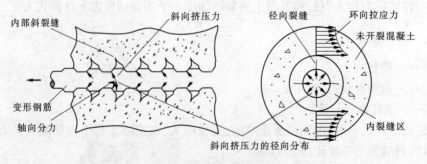

图 7-18   变形钢筋横肋处的挤压力和内部裂缝

试验证明,如果变形钢筋外围混凝土较薄(如保护层厚度不足或钢筋净间距过小),又未配置环向箍筋来约束混凝土变形,则径向裂缝很容易发展到试件表面形成沿纵向钢筋的裂缝,使钢筋附近的混凝土保护层逐渐劈裂而破坏,这种破坏具有一定的延性特征,被称为劈裂型黏结破坏。

若变形钢筋外围混凝土较厚,或有环向箍筋约束混凝土变形,则纵向劈裂裂缝的发展受到抑制,破坏是剪切型黏结破坏,钢筋连同肋纹间的破碎混凝土逐渐由混凝土中被拔出,破坏面为带肋钢筋肋的外径形成的一个圆柱面,如图 7-19 所示。

试验表明,带肋钢筋与混凝土的黏结强度比光圆钢筋要高得多。我国试验的结果表明,螺纹钢筋的黏结强度为 2.5~6.0 MPa,光圆钢筋则为 1.5~3.5 MPa。

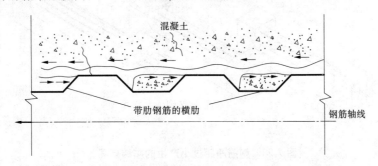

图 7-19　带肋钢筋的剪切型黏结破坏

影响钢筋与混凝土之间黏结强度的因素很多,其中主要为混凝土强度、浇筑位置、保护层厚度及钢筋净间距等。

(1)光圆钢筋及变形钢筋的黏结强度均随混凝土强度等级的提高而提高,但并不与立方体强度 f_{cu} 成正比。试验表明,当其他条件基本相同时,黏结强度与混凝土抗拉强度 f_t 近乎成正比。

(2)黏结强度与浇筑混凝土时钢筋所处的位置有明显关系。混凝土浇筑后有下沉及泌水现象。处于水平位置的钢筋,直接位于其下面的混凝土,由于水分、气泡的逸出及混凝土的下沉,并不与钢筋紧密接触,形成了间隙层,削弱了钢筋与混凝土间的黏结作用,使水平位置钢筋比竖向位置钢筋的黏结强度显著降低。

(3)钢筋混凝土构件截面上有多根钢筋并列一排时,钢筋之间的净距对黏结强度有重要影响。净距不足,钢筋外围混凝土将会在钢筋水平面上发生贯穿整个梁宽的劈裂裂缝,如图 7-20 所示。梁截面上一排钢筋的根数越多、净距越小,黏结强度降低就越多。

(4)混凝土保护层厚度对黏结强度有着重要影响。特别是采用带肋钢筋时,若混凝土保护层太薄,则容易发生沿纵向钢筋方向的劈裂裂缝,并使黏结强度显著降低。

(5)带肋钢筋与混凝土的黏结强度比用光圆钢筋时大。试验表明,带肋钢筋与混凝土之间的黏结力比用光圆钢筋时高出 2~3 倍。因而,带肋钢筋所需的锚固长度比光圆钢筋短。试验还表明,月牙形钢筋与混凝土之间的黏结强度比用螺纹钢筋时的黏结强度低 10%~15%。

7.3.3　保证钢筋与混凝土黏结力的构造措施

一般在构件设计时采取有效的构造措施加以保证:钢筋伸入支座应有足够的锚固长

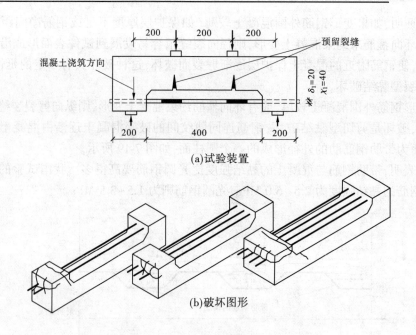

(a)试验装置

(b)破坏图形

图 7-20　钢筋净距过小产生的黏结破坏

度;保证钢筋最小搭接长度;钢筋的间距和混凝土的保护层不能太小;要优先用小直径的变形钢筋,光面钢筋末端设置弯钩;钢筋不宜在混凝土的受拉区截断;在大直径钢筋的搭接和锚固区域内宜设置横向钢筋(如箍筋)等。

小　结

1.钢筋分为有明显屈服点的钢筋和无明显屈服点的钢筋,两者的应力—应变曲线有很大差别。

2.热轧钢筋属于有明显屈服点的钢筋,用于钢筋混凝土结构及预应力混凝土结构中的非预应力钢筋,分为 HPB300 级、HRB335(HRBF335)级、HRB400(HRBF400、RRB400)级或 HRB500(HRBF500)级四个强度等级。

3.用于混凝土结构中的钢筋应满足强度、塑性和可焊性等方面的要求,并于与混凝土有良好的黏结力。

4.混凝土的强度有立方体强度、轴心抗压强度和轴心抗拉强度。以立方体抗压强度指标作为评价混凝土强度等级的标准,我国规定采用 150 mm 立方块作为标准试件。

5.钢筋与混凝土之间的黏结是两者共同工作的基础,应采取各种有效措施保证。

习　题

1.混凝土的立方体抗压强度是如何确定的?与试块尺寸有什么关系?

2.什么叫混凝土的轴心抗压强度?它与混凝土立方体抗压强度有何关系?

3.混凝土抗拉强度是如何确定的?

4.什么是混凝土的弹性模量、割线模量和切线模量? 弹性模量和割线模量之间有什么关系?

5.何为混凝土的徐变? 它对混凝土有哪些不利影响? 通过哪些措施可以减小混凝土的徐变?

6.画出软钢和硬钢的受拉应力—应变曲线? 并说明两种钢材应力—应变发展阶段和各自特点。

7.为何将屈服强度作为钢筋的强度代表值?

8.什么叫伸长率? 什么叫屈强比?

9.混凝土结构对钢筋的性能有哪些要求?

10.钢筋和混凝土之间的黏结力是如何产生的?

第8章　钢筋混凝土受弯构件设计

教学目标

1.掌握《混凝土结构设计规范》(2015年版)(GB 50010—2010)(简称《规范》)对钢筋混凝土受弯构件的基本构造要求。

2.掌握钢筋混凝土受弯构件正截面和斜截面承载力的计算方法。

教学要求

能力目标	知识要点	权重
了解梁和板的构造要求	梁和板的构造要求	20%
掌握钢筋混凝土受弯构件正截面承载力计算	单筋矩形截面的正截面承载力计算步骤	45%
掌握钢筋混凝土受弯构件斜截面承载力计算	斜截面受剪承载力计算步骤	30%
了解钢筋混凝土受弯构件正常使用极限状态验算	受弯构件的裂缝宽度和变形验算	5%

章节导读

梁、板结构是钢筋混凝土结构中典型的受弯构件,图8-1~图8-3为实际工程各种类型的梁。在荷载作用下,梁、板结构可能在其正截面(垂直于梁轴线截面)发生破坏,也可能在其斜截面发生破坏。为了防止这些破坏,构件需满足正截面与斜截面的计算与构造要求。本章主要研究正截面的计算与构造。另外,雨篷、挡土墙等结构构件与梁的受力特点相同,其正截面的计算与梁、板结构的计算方法类似。

图 8-1　住宅建筑中的梁

图 8-2　工业厂房建筑中的梁

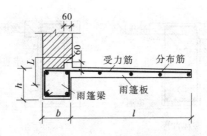

图 8-3　雨篷梁和雨篷板

引例

2008 年 5 月 12 日 14 时 28 分,在四川汶川县发生 8.0 级地震,此次地震四川全省 21 个市、州中的 17 个不同程度受灾,造成 69 227 人遇难,374 643 人受伤,失踪 17 923 人, 415 万余间房屋损坏、21.6 万间房屋倒塌,直接经济损失 8 452 亿元人民币。如图 8-4 和图 8-5 所示是遭地震破坏的房屋楼板的损坏情况,可以看出楼板破坏后会造成严重的人员伤亡。因此,在实际工程中楼板的设计非常重要。

图 8-4　被地震损坏的房屋楼板

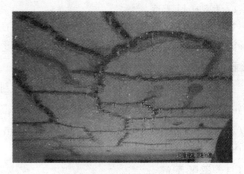

图 8-5　楼板破坏

8.1　受弯构件的一般构造要求

受弯构件是指以承受弯矩和剪力为主的构件。民用建筑中的楼盖和屋盖梁、板以及楼梯、门窗过梁以及工业厂房中屋面大梁、吊车梁、连系梁均为受弯构件。

8.1.1　梁的一般构造要求

8.1.1.1　梁的截面形式

工业与民用建筑结构中梁的截面形式,常见的有矩形、T 形、工字形、十字形等,如图 8-6 所示。

8.1.1.2　梁的截面尺寸

梁的截面高度 h 与跨度及荷载大小有关。从刚度要求出发,根据设计经验,工业与民用建筑结构中梁的截面高度可参照表 8-1 选用。

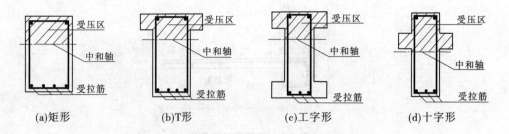

图 8-6　梁的截面形状

表 8-1　不需做挠度验算梁的截面最小高度

构件种类		简支	两端连续	悬臂
整体肋形梁	次梁	$l_0/15$	$l_0/25$	$l_0/8$
	主梁	$l_0/12$	$l_0/15$	$l_0/6$
独立梁		$l_0/12$	$l_0/15$	$l_0/6$

注:1.l_0为梁的计算跨度。

2.当梁的计算跨度 $l_0 \geqslant 9$ m 时,表中数值应乘以 1.2 的放大系数。

梁的截面宽度 b,一般根据梁的截面高度确定。高宽比 h/b:矩形截面一般为 2~3,T 形截面为 2.5~4。T 形截面腹板宽度为 b。

为了使构件截面尺寸统一,便于施工,对于现浇钢筋混凝土构件,截面宽度一般为 120 mm 、150 mm 、180 mm、200 mm、220 mm、250 mm 和 300 mm;300 mm 以上以 50 mm 的模数递增。截面高度一般为 250 mm、300 mm,每级差 50 mm,直至 800 mm;800 mm 以上以 100 mm 的模数递增。

8.1.1.3　梁的配筋

梁中通常配有纵向受拉钢筋、弯起钢筋、箍筋和架立钢筋等,如图 8-7 所示。

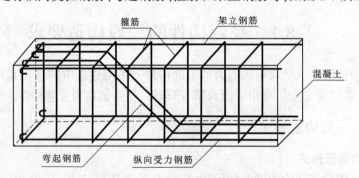

图 8-7　钢筋混凝土梁钢筋配置

底部纵向受力钢筋(简称纵筋)不宜少于两根,直径常采用 10~28 mm。当梁高 $h \geqslant$ 300 mm 时,纵筋直径不小于 10 mm;当梁高 $h < 300$ mm 时,纵筋直径不小于 8 mm。若需要用两种不同直径钢筋,其直径相差至少 2 mm,以便于在施工中能用肉眼识别。

当梁顶面无纵向受力钢筋时,应设置架立钢筋,用以固定箍筋的正确位置,并承受梁因收缩和温度变化所产生的内应力。架立钢筋直径与梁的跨度有关。当梁的跨度小于4 m时,架立钢筋的直径不宜小于8 mm;当梁的跨度为4~6 m时,架立钢筋的直径不宜小于10 mm;当梁的跨度大于6 m时,架立钢筋的直径不宜小于12 mm。

混凝土保护层厚度c是指外层钢筋外皮至构件最近边缘的距离。为保证钢筋和混凝土的黏结,并满足耐久性和防火要求,混凝土保护层最小厚度应符合附表1-1的要求。

🔑 **特别提示**

《混凝土结构设计规范(2015年版)》(GB 50010—2010)同以前《混凝土结构设计规范》(GB 50010—2002)相比以最外层钢筋(包括箍筋、纵筋等,不包括构造网片)计算保护层厚度,实际值普遍加大,增加值为:板类6~8 mm,杆类10~12 mm。

纵筋的净间距应满足如图8-8所示的要求。若钢筋必须排成两排,上下两排钢筋应对齐。a_s为受拉钢筋合力点至受拉区边缘的距离,截面有效高度h_0为梁截面受压区的外边缘至受拉钢筋合力点的距离,即$h_0=h-a_s$;纵筋为一排时,$a_s=c+d_{箍筋}+d/2$;纵筋为两排时,$a_s=c+d_{箍筋}+d+e/2$,e为上下两排钢筋的净距。截面设计时,一般取$d=20$ mm、$e=25$ mm计算a_s;承载力校核时,以钢筋实际d值代入计算a_s。

当梁腹板高度$h_w \geq 450$ mm时,为避免梁侧面产生垂直梁轴线的收缩裂缝,应在梁的两个侧面沿高度配置纵向构造钢筋,又称腰筋,如图8-9所示。每侧纵向构造钢筋(不包括梁上下部受力钢筋及架立钢筋)的截面面积不应小于腹板截面面积bh_w的0.1%,且其间距不大于200 mm。

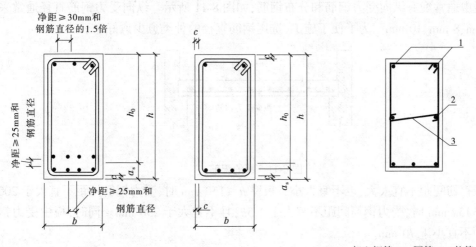

1—架立钢筋;2—腰筋;3—拉筋

图8-8　钢筋净距、保护层及有效高度　　　图8-9　架立钢筋、腰筋及拉筋

8.1.2　板的一般构造要求

8.1.2.1　板的截面形式

建筑中常见板的截面形式如图8-10所示,有矩形板、空心板、槽形板等。

8.1.2.2　板的厚度

板的厚度应满足承载力、刚度和抗裂的要求。从刚度条件出发,板的截面厚度h可根

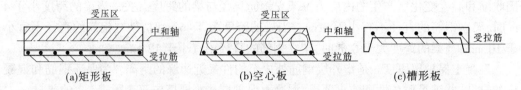

图 8-10　板的截面形状

据厚跨比 h/l_0 来估算,如表 8-2 所示。

表 8-2　混凝土板的厚度

构件种类		厚跨比 h/l_0	最小板厚 $h(\text{mm})$
单向板	简支 两端连续	≥1/35 ≥1/40	屋面板　　　　　　　$h\geqslant60$ 民用建筑楼板　　　　$h\geqslant60$ 工业建筑楼板　　　　$h\geqslant70$ 行车道下的楼板　　　$h\geqslant80$
双向板	单跨简支 多跨连续	≥1/45 ≥1/50 按短向跨度	$h\geqslant80$
悬臂板		≥1/15	板的悬臂长度≤500 mm,$h\geqslant60$ 板的悬臂长度>500 mm,$h\geqslant80$

注:1.l_0 为板的计算跨度。

　　2.厚跨比要求为不需做挠度验算的最小板厚。

8.1.2.3　板的配筋

板中通常配有纵向受力钢筋和分布钢筋,如图 8-11 所示。纵向受力钢筋直径通常采用 6 mm、8 mm、10 mm。为了便于施工,选用钢筋直径的种类愈少愈好。

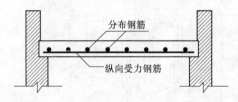

图 8-11　板的配筋

板钢筋间距不宜太大,也不宜太小。板厚 $h\leqslant150$ mm 时,受力钢筋间距不宜大于 200 mm;$h>150$ mm 时,受力钢筋间距不宜大于 $1.5h$,且不宜大于 250 mm。同时,板中受力钢筋间距不宜小于 70 mm。

板截面有效高度 $h_0=h-a_s$,受力钢筋一般为一排钢筋,$a_s=c+d/2$。截面设计时,取 $d=10$ mm 计算 a_s。

分布钢筋布置与受力钢筋垂直,交点用细铁丝绑扎或焊接,其作用是将板面上的荷载更均匀地传递给受力钢筋,同时在施工中可固定受力钢筋的位置,并抵抗温度、收缩应力。单位长度上分布钢筋的截面面积不应小于单位宽度上受力钢筋面积的 15%,且不宜小于该方向板截面面积的 0.15%;分布钢筋间距不宜大于 250 mm,直径不宜小于 6 mm;对集中荷载较大的情况,分布钢筋的截面面积应适当增加,其间距不宜大于 200 mm。

特别提示

以上这些构造是根据设计经验、理论和施工经验总结出的一些要求,所以梁、板等构件除按计算公式计算设计截面外,还需要满足以上构造的要求。因此,在以后的设计中要注意以上构造和以后计算公式的相互关系,两者都要同时满足。

8.2　受弯构件的正截面承载力计算

8.2.1　受弯构件正截面受力特点

8.2.1.1　钢筋混凝土梁正截面的破坏形式

试验研究表明,梁正截面的破坏形式与纵筋配筋率 ρ、钢筋和混凝土的强度等级有关。纵筋配筋率 ρ 为受拉钢筋截面面积 A_s 与混凝土有效面积 bh 的比值,即 $\rho = A_s / bh$。在常用钢筋级别和混凝土强度等级情况下,其破坏形式主要随配筋率 ρ 的大小而异,可分为以下三类:

(1)适筋梁破坏。梁的配筋率适中,$\rho_{min} \leq \rho \leq \rho_{max}$,受拉混凝土首先开裂,随荷载增大,纵向钢筋应力达到屈服强度,纵向钢筋屈服并延伸一定长度后,受压区混凝土达到极限压应变,梁完全破坏。梁破坏时,钢筋要经历较大的塑性伸长,并引起裂缝急剧开展和梁挠度的激增,具有明显的破坏预兆,属于塑性破坏,如图 8-12(a)所示。

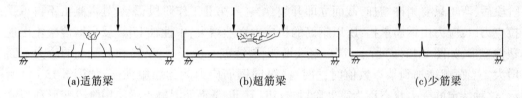

| (a)适筋梁 | (b)超筋梁 | (c)少筋梁 |

图 8-12　钢筋混凝土梁的三种破坏形态

(2)超筋梁破坏。梁配筋率 ρ 很大,即 $\rho > \rho_{max}$,受压区边缘混凝土达到极限压应变而破坏时,钢筋应力尚小于屈服强度,裂缝宽度很小,沿梁高延伸较短,梁的挠度不大,没有明显预兆,属于脆性破坏,如图 8-12(b)所示。此外,超筋梁的受拉钢筋不能充分发挥作用,造成钢材的浪费,设计中不宜采用。

(3)少筋梁破坏。梁的配筋率 ρ 很小,即 $\rho < \rho_{min}$,混凝土一旦开裂,受拉钢筋立即达到屈服强度并迅速经历整个流幅而进入强化阶段,裂缝宽度很大,钢筋甚至会被拉断,少筋梁也属于脆性破坏,如图 8-12(c)所示。结构设计中不允许使用少筋梁。

特别提示

由于结构中不允许采用超筋梁和少筋梁,所以以后的设计计算问题均只针对适筋梁而言。

8.2.1.2　钢筋混凝土适筋梁工作的三个阶段

第 I 阶段——截面开裂前的弹性工作阶段。当作用在构件上的弯矩很小时,混凝土的拉应力与压应力都很小,混凝土基本处于弹性工作阶段,拉应力和压应力的分布图形为三角形,如图8-13(a)所示;随着弯矩增大,受拉区混凝土首先表现出塑性特征,应变较应力增长快,弯矩增大至某一数值时,受拉区混凝土边缘纤维达到极限拉应变,如图8-13(b)所示,截面处在开裂前的临界状态,即第Ⅰ阶段末(Ⅰ_a)。此时的弯矩称为临界弯矩M_{cr}。Ⅰ_a为构件抗裂计算的依据。

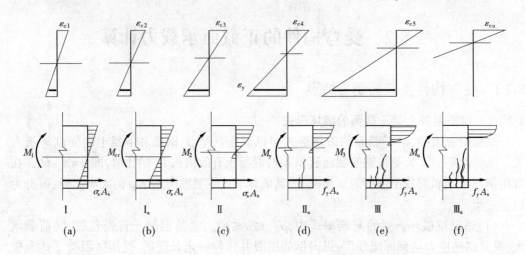

图8-13 钢筋混凝土梁工作三个阶段截面的应力与应变

第Ⅱ阶段——截面开裂至受拉区纵向受力钢筋屈服的带裂缝工作阶段。截面达Ⅰ_a阶段后,弯矩只要稍许增加,截面立即开裂,梁进入第Ⅱ工作阶段,裂缝处混凝土不再承受拉应力,拉应力由钢筋承担,所以钢筋的拉应力突然增大,中性轴上移,受压区混凝土出现塑性变形,如图8-13(c)所示;弯矩继续增加,裂缝进一步开展,钢筋和混凝土的应力不断增大。当荷载增加到某一数值时,受拉区纵向钢筋应力达到屈服强度,如图8-13(d)所示,这种特定的受力状态称为第Ⅱ阶段末(Ⅱ_a),Ⅱ_a是钢筋混凝土梁使用阶段变形和裂缝验算的依据。

第Ⅲ阶段——破坏阶段。受拉区纵向钢筋屈服后,弯矩继续增加,钢筋塑性变形急速发展,中性轴迅速上移,裂缝快速开展,并向受压区延伸,混凝土受压区面积减小,混凝土压应力迅速增大,如图8-13(e)所示,这是梁工作的第Ⅲ阶段。直至受压区混凝土边缘纤维达到极限压应变,如图8-13(f)所示,混凝土将被完全压碎,这种状态为第Ⅲ阶段末(Ⅲ_a)。此时的弯矩称为破坏弯矩M_u。Ⅲ_a是构件正截面受弯承载能力极限状态计算的依据。

🔑 **特别提示**

以上钢筋混凝土适筋梁三个阶段的破坏特征分别是钢筋混凝土构件不同的极限状态计算的依据,特别是其各个不同极限状态的计算公式都是根据各阶段末的应力状态导出的。

8.2.1.3 受弯构件正截面承载力分析

1.基本假定

钢筋混凝土受弯构件的正截面承载力计算,是建立在以下四个基本假定的基础上的。

(1)截面应变符合平截面假定,即正截面应变按线性规律分布。

（2）截面受拉区的拉力全部由钢筋负担，不考虑受拉区混凝土的抗拉作用。

（3）混凝土受压的应力—应变关系曲线应满足如图 8-14 所示的关系。

曲线的上升段 $0 \leqslant \varepsilon_c \leqslant \varepsilon_0$：

$$\sigma_c = f_c \left[1 - \left(1 - \frac{\varepsilon_c}{\varepsilon_0} \right)^n \right] \qquad (8\text{-}1)$$

曲线的水平段 $\varepsilon_0 \leqslant \varepsilon_c \leqslant \varepsilon_{cu}$：

$$\sigma_c = f_c \qquad (8\text{-}2)$$

上式中参数的取值方法：

$$n = \frac{1}{60}(f_{cu,k} - 50) \qquad (8\text{-}3)$$

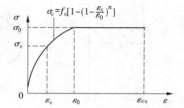

图 8-14　混凝土应力—应变关系曲线

$$\varepsilon_0 = 0.002 + 0.5(f_{cu,k} - 50) \times 10^{-5} \qquad (8\text{-}4)$$

$$\varepsilon_{cu} = 0.003\ 3 - (f_{cu,k} - 50) \times 10^{-5} \qquad (8\text{-}5)$$

式中　ε_c——混凝土的压应变；

ε_0——混凝土压应力刚达到 f_c 时混凝土的压应变，计算结果小于 0.002 时，取 0.002；

σ_c——混凝土压应变为 ε_c 时混凝土的压应力；

f_c——混凝土的轴心抗压强度设计值，按附表 1-3 采用；

ε_{cu}——混凝土的极限压应变，非均匀受压时式（8-5）计算，计算结果大于 0.003 3 时，取 0.003 3，均匀受压时取 ε_0；

n——系数，计算结果大于 2 时，取 2；

$f_{cu,k}$——混凝土立方体抗压强度标准值。

（4）纵向钢筋的应力取钢筋应变与其弹性模量的乘积，但不大于其相应的强度设计值，纵向受拉钢筋的极限拉应变取为 0.01。

2.等效矩形应力图

如图 8-15（a）所示的矩形截面梁，根据上述基本假定可得出正截面在承载力极限状态下，混凝土受压边缘达到了极限压应变 ε_{cu}，受拉钢筋达到屈服强度 f_y，截面应力如图 8-15（b）所示，混凝土压应力的合力计算会比较复杂。因此，需要对受压区混凝土的应力分布图形作进一步的简化。具体做法是采用如图 8-15（c）所示的等效矩形应力图形来代替受压区混凝土的曲线应力图形。

用等效矩形应力图形代替实际曲线应力分布图形时，应满足条件：①保持原来受压区合力 F_c 的作用点位置不变；②保持原来受压区合力 F_c 的大小不变。

等效矩形应力图的受压区混凝土平均压应力为 $\alpha_1 f_c$，在混凝土强度等级不超过 C50 时，参数 α_1 取 1.0；混凝土强度等级为 C80 时，α_1 取 0.94，中间线性插入。受压区混凝土高度 $x = \beta_1 x_c$，x_c 为受压区混凝土实际高度，在混凝土强度等级不超过 C50 时，参数 β_1 取 0.8；混凝土强度等级为 C80 时，β_1 取 0.74，中间线性插入。

8.2.1.4　适筋和超筋破坏的界限条件

比较适筋梁和超筋梁的破坏，可以发现，两者的差异在于：前者受拉钢筋屈服之后受压混凝土才被压碎；后者受拉钢筋未屈服而受压混凝土先被压碎。显然，当钢筋级别和混

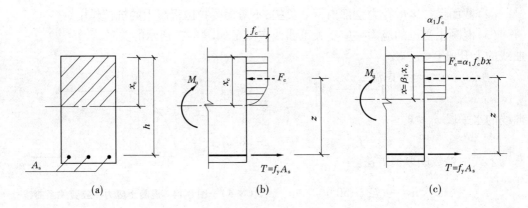

图 8-15　等效矩形应力图

凝土强度等级确定之后,一根梁总会有一个特定的配筋率,它使得钢筋应力达到屈服强度的同时,受压区边缘纤维应变也恰好达到混凝土极限压应变,这种破坏称为"界限破坏",即适筋梁与超筋梁的界限。这个特定配筋率实质上就是适筋梁的最大配筋率 $\rho_{\max}$。

混凝土受压区高度 x 与截面有效高度 h_0 之比称为相对受压区高度 ξ,即 $\xi = x / h_0$。由适筋梁的破坏特征和图 8-15 可知,当材料强度等级和截面尺寸一定时,纵向受拉钢筋越多,相对受压区高度 ξ 越大。界限破坏时混凝土受压区高度 x_b 与截面有效高度 h_0 之比称为界限相对受压区高度 ξ_b,即 $\xi_b = x_b / h_0$,ξ_b 是适筋梁的最大相对受压区高度,当相对受压区高度 $\xi > \xi_b$ 时,属于超筋梁。《规范》规定 ξ_b 的计算公式为

$$\xi_b = \frac{\beta_1}{1 + \dfrac{f_y}{\varepsilon_{cu} E_s}} \tag{8-6}$$

式中　f_y——钢筋抗拉强度设计值,按附表 1-5 采用;

　　　E_s——钢筋弹性模量。

由式(8-6)可知,对不同的钢筋级别和不同的混凝土强度等级有着不同的 ξ_b 值,见表 8-3。

表 8-3　钢筋混凝土构件配有屈服点钢筋的 ξ_b 值

钢筋级别	≤C50	C55	C60	C65	C70	C75	C80
HPB300	0.614	0.606	0.594	0.584	0.575	0.565	0.555
HRB335	0.550	0.541	0.531	0.522	0512	0.503	0.493
HRB400 RRB400	0.518	0.508	0.499	0.490	0.481	0.472	0.463

所以,当 $\xi < \xi_b$ 或 $x < x_b$ 时,属于适筋梁破坏;当 $\xi > \xi_b$ 或 $x > x_b$ 时,属于超筋梁破坏;当 $\xi = \xi_b$ 或 $x = x_b$ 时,属于界限破坏。

8.2.1.5　适筋和少筋破坏的界限条件

为了避免少筋破坏状态,必须确定构件的最小配筋率 $\rho_{\min}$。

最小配筋率是少筋梁与适筋梁的界限。配有最小配筋率 $\rho_{\min}$ 的钢筋混凝土梁抗弯承载力 M_u 应等于同截面、同强度等级的素混凝土梁的开裂弯矩 M_{cr}。

最小配筋率为受拉钢筋截面面积 A_s 与混凝土构件截面面积 bh 的比值,即

$$\rho_{\min} = \frac{A_{s,\min}}{bh} \tag{8-7}$$

《规范》在综合考虑温度、收缩应力影响及以往设计经验基础上,规定最小配筋率 $\rho_{\min}$ 的取值为:0.2% 和 $0.45 f_t / f_y$ 中的较大值。

8.2.2 单筋矩形截面受弯构件的正截面承载力计算

8.2.2.1 基本公式及适用条件

1.基本公式

单筋矩形截面受弯构件是指仅在受拉区配置纵向受力钢筋的矩形截面受弯构件,其正截面受弯承载力计算简图如图 8-16 所示。

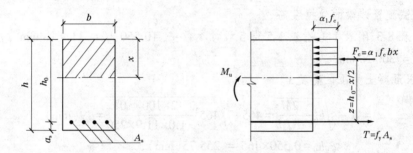

图 8-16 单筋矩形截面正截面受弯承载力计算简图

根据力的平衡条件,可列出以下基本公式

$$\sum X = 0 \qquad\qquad \alpha_1 f_c bx = f_y A_s \tag{8-8}$$

$$\sum M = 0 \qquad M \leqslant M_u = f_y A_s \left(h_0 - \frac{x}{2} \right) = \alpha_1 f_c bx \left(h_0 - \frac{x}{2} \right) \tag{8-9}$$

2.适用条件

为了防止超筋破坏,保证构件破坏时纵向受拉钢筋首先屈服,应满足 $\xi \leqslant \xi_b$ 或 $x \leqslant \xi_b h_0$ 或 $\rho \leqslant \rho_{\max}$。

为了防止少筋破坏,应满足 $A_s \geqslant \rho_{\min} bh$。

8.2.2.2 计算方法

受弯构件正截面受弯承载力计算包括截面设计和截面复核两类问题。

1.截面设计

已知:截面设计弯矩 M、截面尺寸 $b \times h$、混凝土强度等级 f_c 及钢筋级别 f_y。

求:纵向受拉钢筋截面面积 A_s。

设计步骤:

(1)根据混凝土保护层最小厚度 c,假定 a_s,得截面有效高度 h_0。

(2)由式(8-9)解一元二次方程式,确定混凝土受压区高度 x,$x = h_0 - \sqrt{h_0^2 - \dfrac{2M}{\alpha_1 f_c b}}$。

（3）验算是否超筋。若 $\xi>\xi_b$ 或 $x>x_b$，则要加大截面尺寸，或提高混凝土强度等级，或改用双筋矩形截面重新计算，直至满足 $\xi\leqslant\xi_b$ 或 $x\leqslant x_b$。

（4）由式（8-8）解得 $A_s=\dfrac{\alpha_1 f_c bx}{f_y}$。

（5）验算是否满足最小配筋率。若满足 $A_s\geqslant\rho_{\min}bh$，之后按附表 2-1 选配钢筋；若 $A_s<\rho_{\min}bh$，按 $A_s=\rho_{\min}bh$ 配置。

🗝 特别提示

注意适用条件不满足时采取的措施，是避免超筋梁和少筋梁出现的保证。另外，在选配钢筋的时候要注意前面构造要求的满足，例如钢筋根数、直径、净距等要求。

【例 8-1】 设计资料：某梁处于一类环境，截面尺寸 $b\times h=250\ \text{mm}\times 500\ \text{mm}$，$h_0=h-a_s=465(\text{mm})$，承受弯矩设计值 $M=100\ \text{kN}\cdot\text{m}$，材料采用混凝土为 C25，纵向受力筋为 HRB335。试配置该梁的受拉纵筋。

解：查表 8-3、附表 1-3、附表 1-5 得各设计参数：$\xi_b=0.550$，$f_c=11.9\ \text{N/mm}^2$，$f_t=1.27\ \text{N/mm}^2$，$f_y=300\ \text{N/mm}^2$。

（1）求混凝土受压区高度 x。

$$x=h_0-\sqrt{h_0^2-\frac{2M}{\alpha_1 f_c b}}=465-\sqrt{465^2-\frac{2\times 100\times 10^6}{1.0\times 11.9\times 250}}=79(\text{mm})$$

$$x<\xi_b h_0=0.550\times 465=255.75(\text{mm})，为不超筋。$$

（2）求受拉钢筋截面面积 A_s。

$$A_s=\frac{\alpha_1 f_c bx}{f_y}=\frac{1.0\times 11.9\times 250\times 79}{300}=783(\text{mm}^2)$$

（3）验算最小配筋率。

$$0.45f_t/f_y=0.45\times 1.27/300=0.191\%<0.2\%$$

取 $\rho_{\min}=0.2\%$，$A_s=783\ \text{mm}^2\geqslant\rho_{\min}bh=0.2\%\times 250\times 500=250(\text{mm}^2)$，满足最小配筋率要求。

按照钢筋附表 2-1 选取，实配受拉钢筋 4 ⏀ 16，$A_s=804\ \text{mm}^2$，如图 8-17 所示。

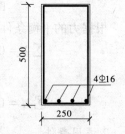

图 8-17 例 8-1 图

2.截面复核

已知：截面设计弯矩 M、截面尺寸 $b\times h$、受拉钢筋截面面积 A_s、混凝土强度等级 f_c 及钢筋级别 f_y。

求：正截面承载力 M_u 是否足够。

复核步骤：

（1）检验是否满足最小配筋率 $A_s\geqslant\rho_{\min}bh$，若不满足，则按素混凝土计算 M_u，这里不做介绍。若满足，则继续进行下一步计算。

（2）由 $\alpha_1 f_c bx=f_y A_s$ 计算 $x=\dfrac{f_y A_s}{\alpha_1 f_c b}$。

（3）若 $x \leqslant x_b = \xi_b h_0$，说明构件不超筋，则 $M_u = \alpha_1 f_c b x(h_0 - \dfrac{x}{2})$；若 $x > x_b = \xi_b h_0$，说明构件

超筋，取 $x = x_b$，则 $M_u = \alpha_1 f_c b x_b(h_0 - \dfrac{x_b}{2})$。

（4）当 $M_u \geqslant M$ 时，认为截面受弯承载力满足要求，否则认为不安全。

【例 8-2】　已知某矩形截面钢筋混凝土梁，安全等级为二级，处于二 a 类环境，截面尺寸为 $b \times h = 200$ mm $\times 500$ mm，选用 C35 混凝土和 HRB400 级钢筋，截面配筋如图 8-18 所示。该梁承受的最大弯矩设计值 $M = 210$ kN·m，复核该截面是否安全？

解：本例题属于截面复核类。

（1）设计参数。

查附表 1-3、附表 1-5、附表 2-1、表 8-3、附表 1-1 可知，C35 混凝土 $f_c = 16.7$ N/mm²，$f_t = 1.57$ N/mm²；HRB400 级钢筋 $f_y = 360$ N/mm²；$A_s = 1\,901$ mm²；$\alpha_1 = 1.0$，$\xi_b = 0.518$。二 a 类环境，$c = 25$ mm，$a_s = c + d + d_{箍筋} + e/2 = 25 + 22 + 6 + 25/2 \approx 65$（mm），取值 65 mm，$h_0 = h - a_s = 500 - 65 = 435$（mm）。

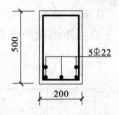

图 8-18　例 8-2 图

（2）计算配筋率。$\rho_{min} = 0.2\% > 0.45 \dfrac{f_t}{f_y} = 0.45 \times \dfrac{1.57}{360} = 0.196\%$

$A_s = 1\,901$ mm² $> \rho_{min} bh = 0.2\% \times 200 \times 500 = 200$（mm²）

因此，截面不会产生少筋破坏。

（3）计算混凝土受压区高度 x。

$$x = \dfrac{f_y A_s}{\alpha_1 f_c b} = \dfrac{360 \times 1\,901}{1.0 \times 16.7 \times 200} = 204.8\,(\text{mm}) < \xi_b h_0 = 0.518 \times 435 = 225.3\,(\text{mm})$$

因此，截面不会产生超筋破坏。

（4）计算截面所能承受的最大弯矩并复核截面。

$$M_u = \alpha_1 f_c b x\left(h_0 - \dfrac{x}{2}\right) = 1.0 \times 16.7 \times 200 \times 204.8 \times \left(435 - \dfrac{204.8}{2}\right)$$

$$= 2.275 \times 10^8\,(\text{N} \cdot \text{mm}) = 227.5\ \text{kN} \cdot \text{m} > M = 210\ \text{kN} \cdot \text{m}$$

因此，该截面安全。

8.2.3　双筋矩形截面受弯构件的正截面承载力计算

8.2.3.1　基本公式及适用条件

双筋矩形截面受弯构件是指在截面的受拉区和受压区都配有纵向受力钢筋的矩形截面构件。一般来说，利用受压钢筋来帮助混凝土承受压力是不经济的，所以应尽量少用，只在以下情况下采用：弯矩很大，按单筋矩形截面计算所得的 $\xi > \xi_b$，而梁的截面尺寸和混凝土强度等级受到限制时；梁在不同荷载组合下（如地震）承受变号弯矩作用时。

当然，双筋矩形截面受弯构件中的受压钢筋对截面的延性、抗裂和变形等是有利的。试验表明，双筋矩形截面受弯构件正截面破坏时的受力特点与单筋矩形截面类似。

双筋矩形截面梁与单筋矩形截面梁的区别在于受压区配有纵向受压钢筋,因此只要掌握梁破坏时纵向受压钢筋的受力情况,就可与单筋矩形截面类似建立计算公式。

由于纵向受拉钢筋、受压钢筋的数量和相对位置不同,在梁正截面破坏时它们可能达到屈服,也可能未达到屈服。与单筋矩形截面梁类似,双筋矩形截面梁也应防止脆性破坏,使双筋梁破坏从受拉钢筋屈服开始,故必须满足条件 $\xi \leqslant \xi_b$。而梁破坏时受压钢筋应力取决于其应变 ε_s'。由平截面假定可得出:当受压区混凝土边缘达到极限压应变 ε_{cu} 时,若混凝土受压区高度 $x \geqslant 2a_s'$,对于 HPB300、HRB335 和 HRB400 级钢筋,其相应的压应力已达到抗压强度设计值 f_y';若 $x < 2a_s'$,则因为受压钢筋离中性轴太近,其应力达不到抗压强度设计值 f_y',纵向受压钢筋不能充分发挥作用,此处 a_s' 为截面受压区边缘到纵向受压钢筋合力作用点之间的距离。

1.基本公式

双筋矩形截面受弯构件正截面承载力计算简图如图8-19所示。

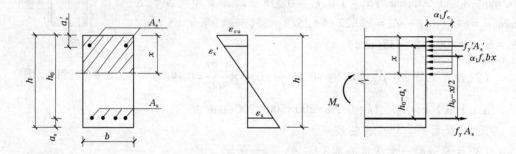

图 8-19　双筋矩形截面受弯构件正截面承载力计算简图

根据力的平衡条件,列出其基本公式

$$\sum X = 0 \qquad \alpha_1 f_c bx + f_y' A_s' = f_y A_s \qquad (8\text{-}10)$$

$$\sum M = 0 \qquad M \leqslant M_u = \alpha_1 f_c bx \left(h_0 - \frac{x}{2}\right) + f_y' A_s' (h_0 - a_s') \qquad (8\text{-}11)$$

2.适用条件

应用上述计算公式时,必须满足以下条件:

(1)为了防止超筋破坏,保证构件破坏时纵向受拉钢筋首先屈服,应满足

$$\xi \leqslant \xi_b \text{ 或 } x \leqslant \xi_b h_0 \text{ 或 } \rho \leqslant \rho_{max}$$

(2)为了保证受压钢筋在构件破坏时达到抗压强度设计值,应满足

$$x \geqslant 2a_s'$$

当 $x < 2a_s'$ 时,受压钢筋应力还未达到 f_y',因应力值未知,可近似地取 $x = 2a_s'$,并对受压钢筋的合力作用点取矩,则正截面承载力可直接根据下式确定

$$M \leqslant M_u = f_y A_s (h_0 - a_s') \qquad (8\text{-}12)$$

应当注意,按上式求得的 A_s 可能比不考虑受压钢筋而按单筋矩形截面计算的 A_s 还大,这时应按单筋矩形截面的计算结果配筋。

🔑 **特别提示**

双筋梁一般配筋量较大,可不必验算最小配筋率。

8.2.3.2 计算方法

1.截面设计

双筋矩形截面受弯构件的正截面设计,一般是受拉、受压钢筋 A_s 和 A'_s 均未知,都需要确定。有时由于构造等原因,受压钢筋截面面积 A'_s 已知,只要求确定受拉钢筋截面面积 A_s。

2.截面复核

已知:截面弯矩设计值 M,截面尺寸 $b×h$、混凝土强度等级 f_c 和钢筋级别 f_y,受拉钢筋 A_s 和受压钢筋 A'_s。

求:正截面受弯承载力 M_u 是否足够。

8.2.4 单筋 T 形截面受弯构件的正截面承载力计算

8.2.4.1 T 形截面计算的特点

T 形截面受弯构件广泛应用于工程实际中,例如现浇肋梁楼盖的梁与楼板浇筑在一起形成 T 形梁,预制构件中的独立 T 形梁等。一些其他截面形式的预制构件,如槽形板、双 T 屋面板、I 形吊车梁、薄腹屋面梁以及预制空心板等。如图 8-20 所示,也按 T 形截面受弯构件考虑。

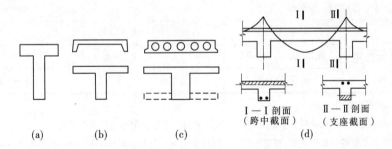

图 8-20 工程结构中的 T 形截面

由矩形截面受弯构件的受力分析可知,受弯构件进入破坏阶段以后,大部分受拉区混凝土已退出工作,正截面承载力计算时不考虑混凝土的抗拉强度,因此设计时可将一部分受拉区的混凝土去掉,将原有纵向受拉钢筋集中布置在梁肋中,形成 T 形截面,如图 8-21(a)所示,其中伸出部分称为翼缘($(b'_f - b)×h'_f$),中间部分称为梁肋($b×h$)。与原矩形截面相比,T 形截面的极限承载能力不受影响,同时还能节省混凝土,减轻构件自重,产生一定的经济效益。而对于倒 T 形截面梁,如图 8-21(b)所示,其翼缘在梁的受拉区,计算受弯承载力时应按宽度为 b 的矩形截面计算。现浇肋梁楼盖连续梁的支座附近承受负弯矩,截面就是倒 T 形截面,而跨中则按 T 形截面计算。

T 形截面与矩形截面的主要区别在于翼缘参与受压。试验研究与理论分析证明,翼缘的压应力分布不均匀,离梁肋越远应力越小,可见翼缘参与受压的有效宽度是有限的,故在设计独立 T 形截面梁时应将翼缘限制在一定范围内,该范围称为翼缘的计算宽度 b'_f,同时假定在 b'_f 范围内压应力均匀分布;现浇 T 形截面梁(肋形梁)的翼缘往往较宽,如图 8-22 所示,但只取翼缘计算宽度 b'_f 进行计算。

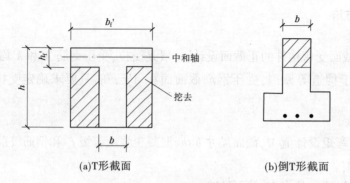

(a)T形截面　　　　　　　　(b)倒T形截面

图 8-21　T形截面与倒T形截面

《规范》规定了T形及倒L形截面受弯构件翼缘计算宽度 b_f' 的取值,考虑到 b_f' 与翼缘厚度、梁跨度和受力状况等因素有关,应按表8-4中规定采用各项的最小值。

表 8-4　T形和倒L形截面受弯构件翼缘计算宽度 b_f'

考虑情况		T形截面		倒L形截面
		肋形梁(板)	独立梁	肋形梁(板)
按计算跨度 l_0 考虑		$l_0/3$	$l_0/3$	$l_0/6$
按梁(肋)净距 s_n 考虑		$b+s_n$	—	$b+s_n/2$
按翼缘高度 h_f' 考虑	$h_f'/h_0 \geqslant 0.1$	—	$b+12h_f'$	
	$0.1 > h_f'/h_0 \geqslant 0.05$	$b+12\ h_f'$	$b+6\ h_f'$	$b+5\ h_f'$
	$h_f'/h_0 < 0.05$	$b+12\ h_f'$	b	$b+5\ h_f'$

注:1.b 为梁的腹板宽度。

2.如肋形梁在梁跨内设有间距小于纵肋间距的横肋,则可不遵守表中第三种情况的规定。

3.对有加肋的T形和倒L形截面,当受压区加肋的高度 $h_h \geqslant h_f'$ 且加肋的宽度 $b_h \leqslant 3h_f'$ 时,其翼缘计算宽度可按表列第三种情况规定分别增加 $2b_h$(T形截面)和 b_h(倒L形截面)。

4.独立梁受压区的翼缘板在荷载作用下经验算沿纵肋方向可能产生裂缝时,其计算宽度应取腹板宽度 b。

关于翼缘计算宽度取值方法的说明如图8-22所示。

8.2.4.2　两类T形截面的判别方法

根据中性轴是否在翼缘中,将T形截面分为以下两种类型:

第Ⅰ类T形截面,如图8-23(a)所示,中性轴在翼缘内,即 $x \leqslant h_f'$;

第Ⅱ类T形截面,如图8-23(b)所示,中性轴在腹板内,即 $x > h_f'$。

🔑 **特别提示**

注意这里的判别方法只是定义上的判别,在以后的实际应用中并不是很适用。因为在大部分设计中 x 这个参数都是未知数,并不能直接采用,注意和以后实际计算步骤中判别方法相区别。

要判断中性轴是否在翼缘中,首先应对界限位置进行分析,界限位置为中性轴在翼缘与腹板交界处,即 $x = h_f'$ 处,如图8-23(c)所示,其截面上的应力分布如图8-23(d)所示。此时,根据力的平衡条件有

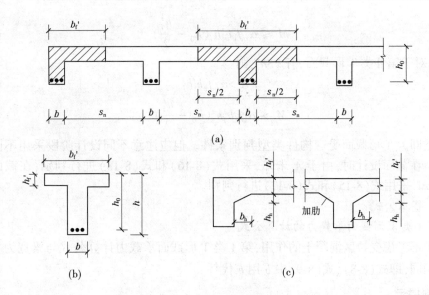

图 8-22　表 8-4 说明附图

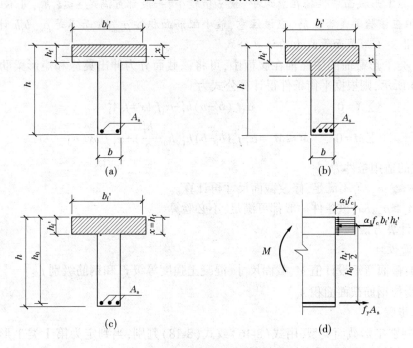

图 8-23　T 形截面中性轴的位置

$$\sum X = 0 \qquad \alpha_1 f_c b_f' h_f' = f_y A_s \tag{8-13}$$

$$\sum M = 0 \qquad M_u = \alpha_1 f_c b_f' h_f' \left(h_0 - \frac{h_f'}{2} \right) \tag{8-14}$$

（1）对于第 I 类 T 形截面，有 $x \leqslant h_f'$，则

$$f_y A_s \leqslant \alpha_1 f_c b'_f h'_f \tag{8-15}$$

$$M \leqslant \alpha_1 f_c b'_f h'_f (h_0 - \frac{h'_f}{2}) \tag{8-16}$$

（2）对于第Ⅱ类 T 形截面，有 $x>h'_f$，则

$$f_y A_s > \alpha_1 f_c b'_f h'_f \tag{8-17}$$

$$M > \alpha_1 f_c b'_f h'_f (h_0 - \frac{h'_f}{2}) \tag{8-18}$$

以上即为 T 形截面受弯构件类型判别条件。但应注意不同设计阶段采用不同的判别条件。在截面设计时，由于 A_s 未知，采用式（8-16）和式（8-18）进行判别；在截面复核时，A_s 已知，采用式（8-15）和式（8-17）进行判别。

8.2.4.3　基本公式

1.第Ⅰ类 T 形截面承载力的计算公式

由于不考虑受拉区混凝土的作用，第Ⅰ类 T 形截面承载力计算公式与梁宽为 b'_f 的矩形截面相同，即式（8-8）、式（8-9）中 b 用 b_f 代替。

🔑 **特别提示**

第Ⅰ类 T 形截面中性轴在翼缘中，故 x 值较小，一般都可满足 $x \leqslant \xi_b h_0$，可不必验算是否超筋，但应该验算是否少筋，应该注意，最小配筋面积按 $\rho_{min} bh$ 而不是 $\rho_{min} b'_f h$ 计算。

2.第Ⅱ类 T 形截面承载力的计算公式

第Ⅱ类 T 形截面的中性轴在腹板中，可将该截面分为伸出翼缘和矩形梁肋两部分，如图 8-24 所示，则根据平衡条件得计算公式为

$$\sum X = 0 \qquad \alpha_1 f_c (b'_f - b) h'_f + \alpha_1 f_c bx = f_y A_s \tag{8-19}$$

$$\sum M = 0 \qquad M \leqslant M_u = \alpha_1 f_c (b'_f - b) h'_f (h_0 - \frac{h'_f}{2}) + \alpha_1 f_c bx(h_0 - \frac{x}{2}) \tag{8-20}$$

公式的适用条件为：

（1）$x \leqslant \xi_b h_0$，若不满足，修改截面尺寸再计算。

（2）$A_s \geqslant \rho_{min} bh$，该条件一般都可满足，不必验算。

8.2.4.4　计算方法

1.截面设计

已知：截面弯矩设计值 M、截面尺寸、混凝土强度等级 f_c 和钢筋级别 f_y。

求：受拉钢筋截面面积 A_s。

计算步骤：

（1）判别 T 形截面类型，用式（8-16）或式（8-18）判别；当判定为第Ⅰ类 T 形截面时，按 $b_f \times h$ 的单筋矩形截面受弯构件计算。

（2）对第Ⅱ类 T 形截面，根据式（8-20）计算 x，并判别是否超筋。

$$\left.\begin{array}{l} x = h_0 - \sqrt{h_0^2 - \dfrac{2M_1}{\alpha_1 f_c b}} \leqslant \xi_b h_0 \\ M_1 = M - M_2 \\ M_2 = \alpha_1 f_c (b'_f - b) h'_f \left(h_0 - \dfrac{h'_f}{2}\right) \end{array}\right\} \tag{8-21}$$

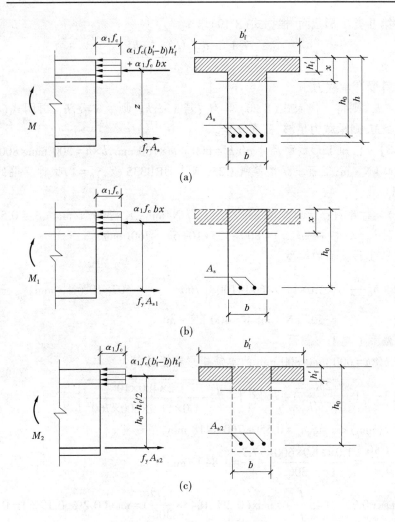

图 8-24　第 II 类 T 形截面

式中　M_1——腹板受压区混凝土与部分钢筋承担的弯矩；

　　　M_2——翼缘挑出部分受压混凝土与部分钢筋承担的弯矩。

（3）根据式（8-19）计算受拉钢筋截面面积。

$$A_s = \frac{\alpha_1 f_c (b'_f - b) h'_f + \alpha_1 f_c bx}{f_y} \tag{8-22}$$

对于第 II 类 T 形截面不再验算最小配筋率。

2.截面复核

已知：截面弯矩设计值 M、截面尺寸、受拉钢筋截面面积 A_s、混凝土强度等级 f_c 及钢筋级别 f_y。

求：正截面受弯承载力 M_u 是否足够。

计算步骤：

（1）首先用式（8-15）和式（8-17）判别截面类型。若为第 I 类 T 形截面，按 $b'_f \times h$ 的单筋矩形截面受弯构件进行承载力复核。

（2）对第Ⅱ类T形截面,根据式(8-19)求x。

$$x = \frac{f_y A_s - \alpha_1 f_c (b'_f - b) h'_f}{\alpha_1 f_c b} \tag{8-23}$$

（3）计算受弯承载力M_u。

若$x \leq \xi_b h_0$,则将x代入式(8-20)得M_u;若$x > \xi_b h_0$,则令$x = \xi_b h_0$,再用式(8-20)计算M_u。若$M_u \geq M$,则承载力足够,截面安全。

【例8-3】 已知T形截面尺寸$b'_f \times h'_f = 600 \text{ mm} \times 100 \text{ mm}$,$b \times h = 300 \text{ mm} \times 800 \text{ mm}$,承受弯矩$M = 400 \text{ kN} \cdot \text{m}$,混凝土强度等级C25,钢筋HRB335级,$\gamma_0 = 1$,试计算梁的受拉钢筋截面面积$A_s$。

解:（1）设计参数:$f_c = 11.9 \text{ N/mm}^2$,$f_t = 1.27 \text{ N/mm}^2$,$f_y = 300 \text{ N/mm}^2$,$\xi_b = 0.550$,设为一排受力筋,则$h_0 = h - (c + d + d_{箍筋}) = 800 - (25 + 10 + 6) \approx 760 \text{(mm)}$。

（2）判别T形截面的类型。

$$\alpha_1 f_c b'_f h'_f \left(h_0 - \frac{h'_f}{2}\right) = 1.0 \times 11.9 \times 600 \times 100 \times \left(760 - \frac{100}{2}\right) = 507 \times 10^6 (\text{N} \cdot \text{mm})$$

$$= 507 \text{ kN} \cdot \text{m} > M = 400 \text{ kN} \cdot \text{m}$$

因此,为第Ⅰ类T形截面。

（3）按$b'_f \times h = 600 \text{ mm} \times 800 \text{ mm}$的单筋矩形截面计算:

$$x = h_0 \left(1 - \sqrt{1 - \frac{2M}{\alpha_1 f_c b'_f h_0^2}}\right) = 760 \times \left(1 - \sqrt{1 - \frac{2 \times 400 \times 10^6}{1.0 \times 11.9 \times 600 \times 760^2}}\right)$$

$$= 77.7 \text{(mm)} < x_b = \xi_b h_0 = 0.550 \times 760 = 418 \text{ mm},不超筋。$$

$$A_s = \frac{\alpha_1 f_c b'_f x}{f_y} = \frac{1.0 \times 11.9 \times 600 \times 77.7}{300} = 1 \ 849 \ (\text{mm}^2)$$

$$\rho_{min} = \max \left(0.2\%, 0.45 \frac{f_t}{f_y}\right) = \max \left(0.2\%, 0.45 \times \frac{1.27}{300}\right) = \max (0.2\%, 0.19\%) = 0.2\%$$

$$A_{smin} = \rho_{min} bh = 0.2\% \times 300 \times 800 = 480 \text{(mm}^2) < A_s = 1 \ 849 \text{ mm}^2,不少筋。$$

查表选配5Φ22(实配$A_s = 1 \ 901 \text{ mm}^2$)的受拉筋,配筋如图8-25所示。

【例8-4】 已知现浇楼盖梁板截面如图8-26所示。选用C25混凝土和HRB335级钢筋,L-1的计算跨度$l_0 = 3.3 \text{ m}$,承受弯矩设计值$M = 320 \text{ kN} \cdot \text{m}$。试计算L-1所需配置的纵向受力钢筋。

解:（1）设计参数。查附表1-3和附表1-5可知,C25混凝土$f_c = 11.9 \text{ N/mm}^2$,$f_t = 1.27 \text{ N/mm}^2$;HRB335级钢筋$f_y = 300 \text{ N/mm}^2$,$\alpha_1 = 1.0$,$\xi_b = 0.550$;查附表1-1,一类环境,$c = 25 \text{ mm}$,由于弯矩较大,假设配置两排纵向钢筋,则$a_s = c + d + d_{箍筋} + e/2 = 25 + 20 + 6 + 25/2 = 63.5 \text{(mm)}$,取值65 mm,$h_0 = h - 65 = 335 \text{(mm)}$。

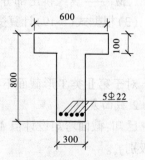

图8-25　例8-3图

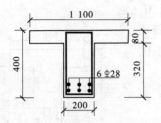 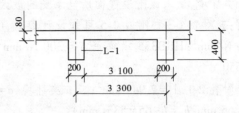

图 8-26　例 8-4 图

（2）确定受压翼缘宽度。

按计算跨度考虑，$b_f' = \dfrac{l_0}{3} = \dfrac{3\,300}{3} = 1\,100(\text{mm})$；

按梁净距 S_n 考虑，$b_f' = S_n + b = 3\,100 + 200 = 3\,300(\text{mm})$；

按翼缘厚度 $h_f' =$ 考虑，$\dfrac{h_f'}{h_0} = \dfrac{80}{335} = 0.239 > 0.1$，受压翼缘宽度不受此项限制。

因此，取 $b_f' = 1\,100$ mm。

（3）截面类型判别。

$$\alpha_1 f_c b_f' h_f'\left(h_0 - \frac{h_f'}{2}\right) = 1.0 \times 11.9 \times 1100 \times 80 \times \left(335 - \frac{80}{2}\right)$$

$$= 308.9 \times 10^6 (\text{N} \cdot \text{mm}) = 308.9 \text{ kN} \cdot \text{m} < M = 320 \text{ kN} \cdot \text{m}$$

因此，属于第 Ⅱ 类截面类型。

（4）求混凝土受压区高度 x。

$$M_2 = \alpha_1 f_c (b_f' - b) h_f'\left(h_0 - \frac{h_f'}{2}\right)$$

$$= 1.0 \times 11.9 \times (1\,100 - 200) \times 80 \times \left(335 - \frac{80}{2}\right) = 252.8 \times 10^6 (\text{N} \cdot \text{mm})$$

$$M_1 = M - M_2 = 320 \times 10^6 - 252.8 \times 10^6 = 67.2 \times 10^6 (\text{N} \cdot \text{mm})$$

$$x = h_0 - \sqrt{h_0^2 - \frac{2M_1}{\alpha_1 f_c b}} = 335 - \sqrt{335^2 - \frac{2 \times 67.2 \times 10^6}{1.0 \times 11.9 \times 200}}$$

$$= 98.9(\text{mm}) < \xi_b h_0 = 0.550 \times 335 = 184(\text{mm})$$

所以，不超筋。

（5）求受拉钢筋 A_s。

$$A_s = \frac{\alpha_1 f_c (b_f' - b) h_f' + \alpha_1 f_c b x}{f_y}$$

$$= \frac{1.0 \times 11.9 \times (1\,100 - 200) \times 80 + 1.0 \times 11.9 \times 200 \times 98.9}{300} = 3\,640.6(\text{mm}^2)$$

第 Ⅱ 类截面不必验算最小配筋率。

因此，受拉钢筋选用 6 Φ 28（$A_s = 3\,695$ mm²），配筋简图如图 8-26 所示。

【例 8-5】　已知 T 形截面梁，截面尺寸和配筋如图 8-27 所示。选用 C20 混凝土，处于二 a 类环境,试求该附表截面所能承受的最大弯矩值 M_u。

解: 查附表 1-3 和附表 1-5 可知设计参数,C20 混凝土 $f_c = 9.6$ N/mm^2;HRB335 级钢筋 $f_y = 300$ N/mm^2;$\alpha_1 = 1.0$,$\xi_b = 0.550$。

查附表 2-1,$A_s = 2\,945$ mm^2;二 a 类环境,$c = 30$ mm,则 a_s 取值 65 mm,$h_0 = h - 65 = 535$(mm)。

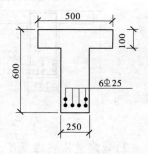

图 8-27　例 8-5 图

(1)判别 T 形截面类型。

$f_y A_s = 300 \times 2\,945 = 883.5 \times 10^3(N)> \alpha_1 f_c b_f' h_f' = 1.0 \times 9.6 \times 500 \times 100 = 480 \times 10^3$(N),故为第 Ⅱ 类 T 形截面梁。

(2)计算 x。

$$x = \frac{f_y A_s - \alpha_1 f_c (b_f' - b) h_f'}{\alpha_1 f_c b}$$

$$= \frac{300 \times 2\,945 - 1.0 \times 9.6 \times (500 - 250) \times 100}{1.0 \times 9.6 \times 250} = 268.1(\text{mm})$$

$$< \xi_b h_0 = 0.550 \times 535 = 294.3(\text{mm})$$

因此,不超筋。

(3)求 M_u。

$$M_u = \alpha_1 f_c (b_f' - b) h_f' \left(h_0 - \frac{h_f'}{2}\right) + \alpha_1 f_c b x \left(h_0 - \frac{x}{2}\right)$$

$$= 1.0 \times 9.6 \times (500 - 250) \times 100 \times \left(535 - \frac{100}{2}\right) + 1.0 \times 9.6 \times 250 \times 268.1 \times \left(535 - \frac{268.1}{2}\right)$$

$$= 116.4 \times 10^6 + 258.0 \times 10^6 = 374.4(\text{kN} \cdot \text{m})$$

因是 Ⅱ 类 T 形截面梁,故不必验算最小配筋量,则该截面所能承受的最大弯矩 $M_u = 374.4$ kN·m。

8.3　钢筋混凝土受弯构件的斜截面承载力计算

受弯构件除进行正截面受弯承载力设计外,还要进行斜截面受剪承载力设计。这是因为受弯构件在弯矩和剪力的共同作用下,以剪力为主的区段可能产生斜裂缝,可引起斜截面的破坏。

为了防止梁沿斜截面破坏,应使梁有一个合适的截面尺寸和混凝土强度等级,并进行斜截面受剪承载力计算,在梁内配置必要的箍筋和弯起钢筋。箍筋和弯起钢筋统称为腹筋,并通过构造要求防止梁斜截面受弯破坏。

8.3.1　无腹筋梁的抗剪性能

8.3.1.1　无腹筋梁斜截面的应力状态

一对称集中加载的钢筋混凝土简支梁,如图 8-28 所示。忽略自重影响,集中荷载之间的 BC 段仅承受弯矩,称为纯弯段;AB 和 CD 段承受弯矩和剪力共同作用,称为弯剪段。

若梁内配有足够的纵向钢筋,保证不致发生纯弯段的正截面受弯破坏,则构件还可能在弯剪段发生斜截面破坏。

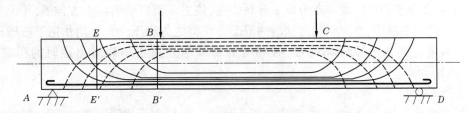

图 8-28 梁主应力迹线示意图

钢筋混凝土受弯构件在弯矩和剪力共同作用下,构件内主应力的轨迹线如图 8-28 所示,实线为主拉应力 σ_{tp},虚线为主压应力 σ_{cp},轨迹线上任一点的切线就是该点的主应力方向。由于混凝土抗拉强度很低,当主拉应力 σ_{tp} 超过混凝土的抗拉强度时,梁的弯剪段将出现垂直于主拉应力轨迹线的斜裂缝。若荷载持续增加,斜裂缝将不断伸长和加宽,上方指向荷载加载点,最终导致在弯剪段内沿某一主要斜裂缝截面发生破坏。

8.3.1.2 无腹筋梁斜截面的破坏形态

根据试验研究,无腹筋梁斜截面受剪有三种主要的破坏形态(斜拉、剪压、斜压),而影响无腹筋梁斜截面破坏形态的最主要因素是剪跨比 λ。随着剪跨比的增大,梁的斜截面受剪承载力明显降低。梁某一截面的剪跨比 λ 等于该截面的弯矩值 M 与剪力值 V 和有效高度 h_0 乘积之比,即

$$\lambda = \frac{M}{Vh_0} \tag{8-24}$$

集中荷载作用下简支梁的剪跨比计算公式为

$$\lambda = \frac{M}{Vh_0} = \frac{a}{h_0} \tag{8-25}$$

式中 a ——集中荷载作用点到支座边缘的距离。

1.斜拉破坏

当剪跨比 λ 较大($\lambda > 3$)时,常发生斜拉破坏。这种破坏的特点是斜裂缝一出现就很快形成一条主要斜裂缝,并迅速向受压边缘发展,直至整个截面裂通,使构件劈裂为两部分而破坏。整个破坏过程急速而突然,破坏荷载与斜裂缝出现时的荷载接近,如图 8-29(a)所示。当剪跨比 $\lambda > 3$ 以后,对斜截面受剪承载力的影响不再显著。

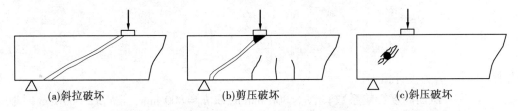

图 8-29 无腹筋梁的受剪破坏形态

2.剪压破坏

当剪跨比 λ 适中(1<λ≤3)时,常发生剪压破坏。这种破坏的特点是当荷载增加到一定程度时,多条斜裂缝中的一条形成主要斜裂缝,该主要斜裂缝向斜上方伸展,使混凝土受压区高度逐渐减小,直到斜裂缝顶端的混凝土在剪应力和压应力共同作用下被压碎而破坏。破坏过程比斜拉破坏缓慢,破坏时的荷载明显高于斜裂缝出现时的荷载,如图 8-29(b)所示。

3.斜压破坏

当剪跨比 λ 较小(λ≤1)时,常发生斜压破坏。当集中荷载距支座较近时,斜裂缝由支座向集中荷载处发展,支座反力与荷载间的混凝土形成一斜向受压短柱,随着荷载的增加,当主压应力超过了混凝土的抗压强度时,短柱被压碎而破坏。它的特点是斜裂缝细而密,破坏时的荷载也明显高于斜裂缝出现时的荷载,如图 8-29(c)所示。

上述三种主要破坏形态,就它们的斜截面承载力而言,斜拉破坏最低,剪压破坏较高,斜压破坏最高。但就其破坏性质而言,由于它们达到破坏荷载时的跨中挠度都不大,因而均属脆性破坏,其中斜拉破坏的脆性更突出。

影响无腹筋梁斜截面受剪承载力的主要因素除剪跨比外,还有混凝土强度、纵筋配筋率、截面形状、尺寸效应等。

混凝土强度直接影响斜截面剪压区抵抗主拉应力和主压应力的能力。试验表明,斜截面受剪承载力随混凝土抗拉强度 f_t 的提高而提高,两者基本呈线性关系。

增加纵筋配筋率可抑制斜裂缝向受压区的伸展,从而提高斜裂缝间骨料的咬合力,并增大了剪压区高度,使混凝土的抗剪能力提高,并提高了纵筋的销栓作用。因此,随着纵筋配筋率的增大,梁的斜截面受剪承载力有所提高。

T形、工字形截面因受压翼缘的存在,增大了混凝土剪压区的面积,对斜拉破坏和剪压破坏的受剪承载力有一定提高,对斜拉破坏无明显影响。

试验表明,随梁截面高度增加,斜裂缝宽度加大,骨料间咬合力减小,纵筋的销栓作用减弱,使梁的斜截面受剪承载力降低。《规范》规定,对不配腹筋的板类受弯构件,截面高度超过 800 mm 时应考虑该项影响。

8.3.1.3　不配腹筋的一般板类构件斜截面受剪承载力计算公式

不配箍筋或弯起钢筋的一般板类构件,其抗剪承载力由混凝土提供,《规范》根据大量试验结果,取具有一定可靠度的偏下限经验公式来计算其斜截面受剪承载力。

$$V \leqslant 0.7\beta_h f_t bh_0 \tag{8-26}$$

$$\beta_h = \left(\frac{800}{h_0}\right)^{\frac{1}{4}} \tag{8-27}$$

式中　V——剪力设计值;

β_h——截面高度影响系数,当 $h_0<800$ mm 时取 $h_0=800$ mm,当 $h_0>2\,000$ mm 时取 $h_0=2\,000$ mm;

f_t——混凝土轴心抗拉强度设计值;

h_0——截面有效高度。

8.3.2　有腹筋梁的斜截面受剪承载力计算

8.3.2.1　有腹筋梁的抗剪性能

配置腹筋是提高梁斜截面受剪承载力的有效措施。梁在斜裂缝发生之前,因混凝土变形协调影响,腹筋的应力值很低,当斜裂缝出现之后,与斜裂缝相交的腹筋,就能通过以下几个方面充分发挥其抗剪作用:与斜裂缝相交的腹筋本身能承担很大一部分剪力;腹筋能阻止斜裂缝开展,提高了斜截面上的骨料咬合力,保留了更大的剪压区高度,从而提高混凝土的斜截面受剪承载力;箍筋可限制纵筋的竖向位移,有效阻止混凝土沿纵筋的撕裂,从而提高纵筋的销栓作用。

有腹筋梁的斜截面破坏形态也可归纳为斜拉破坏、剪压破坏和斜压破坏三种。影响有腹筋梁斜截面破坏形态的重要因素是箍筋用量。

(1)斜拉破坏。箍筋数量配置很少,斜裂缝一开裂,箍筋的应力会很快达到屈服,不能起到限制斜裂缝开展的作用,若剪跨比较大,就会产生类似无腹筋梁的斜拉破坏。这种破坏无明显预兆,设计中应避免。

(2)剪压破坏。箍筋数量配置适当,在斜裂缝出现后,由于箍筋的存在,限制了斜裂缝的开展,使荷载仍能有较大的增长,直到首先箍筋屈服,不能再控制斜裂缝开展,斜裂缝顶端混凝土在剪应力、压应力共同作用下破坏,称为剪压破坏。

(3)箍筋数量配置很多时,箍筋应力达不到屈服强度,斜裂缝间的混凝土因主压应力过大而发生斜向压坏,这种破坏形态称为斜压破坏。破坏时,斜裂缝较小,混凝土压碎发生突然,属于脆性破坏,而且箍筋强度得不到充分利用,设计中也应避免。

箍筋用量以配箍率 ρ_{sv} 来表示,它反映了梁沿纵向单位水平截面含有的箍筋截面面积。

$$\rho_{sv} = \frac{A_{sv}}{bs} = \frac{nA_{sv1}}{bs} \tag{8-28}$$

式中　A_{sv}——同一截面内的箍筋截面面积;

　　　n——同一截面内箍筋的肢数;

　　　A_{sv1}——单肢箍筋截面面积;

　　　s——沿梁轴线方向箍筋的间距;

　　　b——矩形截面宽度,T 形或工字形截面的腹板宽度。

🔑 特别提示

箍筋的肢数为一排箍筋的竖直边的数量,对于常见的矩形箍筋,其肢数为 2。另外,还要注意箍筋的配箍率与纵向受力钢筋的配筋率的区别。

8.3.2.2　有腹筋梁的斜截面受剪承载力计算公式

1.基本公式的建立

斜截面受剪承载力计算公式是建立在剪压破坏形态的基础上的。一根配有箍筋和弯起钢筋的梁,取斜裂缝到支座的一段为隔离体,如图 8-30 所示。从隔离体上看出,忽略纵筋的销栓作用,斜截面受剪承载力 V_u 由混凝土、箍筋、弯起钢筋提供,计算公式可采用三项相加的形式,即

$$V_u = V_c + V_{sv} + V_{sb} = V_{cs} + V_{sb} \tag{8-29}$$

式中　V_c——斜裂缝末端剪压区混凝土的受剪承载力；

　　　　V_{sv}——穿过斜裂缝的箍筋的受剪承载力；

　　　　V_{sb}——穿过斜裂缝的弯起钢筋的受剪承载力；

　　　　V_{cs}——斜裂缝上混凝土和箍筋的受剪承载力。

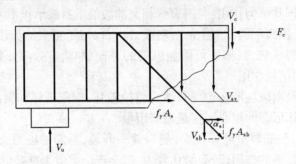

图 8-30　有腹筋梁斜截面受力简图

2.仅配有箍筋的梁斜截面受剪承载力计算公式

（1）对矩形、T 形和工字形截面的一般受弯构件。根据试验分析，梁的斜截面受剪承载力随箍筋数量的增加而提高。当其他条件不变时，$V_{cs}/(f_t b h_0)$ 和 $\rho_{sv} f_{yv}/f_c$ 基本上呈线性关系，《规范》给出斜截面受剪承载力计算公式如下

$$V \leqslant V_{cs} = \alpha_{cv} f_t b h_0 + f_{yv} \frac{A_{sv}}{s} h_0 \tag{8-30}$$

式中　V——构件斜截面上的最大剪力设计值；

　　　　f_t——混凝土轴心抗拉强度设计值；

　　　　α_{cv}——截面混凝土受剪承载力系数，对于一般受弯构件取 0.7，对集中荷载作用下（包括作用有多种荷载，其中集中荷载对支座截面或节点边缘所产生的剪力值占总剪力的 75% 以上的情况）的独立梁，α_{cv} 按式(8-31)选取；

　　　　b——矩形截面的宽度或 T 形、工字形截面的腹板宽度；

　　　　h_0——截面有效高度；

　　　　f_{yv}——箍筋抗拉强度设计值。

（2）承受以集中荷载为主（包括作用有多种荷载，且集中荷载对支座截面或节点边缘所产生的剪力值占总剪力值的 75% 以上的情况）的独立梁，α_{cv} 为

$$\alpha_{cv} = \frac{1.75}{\lambda + 1} \tag{8-31}$$

式中　λ——计算截面的剪跨比，$\lambda = a/h_0$，a 为集中荷载作用点至支座或节点边缘的距离，当 $\lambda < 1.5$ 时取 $\lambda = 1.5$，当 $\lambda > 3$ 时取 $\lambda = 3$。

集中荷载作用点至支座之间的箍筋，应均匀配置。

3.同时配箍筋和弯起钢筋梁的斜截面受剪承载力计算公式

考虑到靠近剪压区的弯起钢筋的应力可能达不到抗拉强度设计值，乘以 0.8 的降低系数，弯起钢筋的受剪承载力可按下式计算

$$V_{sb} = 0.8f_y A_{sb}\sin\alpha_s \tag{8-32}$$

式中　A_{sb}——同一弯起平面内弯起钢筋截面面积;

　　　α_s——斜截面上弯起钢筋与构件纵向轴线的夹角。

由此得出,矩形、T 形和工字形截面的受弯构件,当同时配有箍筋和弯起钢筋时的斜截面受剪承载力计算公式

$$V \le V_{cs} + 0.8f_y A_{sb}\sin\alpha_s \tag{8-33}$$

V_{cs} 应区别梁的类型和荷载作用情况按式(8-30)或式(8-31)推导计算。

🔑 **特别提示**

由于弯起钢筋施工比较麻烦,已经较少采用弯起钢筋,在实际工程中除非必须使用(如主次梁交接处仍较多采用吊筋防止斜截面破坏),在设计钢筋混凝土梁时也尽量不采用弯起钢筋,只配置箍筋就行了。但还是有必要理解弯起钢筋的抗剪性能,这对掌握钢筋混凝土受弯构件的承载能力有帮助,因此在后续的章节中仍然会提及弯起钢筋。

4.斜截面受剪承载力计算公式的适用条件

斜截面受剪承载力计算公式是以剪压破坏特征为基础建立的,不适用于斜压破坏和斜拉破坏,为防止这两种破坏发生,《规范》确定了公式的适用条件。

(1)防止斜压破坏的条件。从式(8-30)、式(8-31)或式(8-33)来看,似乎只要增加箍筋和弯起钢筋,就可以将构件的抗剪能力提高到任何所需要的程度,但事实并非如此。实际上当构件截面尺寸较小而剪力又过大时,斜截面的混凝土会因为过大的主压应力先于箍筋屈服而被压碎,即发生斜压破坏。这种破坏形态的构件斜截面受剪承载力取决于混凝土强度及构件的截面尺寸,增加箍筋用量已经无济于事。为了防止发生斜压破坏和避免构件在使用阶段斜裂缝宽度过大,《规范》规定了截面尺寸的限制条件,实际上也是最大配箍率的条件。矩形、T 形和工字形构件,受剪截面尺寸应符合下列要求

当 $h_w/b \le 4$ 时　　　　　　　　　　$V \le 0.25\beta_c f_c b h_0 \tag{8-34}$

当 $h_w/b \ge 6$ 时　　　　　　　　　　$V \le 0.2\beta_c f_c b h_0 \tag{8-35}$

当 $4 < h_w/b < 6$ 时,按线性内插法取用。

式中　V——构件斜截面上的最大剪力设计值;

　　　β_c——混凝土强度影响系数,当混凝土强度等级不超过 C50 时取 $\beta_c = 1.0$,当混凝土强度等级为 C80 时取 $\beta_c = 0.8$,其间按线性内插法取用;

　　　f_c——混凝土轴心抗压强度设计值;

　　　b——矩形截面的宽度,T 形或工字形截面的腹板宽度;

　　　h_w——截面的腹板高度,矩形截面取有效高度 h_0,T 形截面取有效高度减去翼缘高度,工字形截面取腹板净高。

(2)防止斜拉破坏的条件。如前所述,箍筋配置过少,一旦斜裂缝出现,由于箍筋的抗剪作用不足以替代斜裂缝发生前混凝土原有的作用,就会发生斜拉破坏。为了防止这种破坏发生,《规范》规定当 $V > 0.7f_t b h_0$ 时,箍筋的配置应满足最小配箍率 $\rho_{sv,min}$ 的要求,即

$$\rho_{sv} \ge \rho_{sv,min} = 0.24\frac{f_t}{f_{yv}} \tag{8-36}$$

8.3.3　箍筋和弯起钢筋的构造要求

8.3.3.1　箍筋的构造

1.箍筋形式和肢数

箍筋的形式有封闭式和开口式两种,如图 8-31 所示。通常采用封闭式箍筋。箍筋端部弯钩通常用 135°,弯钩端部水平直段长度不应小于 $5d$(d 为箍筋直径)和 50 mm,抗震时不小于 $10d$。箍筋的肢数分单肢、双肢及复合箍(多肢箍),一般采用双肢箍,当梁宽 $b>400$ mm且一层内的纵向受压钢筋多于 3 根时,或当梁宽 $b<400$ mm 但一层内的纵向受压钢筋多于 4 根时,应设置复合箍筋。

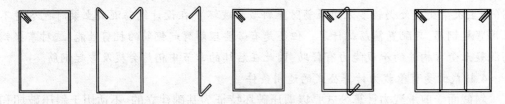

图 8-31　箍筋的形式

2.箍筋的直径

箍筋的直径应由计算确定,同时为使箍筋与纵筋联系形成的钢筋骨架有一定的刚性,箍筋直径也不能太小。《规范》规定:对截面高度 $h≤800$ mm 的梁,其箍筋直径不宜小于 6 mm;对截面高度 $h>800$ mm 的梁,其箍筋直径不宜小于 8 mm。当梁中配有计算需要的纵向受压钢筋时,箍筋直径尚不应小于纵向受压钢筋最大直径的 0.25 倍。

3.箍筋的间距

箍筋的间距一般应由计算确定,同时为防止斜裂缝出现在两道箍筋之间而不与任何箍筋相交,控制使用荷载下的斜裂缝宽度,梁中箍筋的最大间距 s_{max} 符合表 8-5 规定。

表 8-5　梁中箍筋的最大间距 S_{max}　　　　　　　　　　　　　(单位:mm)

梁高 h	$V>0.7f_tbh_0$	$V≤0.7f_tbh_0$
$150<h≤300$	150	200
$300<h≤500$	200	300
$500<h≤800$	250	350
$h>800$	300	400

当梁中配有按计算需要的纵向受压钢筋时,箍筋的间距不应大于 $15d$(d 为纵向受压钢筋的最小直径)同时不应大于 400 mm;当一层内的纵向受压钢筋多于 5 根且直径大于 18 mm 时,箍筋间距不应大于 $10d$。

4.箍筋的布置

对按计算不需要配箍筋的梁,当截面高度 $h>300$ mm 时,应沿梁全长设置箍筋;当截面高度 $h=150\sim300$ mm 时,可仅在构件端部各 1/4 跨度范围内设置箍筋;但当在构件中部1/2跨度范围内有集中荷载作用时,应沿梁全长设置箍筋;当截面高度 $h<150$ mm 时,可不设箍筋。

8.3.3.2 弯起钢筋的构造

为防止弯起钢筋的间距过大,出现不与弯起钢筋相交的斜裂缝,使弯起钢筋不能发挥作用,当按计算需要设置弯起钢筋时,前一排(对支座而言)弯起钢筋的弯起点到后一排弯起钢筋弯终点的距离,如图8-32所示,不得大于表8-5中 $V>0.7f_tbh_0$ 栏规定的箍筋最大间距,且第一排弯起钢筋的上弯点距支座边缘的距离也不应大于箍筋的最大间距,且不小于50 mm。

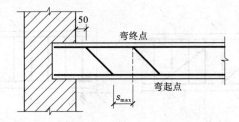

图 8-32 弯起钢筋最大间距

在弯起钢筋的弯终点外应留有平行于梁轴线方向的锚固长度,其长度在受拉区不应小于 $20d$,在受压区不应小于 $10d$,此处 d 为弯起钢筋的直径,光面弯起钢筋末端应设弯钩,如图8-33所示。

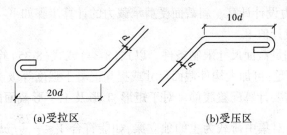

(a)受拉区　　　　　　　(b)受压区

图 8-33 弯起钢筋的锚固

梁中弯起钢筋的弯起角度一般取45°。当梁截面高度大于800 mm时,也可取60°。梁底层钢筋中的角部钢筋不应弯起,顶层钢筋中的角部钢筋不应弯下。当不能弯起纵向受拉钢筋时,可设置单独的受剪弯起钢筋。单独的受剪弯起钢筋应采用"鸭筋",而不应采用"浮筋",否则一旦弯起钢筋滑动将使斜裂缝开展过大,如图8-34所示。

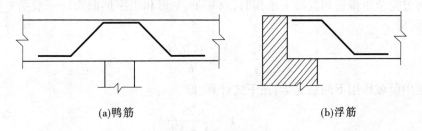

(a)鸭筋　　　　　　　　(b)浮筋

图 8-34 鸭筋和浮筋

8.3.4　斜截面受剪承载力的计算方法

8.3.4.1　计算截面的选取

在计算斜截面的受剪承载力时,其剪力设计值的计算截面应按下列规定:

(1)支座边缘截面(如图 8-35 所示 1—1 截面)。

(2)受拉区弯起钢筋弯起点处的截面(如图 8-35 所示 2—2 截面、3—3 截面)。

(3)箍筋直径或间距改变处截面(如图 8-35 所示 4—4 截面)。

(4)腹板宽度改变处截面。

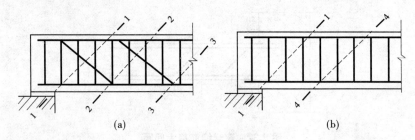

(a)　　　　　　　　　　　　　　　　　　(b)

图 8-35　受剪计算控制斜截面

8.3.4.2　斜截面受剪承载力的计算步骤

钢筋混凝土梁一般先进行正截面承载力设计,初步确定截面尺寸和纵向钢筋后,再进行斜截面受剪承载力设计计算。斜截面受剪承载力的计算步骤如下:

(1)计算剪力设计值 V。

(2)验算是否满足截面尺寸限制条件。以式(8-34)或式(8-35)验算构件截面尺寸是否满足要求;若不满足,可加大构件截面尺寸或提高混凝土强度等级。

(3)验算是否需要计算配置腹筋。对于矩形、T 形及工字形截面的一般受弯构件,如能符合 $V \leqslant 0.7f_t bh_0$;对集中荷载为主的独立梁,如能符合 $V \leqslant \dfrac{1.75}{\lambda+1}f_t bh_0$,说明混凝土的抗剪承载力大于构件斜截面上的最大剪力,则不需进行斜截面抗剪配筋计算,仅按构造要求设置腹筋。否则,需要按承载力计算配置腹筋。

(4)计算配置腹筋。分为只配箍筋和既配箍筋又配弯起钢筋两种方式。可按下边相应公式计算 A_{sv}/s。

①只配箍筋。

当剪力完全由箍筋和混凝土承担时,对矩形、T 形和工字形截面的一般受弯构件,按下式计算,即

$$\frac{A_{sv}}{s} \geqslant \frac{V - 0.7f_t bh_0}{f_{yv}h_0} \tag{8-37}$$

对集中荷载作用下的独立梁,按下式计算,即

$$\frac{A_{sv}}{s} \geqslant \frac{V - \dfrac{1.75}{\lambda+1}f_t bh_0}{f_{yv}h_0} \tag{8-38}$$

②既配箍筋又配弯起钢筋。

当需要配置弯起钢筋、箍筋和混凝土共同承担剪力时,一般先根据正截面承载力计算确定的纵向钢筋情况,确定可弯起钢筋数量,按式(8-32)计算出 V_{sb},再计算箍筋,即

$$\frac{A_{sv}}{s} \geqslant \frac{V - 0.7f_t bh_0 - V_{sb}}{f_{yv}h_0} \tag{8-39}$$

或

$$\frac{A_{sv}}{s} \geqslant \frac{V - \dfrac{1.75}{\lambda + 1}f_t bh_0 - V_{sb}}{f_{yv}h_0} \tag{8-40}$$

计算出 A_{sv}/s 值后,根据箍筋构造要求可选定箍筋肢数 n、直径,并由附表 2-1 查出单肢箍筋截面面积 A_{sv1},然后根据 A_{sv}/s 求出箍筋的间距 s,验算箍筋率。注意,选用箍筋的间距应满足构造要求。

斜截面受剪承载力的复核较简单,先验算配箍率,检查腹筋位置是否满足构件要求,再验算构件截面尺寸和混凝土强度等级是否合适。若都满足要求,由式(8-30)式(8-31)或式(8-33)计算斜截面受剪承载力 V_u,并复核是否满足要求。

【例 8-6】 某 T 形截面简支梁,如图 8-36 所示,净跨 $l_n = 4$ m。处于一类环境,安全等级为二级,$\gamma_0 = 1.0$。承受集中荷载设计值 $P = 600$ kN(因梁自重所占比例很小,已化为集中荷载考虑)。混凝土强度等级为 C30,纵向钢筋为 HRB400 级钢筋,箍筋为 HRB300 级钢筋。试配置箍筋。

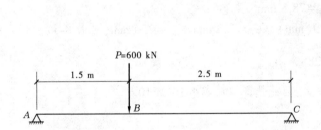

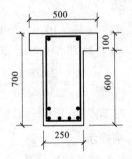

图 8-36 例 8-6 图

解:(1)计算支座边缘截面剪力设计值。

$$V_A = \gamma_0 P(2\,500/4\,000) = 1.0 \times 600 \times 2\,500/4\,000 = 375(kN)$$

$$V_C = \gamma_0(600 - 375) = 1.0 \times (600 - 375) = 225(kN)$$

(2)截面尺寸复核

查附表 1-3,C30 混凝土,$\beta_c = 1.0$,$f_c = 14.3$ N/mm^2,$f_t = 1.43$ N/mm^2。

查附表 1-1,一类环境,$c = 20$ mm,$a_s = c + d_{箍筋} + d + e/2 = 20 + 8 + 25 + 25/2 = 65.5$(mm),取 $a_s = 65$ mm,$h_0 = h - a_s = 700 - 65 = 635$(mm),$h_w = h_0 - h_f' = 635 - 100 = 535$(mm),$h_w/b = 535/250 = 2.14 < 4.0$,则

$$0.25\beta_c f_c bh_0 = 0.25 \times 1.0 \times 14.3 \times 250 \times 635 = 567.5(kN) > V_A = 375 \text{ kN}$$

所以,截面尺寸满足抗剪条件。

（3）验算是否需计算配置腹筋。

①AB 段：

$$\lambda = \frac{a}{h_0} = \frac{1\,500}{635} = 2.36$$

$$V_c = \frac{1.75}{\lambda+1} f_t b h_0 = \frac{1.75}{2.36+1} \times 1.43 \times 250 \times 635 = 118.2\,(\mathrm{kN}) < 375\ \mathrm{kN}$$

②BC 段：

$$\lambda = \frac{a}{h_0} = \frac{2\,500}{635} = 3.94,\text{取}\ \lambda = 3.0$$

$$V_c = \frac{1.75}{\lambda+1} f_t b h_0 = \frac{1.75}{3.0+1} \times 1.43 \times 250 \times 635 = 99.3\,(\mathrm{kN}) < 225\ \mathrm{kN}$$

应按计算确定腹筋用量。

（4）箍筋计算

查附表 1-5，HRB335 级钢筋，$f_{yv} = 300\ \mathrm{N/mm^2}$。

①AB 段：

$$\frac{A_{sv}}{s} \geqslant \frac{V-V_c}{f_{yv}h_0} = \frac{(375-118.2)\times 10^3}{300 \times 635} = 1.35$$

选双肢箍筋 $\Phi 10$，$n = 2$，$A_{sv1} = 78.5\ \mathrm{mm^2}$，则

$$s \leqslant 2 \times 78.5/1.35 = 116.3\,(\mathrm{mm})，\text{取}\ s = 110\ \mathrm{mm} < s_{max} = 250\ \mathrm{mm}（\text{见表 8-5}）$$

$$\rho_{sv} = \frac{A_{sv}}{bs} = \frac{2\times 78.5}{250 \times 110} = 0.57\% > \rho_{sv,min} = 0.24\frac{f_t}{f_{yv}} = 0.24 \times \frac{1.43}{300} = 0.114\%，\text{满足要求}。$$

②BC 段：

$$\frac{A_{sv}}{s} \geqslant \frac{V-V_c}{f_{yv}h_0} = \frac{(225-99.3)\times 10^3}{300 \times 635} = 0.66$$

选双肢箍筋 $\Phi 10$，$n = 2$，$A_{sv1} = 78.5\ \mathrm{mm^2}$，则

$$s \leqslant 2 \times 78.5/0.66 = 237.9\,(\mathrm{mm})，\text{取}\ s = 220\ \mathrm{mm} < s_{max} = 250\ \mathrm{mm}（\text{见表 8-5}）$$

$$\rho_{sv} = \frac{A_{sv}}{bs} = \frac{2\times 78.5}{250 \times 220} = 0.285\% > \rho_{sv,min} = 0.114\%，\text{满足要求}。$$

为施工方便，需统一配箍方案，因此选配双肢箍 $\Phi 10@110$。

🔑 **特别提示**

T 形截面梁抗剪计算，忽略翼缘的作用，与矩形截面梁相同。

【例 8-7】 承受均布荷载作用的矩形截面简支梁，截面及荷载设计值如图 8-37 所示。净跨 $l_n = 4.76\ \mathrm{m}$，混凝土为 C25 级（$f_c = 11.9\ \mathrm{N/mm^2}$，$f_t = 1.27\ \mathrm{N/mm^2}$）。纵筋为 Ⅱ 级钢（$f_y = 300\ \mathrm{N/mm^2}$），配置 4 $\Phi 25$ 纵向受拉钢筋。箍筋为 Ⅰ 级钢（$f_{yv} = 270\ \mathrm{N/mm^2}$），选用 $\Phi 8$ 双肢（$A_{sv1} = 50.3\ \mathrm{mm^2}$），间距 $s = 250\ \mathrm{mm}$。试计算弯起钢筋。

解：截面有效高度 $h_0 = 600-45 = 555\,(\mathrm{mm})$。

（1）计算支座内侧边剪力设计值。

$$V = q l_n/2 = 85 \times 4.76/2 = 202.3\,(\mathrm{kN})$$

（2）验算截面尺寸及最小配箍率。

$$h_w/b = h_0/b = 555/250 = 2.22 < 4$$

$$V = 202.3\ \mathrm{kN} < 0.25 f_c b h_0 = 0.25 \times 11.9 \times 250 \times 555 \times 10^{-3} = 412.78\,(\mathrm{kN})$$

所以，符合截面尺寸限制条件。

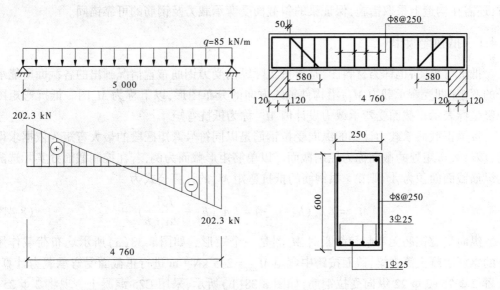

图 8-37 例 8-7 图

$$\rho_{sv} = nA_{sv1}/bs = 2 \times 50.3/(250 \times 250) = 0.161\%$$

$$\rho_{sv,min} = 0.24 f_t/f_{yv} = 0.24 \times 1.27/270 = 0.113\% < \rho_{sv}$$

满足最小配箍率要求。

(3)验算是否按计算配置抗剪腹筋。

$$V = 202.3 \text{ kN} > 0.7 f_t b h_0 = 0.7 \times 1.27 \times 250 \times 555 \times 10^{-3} = 123.35 (\text{kN})$$

需按计算配置腹筋，已配箍筋梁的受剪承载力为

$$V_{cs} = 0.7 f_t b h_0 + \frac{f_{yv} A_{sv} h_0}{s} = 123.35 + \frac{270 \times 2 \times 50.3 \times 555 \times 10^{-3}}{250} = 183.65 (\text{kN})$$

$$< V = 202.3 \text{ kN}$$

所以，需按计算配置弯起筋。

(4)计算弯起钢筋。

$$A_{sb} = \frac{V - V_{cs}}{0.8 f_y \sin 45°} = \frac{(202.3 - 183.65) \times 10^3}{0.8 \times 300 \times 0.707} = 110 (\text{mm}^2)$$

选择纵筋弯起 1 Φ 25, $A_{sb} = 490.9 \text{ mm}^2$, 满足计算要求。

距支座边缘 580 mm 处钢筋起弯点处剪力为

$$V_1 = V - 0.58q = 202.3 - 0.58 \times 85 = 153 (\text{kN}) < V_{cs}$$

弯起一排钢筋满足要求，配筋如图 8-37 所示。

8.4 保证斜截面受弯承载力的构造要求

对钢筋混凝土受弯构件，在剪力和弯矩共同作用下产生的斜裂缝，会导致与其相交的纵向钢筋拉力增加，引起沿斜截面受弯承载力不足及锚固不足的破坏，因此在设计中除保证梁的正截面受弯承载力和斜截面受剪承载力外，在考虑纵向钢筋弯起、截断及钢筋锚固时,还需在构造上采取措施,保证梁的斜截面受弯承载力及钢筋的可靠锚固。

8.4.1　抵抗弯矩图

　　抵抗弯矩图,也称为材料图,是指按实际纵向受力钢筋布置情况画出的各截面所能承受的弯矩(即受弯承载力 M_u)沿构件轴线方向的分布图形,以下称为 M_u 图。抵抗弯矩图中竖坐标表示正截面受弯承载力设计值 M_u,称为抵抗弯矩。

　　按梁正截面承载力计算的纵向受拉钢筋是以同符号弯矩区段的最大弯矩为依据求得的,该最大弯矩处的截面称为控制截面。以单筋矩形截面为例,若在控制截面处实际选配的纵筋截面面积为 A_s,则第 i 根钢筋的抵抗弯矩 M_{ui} 的计算公式为

$$M_{ui} = f_y A_{si}\left(h_0 - \frac{x}{2}\right) = f_y A_{si}\left(h_0 - \frac{f_y A_s}{2\alpha_1 f_c b}\right) \tag{8-41}$$

　　纵向受拉钢筋无弯起和截断时 M_u 图是一个矩形。如图 8-38(a)所示均布荷载作用下的钢筋混凝土简支梁,截面按跨中弯矩 $M_{max} = 245\ kN \cdot m$ 进行正截面受弯承载力计算,配置 2 ⌀ 25+2 ⌀ 22 纵向受拉钢筋,如图 8-38(b)所示,采用 C25 混凝土。现将 2 ⌀ 25+2 ⌀ 22 钢筋全部伸入支座并可靠锚固。

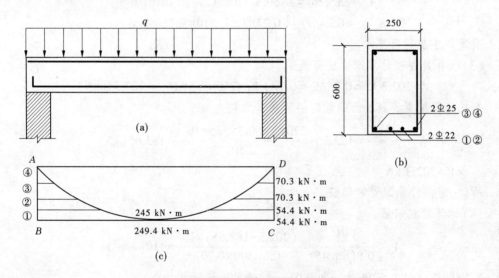

图 8-38　纵筋无弯起和截断时的抵抗弯矩图

　　采用式(8-41)分别计算出图中 4 根钢筋的抵抗弯矩值,①、②号钢筋约为 54.4 kN · m,③、④号钢筋约为 70.3 kN · m,该梁总的受弯承载力约为 249.4 kN · m,且任一正截面的 M_u 值是相等的,由图 8-38(c)中 A、B、C、D 四点围成的矩形就是该梁的 M_u 图。由于抵抗弯矩图在弯矩设计值图的外侧,所以梁的任一截面的受弯承载力都能够得到满足。

　　抵抗弯矩图反映了材料的利用程度,抵抗弯矩图愈接近弯矩图,表示材料利用程度越高。通过抵抗弯矩图可确定纵向钢筋的弯起数量、位置和纵向钢筋的截断位置。

8.4.2　纵筋的弯起和截断

8.4.2.1　纵筋的弯起

　　纵向受拉钢筋沿梁通长布置,虽然构造比较简单,但没有充分利用弯矩设计值较小部分处的纵向受拉钢筋的强度,因此是不经济的。为了节约钢材,可根据设计弯矩图的变化将一部分纵向受拉钢筋在正截面受弯不需要弯起作受剪钢筋。因此,需要研究钢筋弯起时 M_u 图的变化及其有关配筋构造要求,以使钢筋弯起或截断后的 M_u 图能包住 M 图,满足受弯承载力的要求。

　　纵向受拉钢筋弯起时 M_u 图的做法,以图 8-39 为例说明。假定将①号钢筋在梁上 C、E 处弯起,则在 C、E 点作竖直线与弯矩图上①号筋的水平线交于 c、e 点,如果 c、e 点落在 M 图之外,说明在 C、E 处弯起时,在该处的正截面受弯承载力是满足的,否则就不允许。钢筋弯起后,其受弯承载力并不突然消失,而只是内力臂逐渐减小,所以还能提供一些抵抗弯矩,直到它与梁的形心线相交于 D、F 点处基本上进入受压区后才近似地认为不再承担弯矩了。因此,在梁上沿 D、F 点作竖直线与弯矩图上经过②号筋的水平线分别交于 d、f 点,连接 cd、ef,形成斜的台阶。显然,c、d 和 e、f 点都应落在 M 图的外侧才是允许的,否则就应改变弯起点 C、E 的位置。图 8-39 中每根钢筋抗弯矩图线与设计弯矩图线的交点分别为 a_1、a_2、a_3、a_4,可以看出①号筋在 a_1 点与设计弯矩值最为接近,点 a_1 称为①号筋的充分利用点,两个 a_2 点为①号筋的理论不需要点,②号筋在两个 a_2 点之间被充分利用,两个 a_2 点之外,作用的外弯矩逐渐减小,弯矩减小至 a_3 点时,在图上可以不再使用②号筋抗弯,由③、④号钢筋抗弯,点 a_3 就称为②号筋的理论不需要点。同理,点 a_4 是③号筋的理论不需要点。

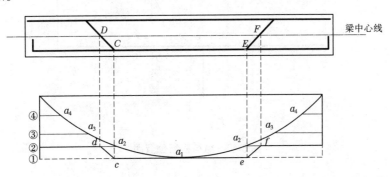

图 8-39　纵筋弯起时的抵抗弯矩图

　　为保证斜截面的受弯承载力满足要求,《规范》规定:弯起钢筋与梁中心线的交点应位于不需要该钢筋的截面之外;同时,弯起点与按计算充分利用该钢筋的截面之间的距离不应小于 $h_0/2$,如图 8-39 所示。

8.4.2.2　纵筋的截断

　　纵向受拉钢筋不宜在受拉区截断。因为截断处,钢筋截面面积突然减小,混凝土拉应力骤增,致使截面处往往会过早地出现弯剪斜裂缝,甚至可能降低构件的承载能力。因此,对于梁底部承受正弯矩的纵向受拉钢筋,通常将计算上不需要的钢筋弯起作为抗剪钢筋或作为承受支座负弯矩的钢筋,而不采用截断钢筋的配筋方式。但是对于连续梁板支座处承受负弯矩的纵向受拉钢筋,可以在保证斜截面受弯承载力的前提下截断。《规范》规定:钢筋混凝土连续梁、框架梁支座截面的负弯矩钢筋不宜在受拉区截断。当必须截断时,其延伸长度可按表 8-6 中 l_{d1} 和 l_{d2} 中取外伸长度较大者确定,l_{d1} 和 l_{d2} 如图 8-40 所示。

表 8-6　负弯矩钢筋的延伸长度

截面条件	l_{d1}	l_{d2}
$V \leqslant 0.7 f_t b h_0$	$\geqslant 1.2 l_a$	$\geqslant 20d$
$V > 0.7 f_t b h_0$	$\geqslant 1.2 l_a + h_0$	$\geqslant 20d$ 且 $\geqslant h_0$
$V > 0.7 f_t b h_0$ 且截断点仍位于负弯矩受拉区内	$\geqslant 1.2 l_a + 1.7 h_0$	$\geqslant 20d$ 且 $\geqslant 1.3 h_0$

注:表中 l_{d1} 是指从"充分利用该钢筋强度的截面"延伸出的长度;l_{d2} 是指从"按正截面承载力计算不需要该钢筋的截面"延伸出的长度;l_a 是指受拉钢筋的锚固长度;d 为钢筋的公称直径;h_0 是截面的有效高度。

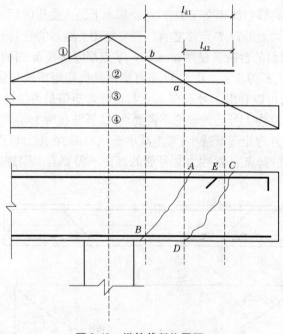

图 8-40　纵筋截断位置图

8.4.3　纵筋的锚固和连接

8.4.3.1　纵筋的锚固长度

为避免纵向受力筋在混凝土中产生滑移或拔出,纵向受力筋必须伸过其受力截面一定长度,这个长度称为锚固长度。受拉钢筋的锚固长度又称为基本锚固长度 l_a,可按式(8-42)计算

$$l_a = \alpha \frac{f_y}{f_t} d \qquad (8-42)$$

式中　α——钢筋外形系数,光圆钢筋取 0.16,带肋钢筋取 0.14;

f_y——纵向钢筋抗拉强度设计值;

f_t——混凝土轴心抗拉强度设计值,其强度等级高于 C40 时,按 C40 取值;

d——纵向筋的公称直径。

当符合下列条件时,计算 l_a 应进行修正:

(1)HRB335 级、HRB400 级和 RRB400 级钢筋的直径大于 25 mm 时,l_a 应乘以系数 1.1。

(2)HRB335 级、HRB400 级和 RRB400 级钢筋有环氧树脂涂层时,l_a 应乘以系数 1.25。

(3)HRB335 级、HRB400 级和 RRB400 级钢筋在锚固区的混凝土厚度大于钢筋直径 3 倍且配有箍筋时,l_a 可乘以系数 0.8。

(4)钢筋在施工过程中易受扰动时(如滑模施工),l_a 应乘以系数 1.1。

(5)除构造需要的锚固长度外,当纵向筋的实际配筋面积大于其设计计算面积时,如有充分依据和可靠措施,其锚固长度可乘以设计计算面积与实际配筋面积的比值。但对有抗震设防要求及直接动力荷载的结构构件,不得采用此项修正。

(6)HRB335 级、HRB400 级和 RRB400 级钢筋末端采用机械锚固措施时,其锚固长度取为基本锚固长度的 70%。

纵向受拉筋的锚固长度在修正后不得小于基本锚固长度的 70%,且不应小于 250 mm。纵向受压筋的锚固长度不应小于受拉筋锚固长度的 70%。

8.4.3.2　受弯构件纵向受力钢筋的锚固

1.简支支座纵筋锚固

对于简支支座,钢筋受力较小,因此当梁端剪力 $V \leqslant 0.7f_t bh_0$ 时,支座附近不会出现斜裂缝,纵筋适当伸入支座即可。但当剪力 $V > 0.7f_t bh_0$ 时,可能出现斜裂缝,这时支座处的纵筋拉力由斜裂缝截面的弯矩确定。从而使支座处纵筋拉应力显著增大,若无足够的锚固长度,纵筋会从支座内拔出,发生斜截面弯曲破坏。为此,钢筋混凝土简支梁和连续梁简支端的下部纵向受力钢筋,如图 8-41 所示,其伸入支座范围内的锚固长度 l_{as} 应符合下列规定:

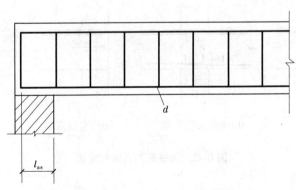

图 8-41　简支梁下部纵筋伸入支座的锚固

当 $V \leqslant 0.7f_t bh_0$ 时,$l_{as} \geqslant 5d$;

当 $V > 0.7f_t bh_0$ 时,$l_{as} \geqslant 12d$(带肋钢筋)或 $l_{as} \geqslant 15d$(光面钢筋)。

如纵向受力钢筋伸入梁支座范围内的锚固长度不应符合上述要求,应采取在钢筋上加焊锚固钢板或将钢筋端部焊接在梁端预埋件上等有效锚固措施。

支承在砌体结构上的钢筋混凝土独立梁,在纵向受力钢筋的锚固长度 l_{as} 范围内应配置不少于两个箍筋,其直径不宜小于纵向受力钢筋最大直径的 25%,间距不宜大于纵向受力钢筋最小直径的 10 倍;当采用机械锚固措施时,箍筋间距尚不宜大于纵向受力钢筋最小直径的 5 倍。

对混凝土强度等级为 C25 及以下的简支梁和连续梁的简支端,当距支座边 1.5 h 范围内作用有集中荷载,且 $V > 0.7f_tbh_0$ 时,对带肋钢筋宜采取附加锚固措施,或取锚固长度 $l_{as} \geq 15d$。

简支板或连续板下部纵向受力钢筋伸入支座的锚固长度不应小于 $5d$,d 为下部纵向受力钢筋的直径。当连续板内温度、收缩应力较大时,伸入支座的锚固长度宜适当增加。

2.连续梁或框架梁的锚固要求

连续梁在中间支座处,一般上部纵向钢筋受拉,应贯穿中间支座节点或中间支座范围。下部钢筋受压,其伸入支座的锚固长度分三种情况考虑:

(1)当计算中充分利用支座边缘处下部纵筋的抗压强度时,下部纵向钢筋应按受压钢筋锚固在中间支座处,此时其直线锚固长度不应小于 $0.7l_a$;下部纵向钢筋也可伸过节点或支座范围,并在梁中弯矩较小处设置搭接接头。

(2)当计算中充分利用钢筋的抗拉强度时,下部纵向钢筋应锚固在节点或支座内,此时可采用直线锚固和弯锚形式,如图 8-42(a)、(b)所示。

(3)当计算中不利用下部纵筋的强度时,下部纵向钢筋伸入支座的锚固长度 l_{as},应满足简支支座 $V > 0.7f_tbh_0$ 时的规定。

框架梁下部纵向钢筋在端节点处的锚固要求与中间节点处梁下部纵向钢筋相同。框架梁上部纵向钢筋在中间层端节点处锚固可采用直线锚固和弯锚形式,如图 8-42(c)、(d)所示。

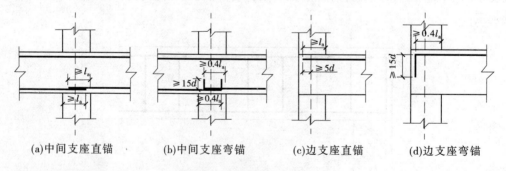

(a)中间支座直锚　　　　(b)中间支座弯锚　　　　(c)边支座直锚　　　　(d)边支座弯锚

图 8-42　梁纵筋的直锚和弯锚

8.4.3.3　钢筋的连接

构件内钢筋长度不够时,宜在钢筋受力较小处进行钢筋的连接,钢筋的连接可以分两类:绑扎搭接、机械连接或焊接。具体连接要求如下:

(1)受力钢筋的接头宜设置在受力较小处,同一钢筋上宜少设接头。

(2)同一构件中相邻纵向受力钢筋的绑扎搭接接头宜相互错开。钢筋绑扎接头连接区段的长度为搭接长度的 1.3 倍,凡搭接接头中点位于该连接区段长度内的搭接接头均属同一连接区段(如图 8-43 所示)。同一连接区段内纵向钢筋搭接接头面积百分率为该区段内有搭接接头的纵向受力钢筋截面面积与全部纵向受力钢筋截面面积的比值。

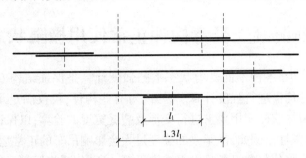

图 8-43　同一连接区段内的纵向受拉钢筋绑扎搭接接头

(3)位于同一连接区段内的受拉钢筋搭接接头面积百分率:对于梁、板、墙类构件不宜大于 25%;对于柱不宜大于 50%。当工程中确有必要增大受拉钢筋搭接接头面积百分率时,对于梁,不应大于 50%;对于板、墙及柱,可以根据实际情况放宽。

(4)纵向受拉钢筋绑扎搭接接头的搭接长度按式(8-43)计算

$$l_1 = \zeta l_a \qquad\qquad (8\text{-}43)$$

式中　l_1——纵向受拉钢筋的搭接长度;

　　　l_a——纵向受拉钢筋的锚固长度;

　　　ζ——纵向受拉钢筋的搭接长度修正系数,按表 8-7 计算。

表 8-7　纵向受拉钢筋的搭接长度修正系数 ζ

纵向钢筋搭接接头面积百分率(%)	≤25	50	100
ζ	1.2	1.4	1.6

在任何情况下,纵向受拉钢筋绑扎搭接接头的搭接长度均不应小于 300 mm。

(5)构件中的纵向受压钢筋,当采用搭接连接时,其受压搭接长度不应小于(4)规定的 70%,且任何情况下不应小于 200 mm。

(6)纵向受力钢筋搭接长度范围内应配置箍筋,其直径不应小于搭接钢筋较大直径的 25%。当钢筋受拉时,箍筋间距不应大于搭接钢筋直径较小直径的 5 倍,且不应大于 100 mm;当钢筋受压时,箍筋间距不应大于搭接钢筋直径较小直径的 10 倍,且不应大于 200 mm;当受压钢筋直径 $d>25$ mm 时,尚应在搭接接头两个端面外 100 mm 范围内各设置两个箍筋。

(7)纵向受力钢筋机械连接接头宜相互错开。钢筋机械连接接头连接区段的长度为 $35d$(d 为较大钢筋的直径),凡接头中点位于该连接区段长度内的机械连接接头均属同一连接区段。在受力较大处设置机械连接接头时,位于同一区段内的纵向受拉钢筋接头面积百分率不宜大于 50%。纵向受压钢筋可以不受接头面积百分率限制。

(8)机械连接接头连接件的混凝土保护层厚度宜满足纵向受力钢筋最小保护层厚度的要求。连接件之间的横向净距离不宜小于 25 mm。

(9)纵向受力钢筋焊接连接接头宜相互错开。钢筋焊接接头连接区段的长度为 $35d$(d 为较大钢筋的直径),且不小于 500 mm,凡接头中点位于该连接区段长度内的焊接接头均属同一连接区段。位于同一区段内的纵向受拉钢筋的焊接接头面积百分率不宜大于 50%。纵向受压钢筋可以不受接头面积百分率限制。

8.5 钢筋混凝土受弯构件正常使用极限状态验算概述

钢筋混凝土构件在各种不同受力状态下的强度计算是保证结构安全可靠的首要条件,因而对所有构件均需进行强度计算。另外,对有些构件,仅仅满足承载能力极限状态是不够的,还必须根据它的使用要求进行变形及裂缝宽度的验算,以保证结构构件的正常使用极限状态和耐久性。例如,吊车梁的挠度过大会影响吊车的正常运行;精密仪器厂房楼盖梁、板变形过大将使仪器设备难以保持水平等。所以,要将钢筋混凝土构件的变形限制在一定的数值内。《规范》对受弯构件的允许挠度做了具体的规定,如表 8-8 所示。此外,如果钢筋混凝土构件裂缝宽度过大,一方面影响结构的外观,在心理上给人一种不安全感;另一方面就会使构件内的钢筋严重锈蚀,截面面积被削弱,影响构件的耐久性。因此,需要进行构件裂缝宽度的验算。《规范》对不同工作条件下钢筋混凝土结构构件的最大裂缝宽度允许值做出了明确的规定,如表 8-9 所示。

表 8-8 受弯构件的挠度限值 $f_{\lim}$

构件类型		挠度限值
吊车梁	手动吊车	$l_0/500$
	电动吊车	$l_0/600$
屋盖、楼盖及楼梯构件	当 $l_0 < 7$ m 时	$l_0/200(l_0/250)$
	当 7 m $\leq l_0 \leq$ 9 m 时	$l_0/250(l_0/300)$
	当 $l_0 > 9$ m 时	$l_0/300(l_0/400)$

注:1. l_0 为构件的计算跨度;

2. 括号内数值适用于使用上对挠度有较高要求的构件;

3. 计算悬臂梁构件的挠度限值时,其计算跨度 l_0 按实际悬臂长度的 2 倍取用。

表 8-9 钢筋混凝土结构构件的裂缝控制等级及最大裂缝宽度限值 $w_{\lim}$

环境类别	裂缝控制等级	最大裂缝宽度限值(mm)
一类	三级	0.3(0.4)
二类	三级	0.2
三类	三级	0.2

注:1. 表中的规定适用于采用热轧钢筋的混凝土构件;

2. 对处于年平均相对湿度小于 60% 地区一类环境下的受弯构件,其最大裂缝宽度可采用括号内的数值;

3. 表中的最大裂缝宽度限值用于验算荷载作用引起的最大裂缝宽度。

在进行钢筋混凝土结构构件设计时,要求满足最大裂缝宽度和变形的要求。对允许出现裂缝的钢筋混凝土构件,其裂缝宽度应满足以下要求:

$$w_{\max} \leq w_{\lim} \tag{8-44}$$

式中 $w_{\max}$——按荷载效应的标准组合并考虑荷载长期作用影响进行计算的构件最大裂

缝宽度值;

w_{lim}——最大裂缝宽度限值,见表 8-9。

构件挠度应满足以下要求:

$$f \leqslant f_{lim} \tag{8-45}$$

式中　f——按荷载效应的标准组合并考虑荷载长期作用影响进行计算的受弯构件最大挠度值;

f_{lim}——受弯构件的允许挠度限值,见表 8-8。

小　结

1. 受纵向筋配筋率的影响,受弯构件正截面破坏形态有三种:少筋破坏、适筋破坏、超筋破坏,少筋破坏和超筋破坏由于其破坏的脆性,在设计中应通过限制条件 ρ_{min} 和 ρ_{max} 加以避免。

2. 适筋梁工作的三个阶段:截面开裂前的弹性工作阶段末期为抗裂计算的依据,带缝工作阶段末期为正常使用验算的依据,破坏阶段末期为正截面承载力计算的依据。

3. 受弯构件正截面设计计算分为截面设计和截面校核,根据截面特点又分为单筋矩形截面、双筋截面、T 形截面,根据文中所述计算步骤分别进行计算,在计算中要求配筋计算控制在 ρ_{min} 与 ρ_{max} 之间。

4. 受弯构件同时受到剪力作用,由于剪跨比和箍筋用量的不同,受剪破坏有三种形态:斜拉破坏、剪压破坏和斜压破坏,因为斜拉破坏比斜压破坏的脆性更大,在设计中应通过限制最小截面尺寸和最小配箍率 $\rho_{sv, min}$ 来防止。

5. 根据荷载作用方式和腹筋的配置,将受剪计算分为均布荷载下和集中荷载下以及仅配箍筋和既配箍筋又有弯起筋的情况,根据文中所述步骤分别计算。

6. 斜截面的承载力包括受剪承载力和受弯承载力,后者是根据构造要求满足的,主要要求弯起钢筋与梁中心线的交点应位于不需要该钢筋的截面之外;同时,弯起点与按计算充分利用该钢筋的截面之间的距离不少于 $0.5h_0$。

7. 支座上部负弯矩筋的截断点应当是在伸过其不利用点一定长度后,具体应根据抵抗弯矩图确定。

8. 完全保证受弯构件的安全需要设计计算与构造要求同时满足,包括各种筋的构造要求。

9. 受弯构件在满足强度的同时还需要满足挠度和裂缝限制的要求。

习　题

一、单项选择题

1. 构件在(　　)内力作用下会发生正截面破坏。

　A.弯矩　　　　　B.剪力　　　　　C.弯矩和剪力　　　　D.轴向力

2. 构件在(　　)内力作用下会发生斜截面破坏。

A.弯矩   B.剪力   C.弯矩和剪力   D.轴向力

3.单层配置时截面有效高度近似取 $h_0 = h-($ $)$ mm。

  A.35   B.50   C.60   D.70

4.双层配置时截面有效高度近似取 $h_0 = h-($ $)$ mm。

  A.35   B.50   C.60   D.70

5.适筋梁正截面破坏第Ⅲ阶段末可以作为受弯构件(   )的计算依据。

  A.抗裂验算   B.变形验算   C.承载能力极限状态   D.裂缝宽度验算

6.在梁的设计中应该采用(   )破坏形式的梁。

  A.适筋梁破坏   B.超筋梁破坏   C.少筋梁破坏

7.在受弯构件计算的适用条件中用(   )来防止超筋梁的发生。

  A.$\xi \leqslant \xi_b$ B.$A_s \geqslant \rho_{min} bh$ C.$\xi > \xi_b$ D.$A_s < \rho_{min} bh$

8.在受弯构件计算的适用条件中用(   )来防止少筋梁的发生。

  A.$\xi \leqslant \xi_b$ B.$A_s \geqslant \rho_{min} bh$ C.$\xi > \xi_b$ D.$A_s < \rho_{min} bh$

9.满足下面(   )条件时为第一类T形截面。

  A.$x > h_f'$ B.$x \leqslant h_f'$ C.$x > h$ D.$x \leqslant h$

10.斜截面受剪承载力计算公式是建立在(   )形态的基础上的。

  A.剪拉破坏   B.斜压破坏   C.斜拉破坏   D.剪压破坏

二、思考题

1.适筋梁从开始加载到正截面承载力破坏经历了哪几个阶段？各阶段的主要特征是什么？每个阶段是哪种极限状态设计的基础？

2.适筋梁、超筋梁和少筋梁的破坏特征有何不同？

3.什么是界限破坏？界限破坏时的界限相对受压区高度 ξ_b 与什么有关？ξ_b 与最大配筋率 ρ_{max} 有何关系？

4.适筋梁正截面承载力计算中,如何假定钢筋和混凝土材料的应力？

5.单筋矩形截面承载力公式是如何建立的？为什么要规定其适用条件？

6.在双筋截面中受压钢筋起什么作用？在什么条件下可采用双筋截面梁？

7.T形截面翼缘计算宽度为什么是有限的？取值与什么有关？

8.根据中性轴位置不同,T形截面的承载力计算有哪几种情况？截面设计和承载力复核时应如何鉴别？第Ⅰ类T形截面如何计算其最小配筋面积？

9.钢筋混凝土梁在荷载作用下为什么会产生斜裂缝？有腹筋梁斜截面剪切破坏形态有哪几种？各在什么情况下产生？

10.为什么要控制箍筋最小配筋率？为什么要控制梁截面尺寸不能过小？

11.为什么要控制箍筋及弯起钢筋的最大间距(即 $s \leqslant s_{max}$)？

12.什么是抵抗弯矩图？它与设计弯矩图有什么关系？抵抗弯矩图中钢筋的"理论切断点"和"充分利用点"意义是什么？

三、计算题

1.已知钢筋混凝土矩形梁,处于一类环境,其截面尺寸 $b \times h = 250$ mm $\times 550$ mm,承受弯矩设计值 $M = 166$ kN·m,采用C30混凝土和HRB335级钢筋。试计算受拉钢筋截面面积,并绘制配筋图。

2. 一钢筋混凝土矩形梁截面尺寸 $b \times h = 200 \text{ mm} \times 500 \text{ mm}$,混凝土强度等级 C20,已配有 HRB335 级钢筋(3 Φ 18), $A_s = 763 \text{ mm}^2$,梁截面上承受弯矩设计值 $M = 120 \text{ kN} \cdot \text{m}$。试计算梁是否安全?

3. 某 T 形截面梁翼缘计算宽度 $b_f' \times h_f' = 600 \text{ mm} \times 100 \text{ mm}$, $b \times h = 200 \text{ mm} \times 550 \text{ mm}$,混凝土强度等级 C20,钢筋 HRB335 级,承受弯矩设计值 $M = 300 \text{ kN} \cdot \text{m}$。试配置受拉钢筋。

4. 某 T 形截面当翼缘计算宽度 $b_f' \times h_f' = 1\,100 \text{ mm} \times 80 \text{ mm}$, $b \times h = 200 \text{ mm} \times 600 \text{ mm}$,混凝土强度等级 C20,配有 4 Φ 20 受拉钢筋,承受弯矩设计值 $M = 154 \text{ kN} \cdot \text{m}$。试复核梁截面是否安全?

5. 某矩形截面简支梁,安全等级为二级,处于一类环境,承受均布荷载设计值 $q = 65 \text{ kN/m}$(包括自重)。梁净跨度 $l_n = 5.36 \text{ m}$,计算跨度 $l_0 = 5.6 \text{ m}$,截面尺寸 $b \times h = 200 \text{ mm} \times 550 \text{ mm}$。混凝土为 C25 级,纵向钢筋采用 HRB335 级钢筋,箍筋采用 HPB300 级钢筋。根据正截面受弯承载力计算已配有 3 Φ 20 + 3 Φ 22 的纵向受拉钢筋,按两排布置。分别按下列两种情况配置腹筋:(1)仅配箍筋;(2)配置箍筋和弯起钢筋。

6. 承受均布荷载设计值 q 作用下的矩形截面简支梁,安全等级为二级,处于一类环境,截面尺寸 $b \times h = 200 \text{ mm} \times 450 \text{ mm}$,梁净跨度 $l_n = 4.56 \text{ m}$,混凝土为 C20 级,箍筋采用 HPB300 级钢筋。梁中已配有双肢 Φ 8@200 箍筋,试求该梁按斜截面承载力要求所能承担的荷载设计值 q。

第9章　钢筋混凝土受压构件设计

教学目标

1. 掌握《规范》对钢筋混凝土受压构件的基本构造要求。
2. 掌握轴心受压构件正截面承载力的计算方法。

教学要求

能力目标	知识要点	权重
了解受压构件的类型	轴心受压、偏心受压	10%
掌握受压构件构造要求	轴心受压和偏心受压构件的构造要求	40%
掌握轴心受压柱的配筋计算和钢筋构造	轴心受压柱纵筋计算、箍筋配置	50%

章节导读

受压构件是建筑物中不可或缺的主要构件,有用于砌体结构的构造柱,如图 9-1 所示;有用于框架结构的框架柱,如图 9-2 所示;有用于排架结构的排架柱,如图 9-3 所示;还有用于桥梁结构的独柱,如图 9-4 所示。

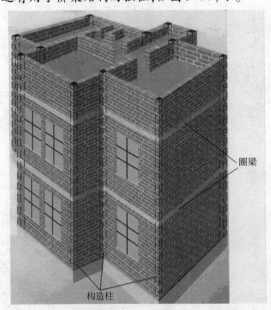

圈梁

构造柱

图9-1　构造柱

图9-2　框架柱

图9-3 排架柱

图9-4 独柱

 引例

2008年5月12日14时28分,在四川汶川县发生8.0级地震,此次地震四川全省21个市、州中的17个不同程度受灾,造成69 227人遇难,374 643人受伤,失踪17 923人,415万余间房屋损坏、21.6万间房屋倒塌,直接经济损失8 452亿元人民币。如图9-5和图9-6所示是地震过程中遭地震破坏的房屋中柱的损坏情况。

一般来说,房屋中竖向受力构件破坏是导致房屋倒塌的主要原因,因此竖向受力构件(主要是柱)的设计和施工尤为重要。

图9-5 地震后柱的破坏

图9-6 柱破坏结点图

9.1 钢筋混凝土受压构件的构造要求

9.1.1 受压构件的分类

构件受到的压力如果平行于构件的轴线或与轴线重合,则该构件称为受压构件。工程中的受压构件很多,如柱、墙、基础和桁架上弦杆等都是受压构件,对于钢筋混凝土结构而言,受压构件以柱和墙见得最多,本章主要讨论钢筋混凝土柱的构造特点和承载力计算方法。

根据压力作用的位置不同,受压构件可分为两大类:

(1)轴心受压:压力和构件截面重心重合,如图9-7(a)所示。

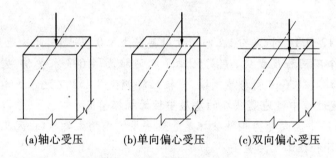

(a)轴心受压   (b)单向偏心受压   (c)双向偏心受压

图9-7   轴心受压和偏心受压构件

当压力作用线通过截面重心(形心)或偏离构件截面形心不大时(可以忽略),都可看作是轴心受压。

(2)偏心受压:压力偏离构件截面形心,存在着不可忽略的偏心距。

若压力偏离其中一条形心轴,但作用在另外一条形心轴上,则成为单向偏心,如图9-7(b)所示。

若压力不在任何一条形心轴上,则成为双向偏心,如图9-7(c)所示。

实际上若根据力的平移定理,将偏心力从实际作用位置平移到构件的轴线上,再加上一个力偶可以与原偏心力等效。因此,若作用在构件截面的力不是一个偏心集中力,而是一个轴心压力和一个与作用面与截面垂直的力偶,也可看作是偏心受压。若框架结构中的框架边柱与框架梁刚接,则框架梁对框架柱的作用力既有压力又有力偶,因此框架边柱也是一个典型的偏心受压构件。

🔑 **特别提示**

偏心受压其实是轴心受压和受弯的复合受力情况,构件截面上的内力除轴力外还有弯矩,在进行承载能力极限状态计算时要考虑以上两种内力设计值的影响。

9.1.2 受压构件的构造要求

9.1.2.1 截面形式与尺寸

1.截面形式

轴心受压构件和偏心受压构件由于受力性能不同,因此在截面形式上有所不同。

(1)轴心受压。轴心受压构件一般采用方形、矩形或圆形截面。

(2)偏心受压。偏心受压构件常采用矩形截面,截面长边布置在弯矩作用方向,为了减轻自重,预制装配式受压构件有时把截面做成工字形或其他形式,如图9-8所示。

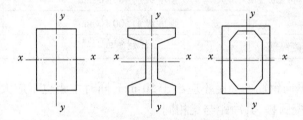

图 9-8 受压构件的截面形式

🔑 **特别提示**

工程上为了施工方便,很多时候把轴心受压柱的截面形式也做成矩形。

2.截面尺寸

(1)为提高稳定性防止失稳,受压构件的长细比不能太大,一般应控制 $l_0/b \leq 30$ 和 $l_0/h \leq 25$(l_0 为构件计算长度, b 为截面短边尺寸, h 为截面长边尺寸)。

(2)对于偏心受压构件,为提高受力性能和方便钢筋布置,截面的长短边比值宜为 $1.5 \leq h/b \leq 3.0$ 。

(3)现浇立柱的截面边长不宜小于 300 mm,否则因施工缺陷所引起的影响就较为严重。在水平位置浇筑的装配式柱不受此限制。

(4)为施工方便,截面尺寸应符合模数要求。边长在 800 mm 以下时以 50 mm 为模数,在 800 mm 以上时以 100 mm 为模数。

9.1.2.2 混凝土材料

混凝土强度等级对受压构件的承载力影响较大,为了减少截面尺寸并节省钢材,宜采用强度等级较高的混凝土,一般情况下受压构件采用 C25 及以上等级的混凝土,若承受重复荷载,则不应低于 C30。

9.1.2.3 纵向钢筋

钢筋混凝土柱内配置的纵向钢筋常用 HRB400 级、RRB400 级和 HRB500 级,也允许但不推荐使用 HRB335 级,不应采用更高等级的钢筋,这是因为破坏时钢筋的变形受到混凝土变形的限制,难以发挥高强度的性能。为使受力合理和施工方便,纵向钢筋还应符合下列要求:

(1)纵向钢筋的根数不得少于 4 根,每边不得少于 2 根;直径不应小于 12 mm,工程中常用钢筋直径为 6~50 mm,宜粗不宜细,因为粗直径钢筋能形成劲性较好的骨架,防止横向压曲。

（2）在轴向受压时沿截面周边均匀布置，在偏心受压时沿截面短边均匀布置。

（3）纵向受力钢筋最小配筋率，见表9-1。

表9-1　纵向受力钢筋的最小配筋率

受力类型		最小配筋率(%)
受压构件	全部纵筋	强度级别300 N/mm^2、335 N/mm^2	0.60
		强度级别400 N/mm^2	0.55
		强度级别500 N/mm^2	0.50
	一侧纵筋	任何级别	0.20

（4）现浇立柱纵向钢筋的净距不应小于50 mm，同时中距也不应大于350 mm。在水平位置上浇筑的装配式柱，其净距与梁相同。

🔑 **特别提示**

此处主要考虑的是现浇立柱竖向浇筑，底部混凝土难以密实，故纵筋净距应比横向浇筑时大。

（5）当偏心受压柱的长边大于或等于600 mm时，应在长边中间设置直径为10～16 mm、间距不大于500 mm的纵向构造钢筋，同时相应地设置拉筋或复合箍筋。

（6）纵向受力构件在接长时，同一搭接区段内接头数不宜超过4个，否则应错开接头。

9.1.2.4　箍筋

受压构件中的箍筋除能固定纵向受力钢筋的位置外，还能防止纵向受力钢筋在混凝土被压碎之前压曲，保证纵向受力钢筋与混凝土共同受力。

钢筋混凝土柱中的箍筋一般采用HPB300级钢筋，在构造上应满足下列要求：

（1）箍筋的形式。受压构件中箍筋应为封闭式，并与纵筋形成整体骨架。

（2）箍筋的直径。对于热轧钢筋，箍筋的直径不应小于$d/4$，且不应小于6 mm。

（3）箍筋的间距。箍筋的间距不应大于构件截面的短边尺寸b，且不宜大于400 mm；同时在绑扎骨架中不宜大于$15d$，在焊接骨架中不宜大于$20d$，其中d为纵向钢筋的最小直径。

（4）当全部纵向受力钢筋的配筋率超过3%时，箍筋直径d不宜小于8 mm，且应焊成封闭环式，末端应作135°弯钩；箍筋间距s不应大于200 mm，且不应大于$10d$，其中d为纵向钢筋的最小直径。

（5）复合箍筋的设置。当截面各边纵向钢筋过多、截面尺寸较大时，应在基本箍筋基础上，设置复合箍筋。常见箍筋及复合箍筋如图9-9所示。

（6）对截面形状复杂的柱，禁止采用有内折角的箍筋，若构件截面有内折角，箍筋可按如图9-10所示的方式布置。

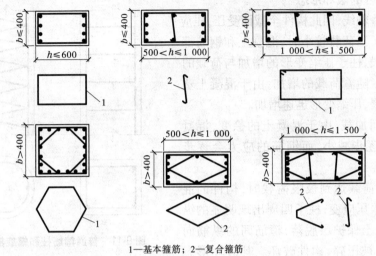

1—基本箍筋;2—复合箍筋

图 9-9 常见箍筋及复合箍筋的形式

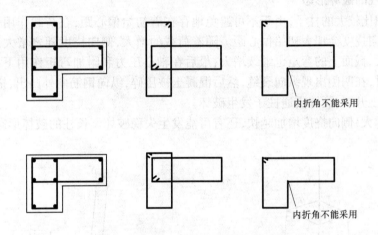

内折角不能采用

内折角不能采用

图 9-10 T 形和 L 形截面箍筋的形式

9.2 钢筋混凝土轴心受压构件承载力计算

轴心受压构件按箍筋的形式不同有两种类型:普通箍筋柱和螺旋箍筋柱(间接箍筋柱),如图 9-11 所示。由于工程上螺旋箍筋柱较少,主要应用的是普通箍筋柱,故本节主要讨论普通箍筋柱的设计计算问题。

9.2.1 普通箍筋柱轴心受压破坏形态

根据长细比的大小,轴心受压柱可分为短柱和长柱两类。一般把 $l_0/b \leqslant 8$(矩形)、$l_0/d \leqslant 7$(圆形)或 $l_0/i \leqslant 28$(工字形、T 形或 L 形截面等)称为短柱,反之称为长柱。

9.2.1.1　短柱的破坏形态

荷载沿着轴线,因此构件全截面受压,压应变均匀分布。当荷载较小时,混凝土和钢筋都处于弹性阶段,柱子压缩变形的增加与荷载的增加成正比。随着荷载的增加,由于混凝土塑性变形的发展,压缩变形迅速增加。

若长时间加载,由于混凝土的徐变,混凝土的应力会逐步减小,而钢筋的应力会逐步增大。

最后,当荷载达到极限荷载时,构件的混凝土达到极限压应变,柱子四周出现明显的纵向裂缝,混凝土保护层脱落,箍筋间的纵筋向外凸,混凝土被压碎,构件破坏。其破坏形态如图 9-12 所示。

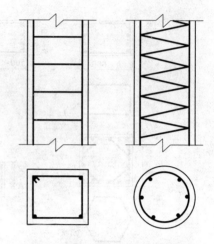

图 9-11　普通箍筋柱和螺旋箍筋柱

9.2.1.2　长柱的破坏形态

对于长细比较大的柱子,由于不可避免地存在着初始偏心距,在荷载作用下,将产生侧向挠度,侧向挠度会加大初始偏心距。随着荷载的增大,侧向挠度随之增大,偏心距也跟着继续增大,截面上的弯矩也继续增大,最后在轴心压力和附加弯矩作用下,长柱发生破坏。破坏时,在凹侧出现纵向裂缝,然后混凝土被压碎,纵向钢筋向外凸出,挠度急速增大,凸边混凝土开裂,裂缝贯通柱子发生破坏。

长细比越大,侧向挠度增加越快,还有可能发生失稳破坏。长柱的破坏形态如图 9-13 所示。

图 9-12　短柱的破坏形态

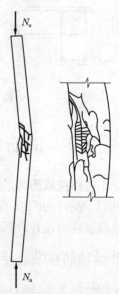

图 9-13　长柱的破坏形态

很明显,由于侧向挠度会在截面上产生弯矩,因此相同情况下长柱的承载会明显低于短柱,长细比越大,承载力降低得越多。《规范》规定,用稳定系数 φ 来表示长柱的承载力降低程度,即 $\varphi = \dfrac{N_{长柱}}{N_{短柱}}$。稳定系数主要和构件的长细比有关,其对应关系见表9-2。

表9-2 稳定系数

l_0/b	l_0/d	l_0/i	φ	l_0/b	l_0/d	l_0/i	φ
≤8	≤7	≤28	1.0	30	26	104	0.52
10	8.5	35	0.98	32	28	111	0.48
12	10.5	42	0.95	34	29.5	118	0.44
14	12	48	0.92	36	31	125	0.40
16	14	55	0.87	38	33	132	0.36
18	15.5	62	0.81	40	34.5	139	0.32
20	17	69	0.75	42	36.5	146	0.29
22	19	76	0.70	44	38	153	0.26
24	21	83	0.65	46	40	160	0.23
26	22.5	90	0.60	48	41.5	167	0.21
28	24	97	0.56	50	43	174	0.19

注:表中 l_0 为构件计算高度,b 为矩形截面短边尺寸,d 为圆截面直径,i 为截面最小回转半径($i = \sqrt{\dfrac{I_{\min}}{A}}$)。若长细比不是表中数值,可用内插法计算 φ。

9.2.2 普通箍筋柱轴心受压承载力计算公式

9.2.2.1 基本公式

根据以上长短柱的破坏形态分析,可以画出破坏时破坏截面上的应力分布图,如图9-14所示。根据平衡条件($\sum Y = 0$)和结构功能函数($S \leqslant R$)得到钢筋混凝土长短柱承载力统一的计算公式为

$$N \leqslant N_u = 0.9\varphi(f_c A + f_y' A_s') \tag{9-1}$$

其中 N——轴心压力设计值;

       N_u——构件承载力;

       φ——稳定系数,见表9-2;

       f_c——混凝土轴心抗压强度设计值;

       A——构件截面面积,当配筋率大于3%时,应扣减纵向钢筋的截面面积,即取 $A - A_s'$;

       f_y'——纵向受力钢筋抗压强度设计值;

       A_s'——纵向受力钢筋总截面面积。

9.2.2.2 截面设计——确定纵向受力钢筋

基本步骤:

（1）确定构件的计算长度 l_0 和长细比，并根据长细比查表 9-2 得出稳定系数 φ。

（2）由式（9-1），计算纵向受力钢筋截面面积。

$$A'_{s} = \frac{\dfrac{N}{0.9\varphi} - f_{c}A}{f'_{y}} \qquad (9\text{-}2)$$

（3）选配钢筋。

（4）验算配筋率是否符合构造要求，若不符合则应重新设计。

🔑 **特别提示**

无论是轴心受压柱还是偏心受压柱，在配筋时尽量考虑左右对称和上下对称，因此纵筋的根数宜选择偶数根。

【例 9-1】　某轴心受压柱，截面尺寸 $b \times h = 400 \text{ mm} \times 400 \text{ mm}$，计算长度 $l_0 = 6.0 \text{ m}$，采用混凝土强度等级为 C30，HRB400 级纵向受力钢筋，承受轴向力设计值 $N = 2\,972 \text{ kN}$，试进行截面设计。

解：查附表 1-3 和附表 1-5 得：$f_c = 14.3 \text{ N/mm}^2$，$f'_y = 360 \text{ N/mm}^2$。

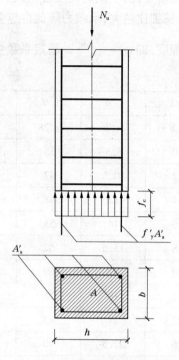

图 9-14　受压柱破坏截面上的应力分布图

（1）计算长细比和稳定系数。

由 $l_0/b = 6\,000/400 = 15$，查表 9-1，利用直线内插法，得 $\varphi = 0.895$。

（2）计算纵筋截面面积 A'_s。

$$A'_{s} = \frac{\dfrac{N}{0.9\varphi} - f_{c}A}{f'_{y}} = \frac{\dfrac{2\,972 \times 10^{3}}{0.9 \times 0.895} - 14.3 \times 400 \times 400}{360}$$

$$= 3\,893.4\,(\text{mm}^2)$$

（3）选配钢筋。

选配 8 ⏀ 25，$A'_s = 3\,927 \text{ mm}^2$。

（4）验算配筋率。

$$\rho' = \frac{A'_{s}}{A} = \frac{3\,927}{400 \times 400} = 2.45\% > 0.6\%，且不超过 3\%。$$

截面每一侧配筋率为

$$\rho' = \frac{0.25A'_{s}}{A} = \frac{0.25 \times 3\,927}{400 \times 400} = 0.6\% > 0.2\%，符合要求。$$

截面配筋图如图 9-15 所示。

9.2.2.3　承载力复核

已知截面尺寸和配筋，判断构件是否能够承受给定的轴心压力设计值。

【例 9-2】　已知某钢筋混凝土轴心受压柱，截面尺寸 $b \times h = 350 \text{ mm} \times 350 \text{ mm}$，计算

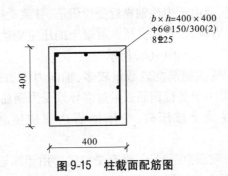

$b \times h = 400 \times 400$
$\phi 6@150/300(2)$
$8 \Phi 25$

图 9-15　柱截面配筋图

长度 $l_0 = 4.2$ m,采用混凝土强度等级为 C30,HRB400 级纵向受力钢筋,承受轴向力设计值 $N = 1\,890$ kN,已配 4 Φ 22($A'_s = 1\,521$ mm^2),试复核截面是否安全。

解: 由已知条件知:$f_c = 14.3$ N/mm^2,$f'_y = 360$ N/mm^2。

(1)计算长细比和稳定系数。

由 $l_0/b = 4\,200/350 = 12$,查表 9-2,得 $\varphi = 0.95$。

(2)计算构件的抗压承载力 N_u。

$$N_u = 0.9\varphi(f_c A + f'_y A'_s)$$
$$= 0.9 \times 0.95 \times (14.3 \times 350 \times 350 + 360 \times 1\,520)$$
$$= 1\,965\,602(\text{N})$$
$$= 1\,965.602 \text{ kN} > N = 1\,600 \text{ kN}$$

因此,承载力符合要求。

9.3　钢筋混凝土偏心受压构件

9.3.1　概述

由于偏心受压构件可以看作是轴心受压和弯曲的复合受力构件,因此初始偏心距($e_0 = M/N$)的大小不同(即截面上的弯矩和轴力相对大小不同),可能引起不同的破坏形态。试验表明,偏心受压短柱的破坏形态有大偏心受压破坏和小偏心受压破坏两类。

9.3.1.1　大偏心受压破坏(受拉破坏)

当偏心距较大(或 M 较大而 N 较小),且纵向受力钢筋配置适量时,构件在 M 和 N 共同作用下,截面部分受拉部分受压,破坏时由于混凝土的抗拉强度很低,因此首先在受拉区出现垂直轴线的横向裂缝(拉裂缝),随着轴向力的不断增加,受拉钢筋首先达到屈服,钢筋屈服后的塑性变形迅速增大,将使裂缝明显加宽并进一步向受压一侧延伸,从而导致受压区面积急剧减小,受压区混凝土的压应力急剧增大,最后混凝土被压碎,构件破坏。这种破坏形态在破坏前有明显的预兆,类似于钢筋混凝土适筋梁的破坏形态,破坏前构件有明显的变形,因此属于延性破坏,如图 9-16(a)所示。

9.3.1.2　小偏心受压破坏(受压破坏)

(1)当偏心距较小(或 M 较小而 N 较大)时,截面大部分受压而少部分受拉,受拉区可能首先出现横向拉裂缝,但由于中性轴靠近受拉钢筋,导致受拉钢筋应变较小不足以达到屈服。同时受压区压应力较大,直到受压区混凝土的压应变达到极限压应变被压碎,受压钢筋达到屈服,构件破坏,如图9-16(b)所示。

(2)当偏心距较大,但受拉钢筋配置数量较多,轴向力增加到一定程度时,虽然首先受拉区出现横向拉裂缝,但由于受拉钢筋数量过多导致受力钢筋中的拉应力较小,达不到屈服强度,直到受压区混凝土被压碎,受压钢筋达到抗压屈服强度,构件破坏,如图9-16(c)所示。

(3)当偏心距很小时,截面全部受压,没有受拉区。由于靠近轴向力一侧的压应力较大,构件破坏时该侧的混凝土先被压碎,受压钢筋应力达到屈服强度,压应力较小一侧的钢筋压应力通常达不到屈服强度,如图9-16(d)所示。

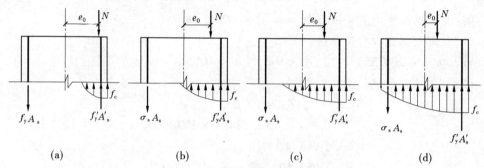

图9-16　大小偏心受压破坏截面应力图

🔑 **特别提示**

对于第(3)种情况,可认为截面的中性轴在截面之外。

上述三种小偏心受压情况,破坏时的应力状态虽有所不同,但破坏特征却相似,即构件的破坏是由受压区混凝土的压碎引起的,破坏时,压应力较大一侧的受压钢筋的压应力达到屈服强度,而另一侧的钢筋不论受拉还是受压,其应力一般都达不到屈服强度。这种破坏没有明显的预兆,类似于钢筋混凝土超筋梁,属脆性破坏。

综上可知,大偏心受压与小偏心受压破坏形态的相同之处是截面的最终破坏都是受压区边缘混凝土达到其极限压应变而被压碎。不同之处在于截面受拉部分和受压部分谁先发生破坏,前者是受拉钢筋先屈服,所以又称为"受拉破坏",而后受压区混凝土被压碎;后者是受压区混凝土先被压碎,所以又称为"受压破坏"。

9.3.1.3　大小偏心破坏的界限

大偏心受压破坏形态与小偏心受压破坏形态之间存在着一种界限破坏状态,其主要特征是在受拉钢筋应力达到屈服强度的同时,受压区混凝土达到极限压应变被压碎,称为"界限破坏"。

按平截面假定,可以推出受拉钢筋达到屈服与受压区混凝土达到极限压应变同时发生时的界限相对受压区高度 ξ_b 的计算公式(同适筋梁相同),即

$$\xi_b = \frac{0.8}{1 + \dfrac{f_y}{0.003\,3E_s}} \tag{9-3}$$

当 $\xi < \xi_b$ 或 $x < x_b$ 时,属于大偏心受压破坏;

当 $\xi > \xi_b$ 或 $x > x_b$ 时,属于小偏心受压破坏;

当 $\xi = \xi_b$ 或 $x = x_b$ 时,属于界限破坏。

9.3.2 偏心受压构件的承载力计算

9.3.2.1 偏心受压构件的轴力—弯矩的相关性

偏心受压构件的截面承载力不仅取决于截面尺寸和材料强度等级,而且还取决于内力 M 和 N 的相对大小。对于给定的偏心受压构件,达到承载能力极限状态时,截面承受的压力 N_u 和弯矩 M_u 是相互关联的,构件可以在不同的 N 和 M 组合下达到极限状态。在进行构件截面配筋时,往往要考虑多种内力组合,研究 N 和 M 的对应关系可以判断出哪些内力组合对截面起控制作用,从而选择最危险的内力组合进行配筋设计。

$M \sim N$ 相关曲线反映了钢筋混凝土受压构件在压力和弯矩共同作用下正截面承载力的规律,具有以下特点:

(1)当弯矩为零时,轴向承载力 N_u 达到最大值,即为轴心受压承载力 N_u,对应图 9-17 中的 A 点;当轴力为零时,构件为纯弯曲时的承载力 M_u,对应图 9-17 中的 C 点。

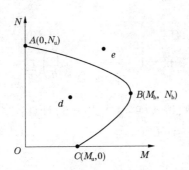

图 9-17 偏心受压构件 $M \sim N$ 相关曲线

(2)曲线上任意一点的坐标(M,N)代表此截面在该内力组合下恰好达到承载能力极限状态。如果作用于截面上的内力坐标位于图 9-17 中曲线的内侧(如 d 点),说明该点对应的内力作用下未达到承载力极限状态,是安全的。若位于曲线外侧(如 e 点),则表明截面在该点对应的内力作用下承载力不足。

(3)曲线 BC 段对应大偏心受压,N 随 M 的增大而增大,亦即 M 值相同,则 N 愈大愈安全,愈小愈危险。

(4)曲线 AB 段对应小偏心受压,N 随 M 的增大而减小,亦即 M 值相同,则 N 愈大愈危险,N 愈小愈安全。

在实际工程中,偏心受压构件的同一截面可能会遇到许多种内力组合,有的组合使截面大偏心受压,有的组合会使截面小偏心受压,理论上常考虑以下组合作为最不利组合:① $\pm M_{max}$ 和相应 N;② N_{max} 和相应 M;③ N_{min} 和相应 M。

9.3.2.2 偏心距增大系数

当偏心受压柱长细比较小($l_0/b \leqslant 7$ 或 $l_0/d \leqslant 7$ 或 $l_0/i \leqslant 17.5$)时为短柱,受压时横

向挠度较小可以忽略不计,即截面上只有初始弯矩而没有附加弯矩。但长柱受压时横向挠度较大不能忽略不计,此时截面上既有初始弯矩,也有因侧向挠度引起的附加弯矩,计算时要考虑这一因素。

破坏截面上的实际偏心距包括两项(见图 9-18):

(1)初始偏心距 $e_0 = M/N$。

(2)构件产生侧向挠度引起的偏心距 f。

则截面上的最大偏心距为 $e_0 + f$,即 $e_0 + f = \eta e_0$。因此,要计算实际偏心距,需要计算偏心距增大系数 η。

《规范》给出的偏心距增大系数的计算公式如下:

对于排架柱

$$\eta = 1 + \frac{1}{1\,500\,\dfrac{e_0}{h_0}}\left(\frac{l_0}{h}\right)^2 \zeta_c \qquad (9\text{-}4)$$

对排架柱以外的偏心受压柱

$$\eta = 1 + \frac{1}{1\,300\,\dfrac{e_0}{h_0}}\left(\frac{l_0}{h}\right)^2 \zeta_c \qquad (9\text{-}5)$$

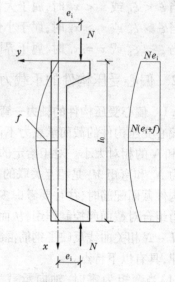

图 9-18　附加偏心距

式中　η——偏心距增大系数,按式(9-4)或式(9-5)计算;

　　　e_0——初始偏心距,$e_0 = M/N$;

　　　h_0——截面有效高度;

　　　$\dfrac{l_0}{h}$——构件长细比;

　　　ζ_c——考虑偏心时的截面曲率修正系数,$\zeta_c = \dfrac{0.5 f_c A}{N}$,当 $\zeta_c > 1$ 时取 $\zeta_c = 1$。

需要指出,上面计算的偏心距增大系数是针对于长柱的,而对于偏心受压短柱,不考虑侧向挠度的影响,因此 $\eta = 1.0$,无须计算。

9.4　偏心受压构件非对称配筋正截面承载力计算

偏心受压构件正截面承载力计算时采取和钢筋混凝土受弯构件相同的假定,同样用等效矩形应力图来代替实际的曲线应力图,相应的受压区计算高度 $x = \beta_1 x_c$,相应的混凝土等效抗压强度为 $\alpha_1 f_c$。

9.4.1　大偏心受压($\xi \leqslant \xi_b$ 或 $x \leqslant x_b$)

根据前述大偏心受压构件的破坏形态(破坏时受拉侧纵筋屈服应力达到 f_y、受压侧纵筋屈服应力达到f_y'和混凝土被压碎),可以得到等效之后的破坏截面应力分布,如图9-19所示。

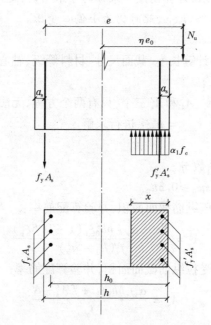

图9-19　大偏心受压构件破坏截面上的应力分布

9.4.1.1　基本计算公式

基本计算公式如下

$$N \leqslant N_u = \alpha_1 f_c bx + f_y' A_s' - f_y A_s \tag{9-6}$$

$$M \leqslant N_u e = \alpha_1 f_c bx(h_0 - 0.5x) + f_y' A_s'(h_0 - a_s') \tag{9-7}$$

式中　N——实际作用的轴心压力设计值;

N_u——构件截面抗压承载力设计值;

x——受压区计算高度;

A_s、A_s'——受拉区、受压区纵筋的截面面积;

e——偏心压力至受压钢筋合力作用点的距离,$e = \eta e_0 + \dfrac{h}{2} - a_s$;

η——偏心距增大系数,见式(9-4)或式(9-5)。

9.4.1.2　适用条件

(1)为保证为大偏心受压(受拉纵筋屈服),$x \geqslant x_b$ 或 $x \leqslant h_0 \xi_b$。

(2)与双筋截面梁相似,为保证受压纵筋屈服,$x \geqslant 2a_s'$,若不满足可取 $x = 2a_s'$。

9.4.1.3　截面设计

进行截面设计首先需要判断受压构件是否为大偏心受压,但判断条件是$x \leqslant h_0 \xi_b$,由于x在计算之前是未知量,因此这个判别条件不适用。因此,可采用下述方法进行判别:

(1)当 $\eta e_0 \geqslant 0.3h_0$,为大偏心受压。

(2)当 $\eta e_0 < 0.3h_0$,为小偏心受压。

特别提示

上述判别条件只是在截面计算高度 x 未知时才采用的,是一种近似的判别方法,有时候会出现 $\eta e_0 \geq 0.3h_0$ 而 $x > h_0\xi_b$,此时仍为小偏心受压。

计算方法如下:

情况一:已知受压构件计算长度、截面尺寸、材料等级、轴心压力 N 和弯矩 M,要计算 A_s 和 A'_s。

此时待求的未知量有 x、A_s 和 A'_s 三个,只有两个方程,无法求解。此时从经济性考虑(尽量少用钢筋),可使 $x = x_{max} = h_0\xi_b$ 进行求解。

步骤如下:

(1)计算偏心距增大系数 η。

(2)判别大小偏心,即 $\eta e_0 \geq 0.3h_0$。

(3)按式(9-8)计算受压纵筋截面面积,并验算配筋率:

$$A'_s = \frac{Ne - \alpha_1 f_c bh_0^2 \xi_b(1 - 0.5\xi_b)}{f'_y(h_0 - a'_s)} \tag{9-8}$$

(4)再按式(9-9)计算受拉纵筋截面面积,并验算配筋率:

$$A_s = \frac{\alpha_1 f_c bh_0\xi_b + f'_y A'_s - N}{f_y} \tag{9-9}$$

(5)配筋。

情况二:已知受压构件计算长度、截面尺寸、材料等级、轴心压力 N 和弯矩 M、A'_s,要计算 A_s。

此时待求的未知量只有 x、A_s 两个,可以直接解方程求解。

步骤如下:

(1)计算偏心距增大系数 η。

(2)按式(9-10)计算受压区计算高度 x,并判别大小偏心:

$$x = h_0 - \sqrt{h_0^2 - \frac{2[Ne - f'_y A'_s(h_0 - a'_s)]}{\alpha_1 f_c b}} \leq h_0\xi_b \text{ 且保证 } x \geq 2a'_s \tag{9-10}$$

(3)再按式(9-6)计算受拉纵筋截面面积:

$$A_s = \frac{\alpha_1 f_c bx + f'_y A'_s - N}{f_y} \tag{9-11}$$

(4)验算配筋率并配筋。

【例9-3】 某框架受压柱截面尺寸 $b \times h = 300 \text{ mm} \times 400 \text{ mm}$,计算高度 $l_0 = 3.6 \text{ m}$ 弯矩设计值 $M = 165 \text{ kN·m}$,轴向压力设计值 $N = 310 \text{ kN}$,混凝土强度等级 C25,钢筋采用 HRB400 级,构件处于一类环境,$a_s = a'_s = 35 \text{ mm}$。求 A_s 和 A'_s。

解:按情况一考虑,查表 $\alpha_1 = 1.0$,$f_c = 11.9 \text{ N/mm}^2$,$f_y = f'_y = 360 \text{ N/mm}^2$,$\xi_b = 0.550$,$h_0 = 400 - 35 = 365(\text{mm})$。

(1)计算偏心距增大系数。

$$e_0 = \frac{M}{N} = \frac{165 \times 10^6}{310 \times 10^3} = 532.3(\text{mm})$$

$$\zeta_c = \frac{0.5 f_c A}{N} = \frac{0.5 \times 11.9 \times 300 \times 400}{310 \times 10^3} = 2.3 > 1,取\,\zeta_c = 1$$

$$\eta = 1 + \frac{1}{1\,300 \dfrac{e_0}{h_0}} \left(\frac{l_0}{h}\right)^2 \zeta_c = 1 + \frac{1}{1\,300 \times \dfrac{532.3}{365}} \times \left(\frac{3\,600}{400}\right)^2 \times 1 = 1.043$$

(2)判断大小偏心。

$$\eta e_0 = 1.043 \times 532.3 = 555(\text{mm}) > 0.3 h_0 = 109.5(\text{mm})$$

因此,判断为大偏心受压。

(3)取 $x = h_0 \xi_b = 365 \times 0.550 = 200.75(\text{mm})$,则

$$e = \eta e_0 + \frac{h}{2} - a_s = 555 + \frac{400}{2} - 35 = 720(\text{mm})$$

$$A_s' = \frac{Ne - \alpha_1 f_c b h_0^2 \xi_b (1 - 0.5 \xi_b)}{f_y'(h_0 - a_s')}$$

$$= \frac{310 \times 10^3 \times 720 - 1.0 \times 11.9 \times 300 \times 365^2 \times 0.550 \times (1 - 0.5 \times 0.550)}{360 \times (365 - 35)}$$

$$= 282.4(\text{mm}^2) > 0.002 \times 300 \times 365 = 219(\text{mm}^2)$$

(4)计算 A_s。

$$A_s = \frac{\alpha_1 f_c b h_0 \xi_b + f_y' A_s' - N}{f_y}$$

$$= \frac{1.0 \times 11.9 \times 300 \times 365 \times 0.550 + 360 \times 254.2 - 310 \times 10^3}{360}$$

$$= 1\,384(\text{mm}^2) < 0.02 \times 300 \times 365 = 2\,190(\text{mm}^2)$$

受拉钢筋选用 4 ⏀ 22($A_s = 1\,521$ mm^2),受压钢筋 A_s' 选用 2 ⏀ 16($A_s' = 402$ mm^2)。画出截面配筋图如图 9-20 所示。

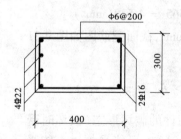

图 9-20　柱截面配筋图

【例 9-4】　某框架受压柱截面尺寸 $b \times h = 400$ mm $\times 600$ mm,计算高度 $l_0 = 3.6$ m,弯矩设计值 $M = 320$ kN·m,轴向压力设计值 $N = 640$ kN,混凝土强度等级 C25,钢筋采用 HRB400 级,$a_s = a_s' = 35$ mm,靠近纵向力一侧已配置 2 ⏀ 20 的纵筋($A_s' = 628$ mm^2)。求 A_s。

解:按情况二考虑,查表 $\alpha_1 = 1.0$,$f_c = 11.9$ N/mm^2,$f_{y'} = f_y = 360$ kN/mm^2,$\xi_b = 0.550$,$h_0 = 565$ mm。

(1)计算偏心距增大系数 η。

$$e_0 = \frac{M}{N} = \frac{320 \times 10^6}{640 \times 10^3} = 500(\text{mm}) > 0.3h_0 = 169.5(\text{mm})$$

故初判为大偏心受压。

$$\zeta_c = \frac{0.5f_c A}{N} = \frac{0.5 \times 11.9 \times 400 \times 600}{640 \times 10^3} = 2.23 > 1,取 \zeta_c = 1$$

$$\eta = 1 + \frac{1}{1\,300\,\frac{e_0}{h_0}}\left(\frac{l_0}{h}\right)^2 \zeta_c = 1 + \frac{1}{1\,300 \times \frac{500}{565}} \times \left(\frac{3\,600}{600}\right)^2 \times 1 = 1.031$$

(2)按式(9-10)计算受压区计算高度 x,并判别大小偏心。

$$e = \eta e_0 + \frac{h}{2} - a'_s = 1.031 \times 500 + \frac{600}{2} - 35 = 780.5(\text{mm})$$

$$x = h_0 - \sqrt{h_0^2 - \frac{2\left[Ne - f'_y A'_s(h_0 - a'_s)\right]}{\alpha_1 f_c b}}$$

$$= 565 - \sqrt{565^2 - \frac{2 \times \left[640 \times 10^3 \times 780.5 - 360 \times 628 \times (565 - 35)\right]}{1.0 \times 11.9 \times 400}}$$

$$= 189.9(\text{mm}) < h_0 \xi_b = 565 \times 0.550 = 310.75(\text{mm})$$

故的确为大偏心受压,且 $x \geqslant 2a'_s = 70(\text{mm})$。

(3)计算受拉纵筋截面面积。

$$A_s = \frac{\alpha_1 f_c b x + f'_y A'_s - N}{f_y}$$

$$= \frac{1.0 \times 11.9 \times 400 \times 158.4 + 360 \times 628 - 640 \times 10^3}{360}$$

$$= 944.6(\text{mm}^2)$$

(4)验算配筋率并配筋。

$$A_s \leqslant 0.02 \times 400 \times 565 = 4\,520(\text{mm}^2)$$

选配 2 Φ 25,$A_s = 982$ mm²,截面配筋图如图 9-21
所示。

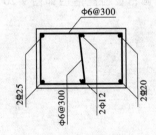

图 9-21　柱截面配筋图

9.4.2　小偏心受压($\xi > \xi_b$ 或 $x > x_b$)

根据前述小偏心受压构件的破坏形态(破坏时受
拉侧纵筋未屈服,其应力 σ_s 未知,可能受拉也可能受
拉、受压侧纵筋屈服应力达到 f'_y 和混凝土被压碎),可以得到等效之后的破坏截面应力分
布,如图 9-22 所示。

《规范》给出 σ_s 的计算公式如下

$$\sigma_s = \frac{\xi - \beta_1}{\xi_b - \beta_1} f_y \tag{9-12}$$

式中　σ_s——离纵向压力较远一侧纵向钢筋的应力,可能受拉可能受压,应保证 $-f'_y \leqslant$
　　　　$\sigma_s \leqslant f_y$;

　　　　ξ——受压区计算高度,$\xi = x/h_0$,应保证 $x \leqslant h$;

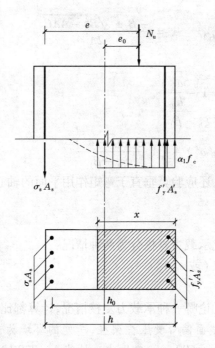

图 9-22　小偏心受压构件破坏截面上的应力分布

　　β_1——见第 8 章钢筋混凝土受弯构件设计计算中的相关说明,对普通钢筋混凝土
　　　　受压构件,$\beta_1 = 0.8$。

9.4.2.1　基本计算公式

　　基本计算公式如下

$$N \leqslant N_u = \alpha_1 f_c bx + f_y' A_s' - \sigma_s A_s \tag{9-13}$$

$$M \leqslant N_u e = \alpha_1 f_c bx(h_0 - 0.5x) + f_y' A_s'(h_0 - a_s') \tag{9-14}$$

式中　各符号同大偏心受压。

9.4.2.2　适用条件

　　(1)为保证为小偏心受压(受拉纵筋屈服),$x > x_b$ 或 $x > h_0\xi_b$。

　　(2)为保证受压纵筋屈服,$x \geqslant 2a_s'$,若不满足可取 $x = 2a_s'$。

　　(3)当偏心距较小,而纵向压力较大时,构件发生反向弯曲,即附加挠度方向与初始偏心距相反,此时可能出现离偏心力较远一侧的混凝土先发生破坏的情况。为避免这一情况发生,远侧纵筋 A_s 还应满足

$$A_s \geqslant \dfrac{N\left[\dfrac{h}{2} - (e_0 - e_a) - a_s'\right] - \alpha_1 f_c bh\left(h_0' - \dfrac{h}{2}\right)}{f_y'(h_0' - a_s)} \tag{9-15}$$

9.4.2.3　截面设计

　　待求的未知量有 x(或 ξ)、A_s 和 A_s' 三个,只有两个方程,无法求解。此时考虑到离纵向压力较远一侧的钢筋没有屈服,应该少用。所以,可令 $A_s = \rho_{min}bh = 0.002bh$ 进行求解。只有两个未知量,方程有唯一解答。联立式(9-12)~式(9-14),可得到解答为

$$x = \frac{-B \pm \sqrt{B^2 - 4AC}}{2A} \tag{9-16}$$

式中　$A = 0.5\alpha_1 f_c b$;

$$B = -\alpha_1 f_c b a'_s - f_y A_s \frac{1 - \dfrac{a'_s}{h_0}}{\xi_b - \beta_1} ;$$

$$C = -N\left(\eta e_i - \frac{h}{2} + a'_s\right) + f_y A_s \frac{\beta_1(h_0 - a'_s)}{\xi_b - \beta_1} 。$$

对于小偏心受压构件,还应验算垂直于弯矩作用平面的轴心受压承载力。

9.4.3　承载力复核

由于荷载有两个,因此承载力复核分为两种情况:

(1)给定 N ,求最大 M (或 e_0)。

(2)给定 e_0 ,求最大 N 。

由于截面已知,因此无论哪一种承载力复核情况,计算都比较简单。

【例 9-5】　某一矩形截面偏心受压框架柱,所处的环境为二 a 类,计算长度 $l_0 = 4.2$ m,截面尺寸 $b \times h = 400\ \text{mm} \times 600\ \text{mm}$,轴向力设计值 $N = 720\ \text{kN}$,混凝土强度等级 C25,纵向受力钢筋为 HRB400,配筋情况为: A_s 为 3 Φ 22 ($A_s = 1\ 140\ \text{mm}^2$), A'_s 为 3 Φ 25 ($A_s = 1\ 473\ \text{mm}^2$),试计算该截面能承受的最大弯矩设计值。

解: 查表 $\alpha_1 = 1.0$, $f_c = 11.9\ \text{N/mm}^2$, $f_y = f'_y = 360\ \text{N/mm}^2$, $\xi_b = 0.550$,取 $a_s = a'_s = 40$ mm,则 $h_0 = 560\ \text{mm}$。

假定为大偏心受压,则

$$x = \frac{N + f_y A_s - f'_y A'_s}{\alpha_1 f_c b} = \frac{720 \times 10^3 + 360 \times 1\ 140 - 360 \times 1\ 473}{1.0 \times 11.9 \times 400}$$

$$= 126.1(\text{mm}) < h_0 \xi_b = 560 \times 0.550 = 308(\text{mm})$$

故的确为大偏心受压。

$$M \leqslant \alpha_1 f_c b x(h_0 - 0.5x) + f'_y A'_s(h_0 - a'_s)$$

$$= 1 \times 11.9 \times 400 \times 123.3 \times (560 - 0.5 \times 123.3) + 360 \times 1\ 473 \times (560 - 40)$$

$$= 568.2 \times 10^6 (\text{N} \cdot \text{mm})$$

$$= 568.2\ \text{kN} \cdot \text{m}$$

◢9.5　偏心受压构件对称配筋正截面承载力计算

对称配筋是指截面两侧的配筋相同,即 $A_s = A'_s$, $f_y = f'_y$。

在实际工程中,偏心受压构件在各种不同荷载(风荷载、地震作用、竖向荷载)作用下,在同一截面内可能分别承受正负号的弯矩,即截面在一种荷载组合下为受拉的部位,在另一种荷载组合下可能变为受压。当正负弯矩值数值相差不大,宜采用对称配筋。对于装配式柱,为了保证吊装时不会出错,一般也采用对称配筋。

对称配筋也分为大偏心受压和小偏心受压两种。

9.5.1　大偏心受压

9.5.1.1　计算公式

根据大偏心受压的特点,由于 $A_s = A_s'$,$f_y = f_y'$,则基本计算公式可变为

$$N \leqslant N_u = \alpha_1 f_c bx \tag{9-17}$$

$$M \leqslant N_u e = \alpha_1 f_c bx(h_0 - 0.5x) + f_y' A_s'(h_0 - a_s') \tag{9-18}$$

公式的使用条件同前述非对称配筋大偏心受压。

9.5.1.2　截面设计

(1)直接由式(9-17)推导计算出 x,并判断大小偏心:

$$x = \frac{N}{\alpha_1 f_c b}(若\ x < 2a_s',取\ x = 2a_s') \tag{9-19}$$

(2)计算偏心距最大系数 η。

(3)由式(9-18)计算出 $A_s'(A_s = A_s')$。

(4)验算配筋率并配筋。

【**例9-6**】　某框架受压柱截面尺寸 $b \times h = 300\ \text{mm} \times 400\ \text{mm}$,计算高度 $l_0 = 3.6\ \text{m}$,弯矩设计值 $M = 165\ \text{kN} \cdot \text{m}$,轴向压力设计值 $N = 310\ \text{kN}$,混凝土强度等级 C25,钢筋采用 HRB400 级,构件处于一类环境。试进行截面设计。

解:查表 $\alpha_1 = 1.0$,$f_c = 11.9\ \text{N/mm}^2$,$f_y = f_y' = 360\ \text{N/mm}^2$,$\xi_b = 0.550$,$h_0 = 400 - 35 = 365(\text{mm})$。

(1)计算 x。

$$x = \frac{N}{\alpha_1 f_c b} = \frac{310 \times 10^3}{1.0 \times 11.9 \times 300} = 86.8(\text{mm}) > 2a_s' = 70\ \text{mm}$$

且

$$x < h_0 \xi_b = 365 \times 0.550 = 200.75(\text{mm})$$

因此,该柱为大偏心受压。

(2)计算偏心距增大系数。

$$e_0 = \frac{M}{N} = \frac{165 \times 10^6}{310 \times 10^3} = 532.3(\text{mm})$$

$$\zeta_c = \frac{0.5 f_c A}{N} = \frac{0.5 \times 11.9 \times 300 \times 400}{310 \times 10^3} = 2.3 > 1,取\ \zeta_c = 1$$

$$\eta = 1 + \frac{1}{1\,300\dfrac{e_0}{h_0}}\left(\frac{l_0}{h}\right)^2 \zeta_c = 1 + \frac{1}{1\,300 \times \dfrac{532.3}{365}} \times \left(\frac{3\,600}{400}\right)^2 \times 1 = 1.043$$

(3)计算 A_s'。

$$e = \eta e_0 + \frac{h}{2} - a_s = 1.043 \times 532.3 + \frac{400}{2} - 35 = 720.2(\text{mm})$$

$$A_s' = \frac{Ne - \alpha_1 f_c bx(h_0 - 0.5x)}{f_y'(h_0 - a_s')}$$

$$= \frac{310 \times 10^3 \times 720.2 - 1.0 \times 11.9 \times 300 \times 86.8 \times (365 - 0.5 \times 86.8)}{360 \times (365 - 35)}$$

$$= 1\ 040.4 (\mathrm{mm}^2)$$

（4）验算配筋率并配筋。

$$A'_s = 1\ 040.4\ \mathrm{mm}^2 > 0.002 \times 300 \times 365 = 219 (\mathrm{mm}^2)$$

$$A'_s = 1\ 040.4\ \mathrm{mm}^2 < 0.02 \times 300 \times 365 = 2\ 190 (\mathrm{mm}^2)$$

A'_s 和 A_s 均选用 3 Φ 22（$A_s = 1\ 140\ \mathrm{mm}^2$），截面配筋图如图 9-23 所示。

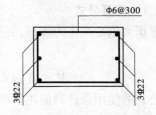

图 9-23　柱截面配筋图

9.5.2　小偏心受压

9.5.2.1　计算公式

根据小偏心受压构件的特点，对称配筋时计算公式为

$$N \leqslant N_u = \alpha_1 f_c bx + f'_y A'_s - \sigma_s A'_s \tag{9-20}$$

$$M \leqslant N_u e = \alpha_1 f_c bx (h_0 - 0.5x) + f'_y A'_s (h_0 - a'_s) \tag{9-21}$$

公式适用条件同非对称配筋小偏心受压。

9.5.2.2　截面设计

将 $\sigma_s = \dfrac{\xi - \beta_1}{\xi_b - \beta_1} f_y$ 代入方程组后可变为

$$N \leqslant N_u = \alpha_1 f_c bh_0 \xi + f'_y A'_s - \frac{\xi - \beta_1}{\xi_b - \beta_1} A'_s \tag{9-22}$$

$$M \leqslant N_u e = \alpha_1 f_c bh_0^2 \xi (1 - 0.5\xi) + f'_y A'_s (h_0 - a'_s) \tag{9-23}$$

由式（9-23）可以求解出

$$A'_s = \frac{Ne - \alpha_1 f_c bh_0^2 \xi (1 - 0.5\xi)}{f'_y (h_0 - a'_s)} \tag{9-24}$$

对于 HRB335 级钢筋，$\xi_{min} = 0.55, \xi_{max} \approx 1$，则 $\xi(1 - 0.5\xi) \approx 0.4 \sim 0.5$；

对于 HRB400 级钢筋，$\xi_{min} = 0.518, \xi_{max} \approx 1$，则 $\xi(1 - 0.5\xi) \approx 0.39 \sim 0.5$；

由此可以看出 $\xi(1 - 0.5\xi)$ 的变化范围较小，为简化计算，可用迭代法近似求出 ξ

$$\xi = \frac{N - \alpha_1 f_c bh_0 \xi_b}{\dfrac{Ne - 0.43\alpha_1 f_c bh_0^2}{(\beta_1 - \xi_b)(h_0 - a'_s)} + \alpha_1 f_c bh_0} + \xi_b \tag{9-25}$$

将式（9-25）代入式（9-23）可计算出 A'_s。

计算步骤如下：

（1）判断大小偏心，可先假定为大偏心受压计算 x，并进行判别。

（2）计算偏心距最大系数 η。

（3）根据式（9-25）计算 ξ。

（4）根据式（9-24）计算出 A'_s。

（5）验算配筋率并配筋。

（6）对于小偏心受压构件，还应验算垂直于弯矩作用平面的轴心抗压承载力，此时应将两侧的全部纵筋都视为受压纵筋。

【例9-7】 某钢筋混凝土偏心受压框架柱,截面尺寸 $b \times h = 300 \text{ mm} \times 500 \text{ mm}$,计算长度 $l_0 = 6.5 \text{ m}$,承受的轴心压力设计值 $N = 1260 \text{ kN}$,弯矩设计值 $M = 240 \text{ kN} \cdot \text{m}$,采用 C30 混凝土,HRB400 级纵向受力钢筋,试按对称配筋进行截面设计($a_s = a_s' = 40 \text{ mm}$)。

解: 查表 $\alpha_1 = 1.0$,$f_c = 14.3 \text{ N/mm}^2$,$f_y = f_y' = 360 \text{ N/mm}^2$,$\xi_b = 0.550$,$h_0 = 500 - 40 = 460(\text{mm})$。

(1)假定为大偏心受压。

$$x = \frac{N}{\alpha_1 f_c b} = \frac{1260 \times 10^3}{1.0 \times 14.3 \times 300} = 293.7(\text{mm}) > h_0 \xi_b = 460 \times 0.550 = 253(\text{mm})。$$

因此为小偏心受压。

(2)计算偏心距最大系数 η。

$$e_0 = \frac{M}{N} = \frac{240 \times 10^6}{1260 \times 10^3} = 190.5(\text{mm})$$

$$\zeta_c = \frac{0.5 f_c A}{N} = \frac{0.5 \times 14.3 \times 300 \times 500}{1260 \times 10^3} = 0.851$$

$$\eta = 1 + \frac{1}{1300 \dfrac{e_0}{h_0}} \left(\frac{l_0}{h}\right)^2 \zeta_c = 1 + \frac{1}{1300 \times \dfrac{190.5}{460}} \times \left(\frac{6500}{500}\right)^2 \times 0.851 = 1.267$$

$$e = \eta e_0 + \frac{h}{2} - a_s' = 1.267 \times 190.5 + \frac{500}{2} - 40 = 451.4(\text{mm})$$

(3)计算 ξ。

$$\xi = \frac{N - \alpha_1 f_c b h_0 \xi_b}{\dfrac{Ne - 0.43 \alpha_1 f_c b h_0^2}{(\beta_1 - \xi_b)(h_0 - a_s')} + \alpha_1 f_c b h_0} + \xi_b$$

$$= \frac{1260 \times 10^3 - 1.0 \times 14.3 \times 300 \times 460 \times 0.550}{\dfrac{1260 \times 10^3 \times 451.4 - 0.43 \times 1.0 \times 14.3 \times 300 \times 460^2}{(0.8 - 0.550) \times (460 - 40)} + 1.0 \times 14.3 \times 300 \times 460} + 0.550$$

$$= 0.598$$

(4)计算 A_s'。

$$A_s' = \frac{Ne - \alpha_1 f_c b h_0^2 \xi(1 - 0.5\xi)}{f_y'(h_0 - a_s')}$$

$$= \frac{1260 \times 10^3 \times 451.4 - 1.0 \times 14.3 \times 300 \times 460^2 \times 0.598 \times (1 - 0.5 \times 0.598)}{360 \times (460 - 40)}$$

$$= 1244(\text{mm}^2)$$

(5)验算配筋率并配筋。

$$A_s' = 1244 \text{ mm}^2 > 0.002 \times 300 \times 460 = 276(\text{mm}^2)$$

$$A_s' = 1244 \text{ mm}^2 < 0.02 \times 300 \times 460 = 2760(\text{mm}^2)$$

A_s' 和 A_s 均选用 4 Φ 20($A_s = 1257 \text{ mm}^2$),截面配筋图如图 9-24 所示。

（6）验算垂直于弯矩作用平面的轴心抗压承载力。

$l_0/b = 6\,500/300 = 21.7$，查表9-2并用直线内插法，得稳定系数 $\varphi = 0.707\,5$，$N_u = 0.9\varphi(f_c A + f_y' A_s') = 0.9 \times 0.707\,5 \times (14.3 \times 300 \times 500 + 360 \times 1\,257) = 1\,653\,971(\text{N}) = 1\,653.971\ \text{kN} > 1\,260\ \text{kN}$

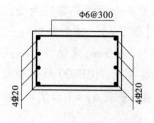

图9-24　柱截面配筋图

小　结

1. 受压构件按压力的位置不同可分为轴心受压和偏心受压，偏心受压又分为单偏心受压和双偏心受压。

2. 根据长细比的大小，轴心受压柱可分为短柱和长柱两类。一般把 $l_0/b \leq 8$（矩形）、$l_0/d \leq 7$（圆形）或 $l_0/i \leq 28$（工字形、T形或L形截面等）称为短柱，反之称为长柱。

3. 钢筋混凝土轴心受压柱的承载力计算公式为：$N \leq N_u = 0.9\varphi(f_c A + f_y' A_s')$。

4. 钢筋混凝土轴心受压柱截面设计基本步骤：

（1）确定构件的计算长度 l_0 和长细比，并根据长细比查表9-2查出稳定系数 φ。

（2）由式（9-1），得到纵向受力钢筋截面面积为

$$A_s' = \frac{\dfrac{N}{0.9\varphi} - f_c A}{f_y'}$$

（3）选配钢筋。

5. 偏心受压构件按照偏心距的不同分为大偏心受压和小偏心受压，两者的破坏特征不同：

（1）大偏心受压的破坏特征是截面远侧钢筋受拉达到屈服、近侧混凝土压碎，也称为受拉破坏。

（2）小偏心受压的破坏特征是截面远侧钢筋未能屈服、近侧混凝土压碎，也称为受压破坏。

6. 大、小偏心的界限是：

（1）当 $\xi < \xi_b$ 或 $x < x_b$ 时，属于大偏心受压破坏。

（2）当 $\xi > \xi_b$ 或 $x > x_b$ 时，属于小偏心受压破坏。

（3）当 $\xi = \xi_b$ 或 $x = x_b$ 时，属于界限破坏。

习　题

一、简答题

1. 为何钢筋混凝土受压构件宜采用较高等级的混凝土，但不宜采用高强度钢筋？

2. 轴心受压长柱的破坏与短柱的破坏有什么不同？

3. 稳定系数与哪些因素有关?

4. 要提高轴心受压长柱的承载力,采用哪些措施最好?

5. 偏心受压长柱是如何考虑侧向挠度对截面承载力影响的? 与轴心受压长柱有何不同?

6. 偏心距增大系数和哪些因素有关?

7. 偏心受压构件的截面承载力复核方法与轴心受压构件有何不同?

8. 什么情形下会出现偏心受压构件远离偏心力一侧的混凝土先被压坏? 应如何防止?

9. 在建立小偏心受压构件承载力计算公式的时候,是如何考虑未屈服钢筋应力的?

10. 解释一下偏心受压构件的 $M—N$ 相关曲线的含义。

11. 不同的情形下,分别有哪些判别大、小偏心受压的方法?

12. 大、小偏心受压构件承载力计算公式的适用条件各是什么?

13. 采用对称配筋有什么好处?

二、选择题

1. 如图 9-25 所示的四种受力构件中,属于轴心受压的是(　　　),属于偏心受压的是(　　)。

A.(a)图　　　　　　B.(b)图　　　　　　C.(c)图　　　　　　D.(d)图

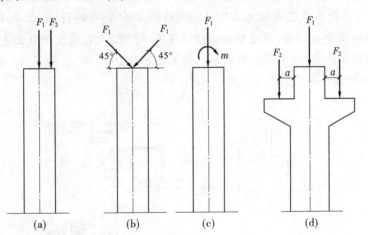

图 9-25

2. 完全相同的两个钢筋混凝土柱,一个为轴心受压,一个为偏心受压,则(　　　)。

A. 偏心受压承载力高　　　　　　B. 轴心受压承载力高

C. 一样高　　　　　　　　　　　D. 无法判断

3. 下述措施中,对提高钢筋混凝土柱的承载力不利的是(　　　)

A. 提高混凝土的强度　　　　　　B. 增大钢筋的数量

C. 增大配筋率　　　　　　　　　D. 增大长细比

4. 按照相关规范的要求,钢筋混凝土柱的配筋率最不宜选用下列哪一种? (　　　)

A.2%　　　　　　B.3%　　　　　　C.4%　　　　　　D.6%

5. 钢筋混凝土轴心受压柱的实际长度为 3.6 m,计算长度为 2.52 m,截面尺寸为 $b \times h = 300$ mm $\times 400$ mm,则其长细比为(　　　)。

　　A. 12　　　　　　　B. 9　　　　　　　C. 8.4　　　　　　　D. 6.3

6. 对于钢筋混凝土轴压长柱,用稳定系数 φ 来考虑长细比对承载力的影响,当 $l_0/h = 18$ 时,$\varphi = 0.81$;当 $l_0/h = 20$ 时,$\varphi = 0.75$,则当 $l_0/h = 18.4$ 时,$\varphi = ($　　$)$。

　　A. 0.81　　　　　　B. 0.798　　　　　C. 0.75　　　　　　D. 0.78

7. 某矩形截面钢筋混凝土受压柱,经承载能力计算,纵向受力钢筋需要 $A'_s = 760$ mm^2,下列哪种配筋方式最合理。(　　　)

　　A. 2 $\underline{\Phi}$ 22　　　　　B. 3 $\underline{\Phi}$ 18　　　　　C. 4 $\underline{\Phi}$ 16　　　　　D. 5 $\underline{\Phi}$ 14

三、计算题

1. 某钢筋混凝土轴心受压柱,截面尺寸 $b \times h = 400$ mm $\times 400$ mm,计算长度 $l_0 = 4.2$ m,采用混凝土强度等级为 C25,HRB400 级纵向受力钢筋,承受轴向力设计值 $N = 2\,560$ kN,试进行截面设计。

2. 某框架结构房屋,框架中柱按轴心受压柱考虑,截面尺寸 $b \times h = 400$ mm $\times 500$ mm,计算长度 $l_0 = 3.6$ m,采用混凝土强度等级为 C30,HRB500 级纵向受力钢筋,承受轴向力设计值 $N = 3\,120$ kN,试给该柱配筋,并画出截面配筋图。

3. 已知钢筋混凝土框架柱,轴心受压,截面尺寸 $b \times h = 400$ mm $\times 500$ mm,计算长度 $l_0 = 5.2$ m,采用混凝土强度等级为 C30,HPB400 级纵向受力钢筋,已配有 4 $\underline{\Phi}$ 22$(A'_s = 1\,520$ mm$^2)$ 的纵向受力钢筋,承受轴向力设计值 $N = 2\,920$ kN,试复核截面是否安全。

4. 某排架结构厂房,排架柱受力图和配筋图如图 9-26 所示,已知 $F_1 = 1\,960$ kN,$F_2 = 1\,420$ kN,试校核该柱承载力是否足够。

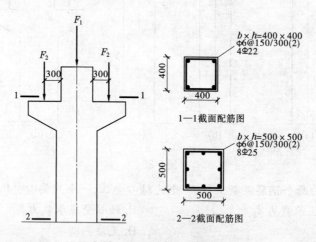

图 9-26　排架柱受力图和配筋图

5. 已知柱截面尺寸 $b \times h = 400$ mm $\times 600$ mm,荷载设计值作用下的纵向压力 $N = 600$ kN,初始偏心距 $e_0 = 360$ mm,混凝土强度等级为 C30$(f_c = 14.3$ N/mm$^2)$,纵向钢筋用 HRB400 级$(f_y = f'_y = 360$ N/mm$^2)$,$\xi_b = 0.550$,柱的计算长度 $l_0 = 4.2$ m,已配置受压钢筋 $A'_s = 628$ mm$^2(2 \underline{\Phi} 20)$,求受拉钢筋截面面积 A_s。$(a_s = a'_s = 40$ mm$)$

6. 某一矩形截面偏心受压柱,截面尺寸 $b \times h = 400$ mm $\times 600$ mm,计算长度 $l_0 = 4.8$ m,轴向力设计值 $N = 720$ kN,混凝土为 C30($f_c = 14.3$ N/mm^2),纵向受力钢筋为 HRB400,A_s 为 3 Φ 22($A_s = 1\ 140$ mm^2),A_s' 为 4 Φ 22($A_s = 1\ 520$ mm^2),试计算该截面能承受的最大弯矩设计值。($a_s = a_s' = 40$ mm)

7. 某一矩形截面偏心受压柱,截面尺寸 $b \times h = 400$ mm $\times 600$ mm,计算长度 $l_0 = 4.8$ m,截面上弯矩设计值 $M = 360$ kN · m,混凝土为 C25($f_c = 11.9$ N/mm^2),纵向受力钢筋为 HRB400,A_s 为 3 Φ 22($A_s = 1\ 140$ mm^2),A_s' 为 2 Φ 22($A_s = 760$ mm^2),试计算该截面能承受的最大轴力设计值。($a_s = a_s' = 40$ mm)

8. 某一矩形截面偏心受压柱,截面尺寸 $b \times h = 400$ mm $\times 600$ mm,计算长度 $l_0 = 7.2$ m,截面上轴向力设计值 $N = 1\ 720$ kN,弯矩设计值 $M = 360$ kN · m,混凝土为 C25($f_c = 11.9$ N/mm^2),纵向受力钢筋为 HRB400,A_s 为 3 Φ 22($A_s = 1\ 140$ mm^2),A_s' 为 4 Φ 22($A_s = 1\ 520$ mm^2),试复核该截面是否安全。($a_s = a_s' = 40$ mm)

9. 已知一矩形截面偏心受压柱的截面尺寸 $b \times h = 300$ mm $\times 400$ mm,柱的计算长度 $l_0 = 4.0$ m,混凝土强度等级为 C30($f_c = 14.3$ N/mm^2),用 HRB400 级钢筋配筋,轴心压力设计值 $N = 720$ kN,弯矩设计值 $M = 180$ kN · m,采用对称配筋,试计算进行截面设计。($a_s = a_s' = 40$ mm)

10. 已知一矩形截面偏心受压柱的截面尺寸 $b \times h = 300$ mm $\times 400$ mm,柱的计算长度 $l_0 = 3.0$ m,$a_s = a_s' = 40$ mm,混凝土强度等级为 C30($f_c = 14.3$ N/mm^2),用 HRB400 级钢筋配筋,轴心压力设计值 $N = 960$ kN,弯矩设计值 $M = 180$ kN · m,采用对称配筋,试计算进行截面设计。($a_s = a_s' = 40$ mm)

第10章　钢筋混凝土梁板结构

教学目标

1. 掌握梁板结构类型的判别方法。
2. 掌握整体式单向板楼(屋)盖的设计方法。

教学要求

能力目标	知识要点	权重
了解梁板结构的类型	单向板肋梁楼盖和双向板肋梁楼盖	10%
掌握整体式单向板楼(屋)盖的设计方法	整体式单向板结构计算简图、内力计算、截面配筋计算	60%
掌握现浇板式楼梯的设计	现浇板式楼梯的配筋计算	30%

章节导读

钢筋混凝土梁板结构是工业与民用建筑和构筑物中常用的结构形式,如楼盖和屋盖、筏式基础、挡土墙、桥梁的桥面结构、楼梯、阳台、雨篷以及一些特种结构如储液池的底板和顶盖等,其中楼盖和屋盖是最典型的梁板结构。

引例

钢筋混凝土平面楼盖主要传递竖向荷载至垂直构件,同时将风荷载、地震作用等水平力有效地传递到各抗侧力构件,并与竖向构件连接成整体空间结构,它对结构的稳定、安全具有重要作用,要求楼盖在平面内外均有足够的刚度、强度及耐久性。如图10-1所示是钢筋混凝土梁板结构拆模后的情形,如图10-2所示是钢筋混凝土梁板结构扎筋过程。

图10-1　钢筋混凝土梁板结构拆模后

图10-2　钢筋混凝土梁板结构扎筋

10.1　梁板结构的类型

由梁和板组成的钢筋混凝土结构称为梁板结构,如楼盖、屋盖、阳台、雨篷和楼梯等,在建筑中应用十分广泛。在特种结构中水池的顶板和底板、烟囱的板式基础也都是梁板结构。钢筋混凝土楼盖是建筑结构的主要组成部分,对于6～12层的框架结构,楼盖用钢量占全部结构用钢量的50%左右;对于混合结构,其用钢量主要在楼盖中。因此,楼盖结构选型和布置的合理性以及计算和构造的正确性,对建筑的安全使用有着非常重要的意义。

钢筋混凝土楼盖按施工工艺可分为现浇整体式楼盖、装配式楼盖和装配整体式楼盖。其中,现浇整体式楼盖应用最为普及,作为本章主要介绍内容。现浇整体式楼盖的结构形式可分为肋梁楼盖、井式楼盖、密肋楼盖和无梁楼盖等。

10.1.1　肋梁楼盖

当楼板板面较大时,可用梁将楼板分成多个区格,一般每一区格四边都有梁或墙支承,从而形成整浇的连续板和连续梁,因板厚也是梁高的一部分,故梁的截面形状为T形,这种由梁板组成的现浇楼盖,通常称为肋梁楼盖,如图10-3所示。肋梁楼盖由板、次梁和主梁组成,楼面荷载由板传给次梁、主梁,再传至柱或墙,最后传至基础。肋梁楼盖的特点是传力体系明确,结构布置灵活,可以适应不规则的柱网布置及复杂的工艺及建筑平面要求。其优点是用钢量较低,缺点是支模比较复杂。

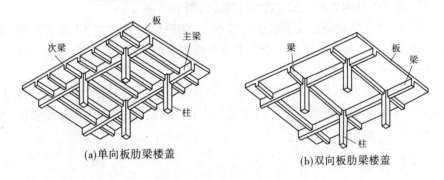

(a)单向板肋梁楼盖　　　　　　(b)双向板肋梁楼盖

图 10-3　钢筋混凝土肋梁楼盖

肋梁楼盖根据板长宽比(长边l_2与短边l_1的比值)的变化,板上荷载的传递方式也不同,可分成单向板肋梁楼盖和双向板肋梁楼盖。

当$l_2/l_1 \geqslant 3$时,荷载主要通过板短向受弯传到长边的支承梁或墙上,沿长跨方向传递的荷载很少,可以略去,认为仅短向受力称为单向板,如图10-4(a)所示。单向板的受力钢筋应沿短向配置,沿长向仅按构造配筋。

当$l_2/l_1 \leqslant 2$时,沿长跨方向传递的荷载将不能略去,板通过长短跨两个方向的受弯将荷载传到支承梁或墙上去,认为双向受力称为双向板,如图10-4(b)所示。双向板的受力钢筋应沿两个方向配置。

　　工程设计中,当 $2 < l_2/l_1 < 3$ 时,宜按双向板设计,当按沿短边方向受力的单向板计算时,应沿长边方向布置足够数量的分布钢筋。

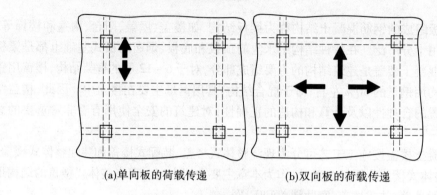

(a)单向板的荷载传递　　　　　　　(b)双向板的荷载传递

图 10-4　肋梁楼盖荷载传递示意图

🔑 **特别提示**

　　由于单向板和双向板的受力特点不同,设计计算方法也不同,因此应该掌握上述区分单双向板的判断方法。

10.1.2　井式楼盖

　　井式楼盖是由肋梁楼盖演变而成的,特点是两个方向梁高相等且直交,不分主次梁,将楼板划分成若干个正方形或接近正方形的小区格,板为双向板,两个方向梁共同承受板传来的荷载,梁以楼盖四周的柱或墙作为支承,如图 10-5 所示。

　　井式楼盖的特点是梁截面高度较肋梁楼盖小,梁跨度可做的较大,经济合理,施工方便,易满足建筑要求。井式楼盖常用于方形或接近方形的大厅、会议室、礼堂、餐厅以及公共建筑的门厅等。

　　井式楼盖的短边长度不宜大于 15 m,两个方向梁的间距最好相等,宜为 2.5 ~ 3.3 m,且周边梁的刚度和强度应加强。平面尺寸长宽比在 1.5 以内时,常采用正交梁格,否则采用斜交梁格。

10.1.3　密肋楼盖

　　密肋楼盖如图 10-6 所示,是由薄板和间距较小的肋梁组成的,一般用于跨度大且梁高受限制情况,分单向密肋楼盖和双向密肋楼盖。单向密肋楼盖常用于长宽比大于 1.5 的楼盖,其跨度不宜大于 6 m,肋宽 80 ~ 120 mm,肋距 500 ~ 700 mm。当建筑的柱网尺寸为正方形或接近正方形时,常采用双向密肋楼盖形式,柱距不宜大于 12 m,肋梁的间距常为 1.0 ~ 1.5 m。

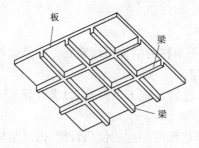

图 10-5 井式楼盖

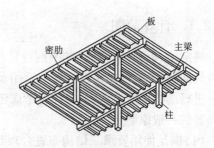

图 10-6 密肋楼盖

10.1.4 无梁楼盖

不设梁,而将板直接支承在柱上的楼盖称为无梁楼盖,如图 10-7(a)所示。当荷载较大时,在柱的上端通常还设置有柱帽,如图 10-7(b)所示。无梁楼盖与柱构成板柱结构,柱网间距一般不超过 6 m,且正方形最为经济。由于这种楼盖未设置梁,建筑空间大,楼层净空高,施工简便,常用于层数较少而层高受限的书库、仓库、商场等处,有时也用于水池的顶板、底板。无梁楼盖由于没有梁,节点强度和刚度以至整体刚度均比框架结构低,相应抗震能力较弱。在地震区不宜单独采用仅有无梁楼盖的板柱结构体系,若采用,应注意采取可靠抗震措施,如增设抗侧力构件等。

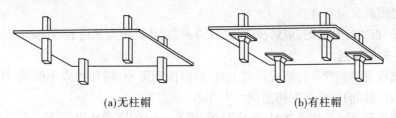

(a)无柱帽   (b)有柱帽

图 10-7 无梁楼盖

10.2 整体式单向板楼(屋)盖的设计

单向板肋梁楼盖可按板、次梁、主梁几类构件单独计算。荷载的传递路径为:板→次梁→主梁→柱(或墙)→基础→地基。

单向板肋梁楼盖的设计步骤为:

(1)结构平面布置,并初步拟定板厚和主梁、次梁的截面尺寸。

(2)确定梁、板的计算简图并进行荷载计算。

(3)梁、板的内力计算。

(4)截面计算、配筋及构造处理。

(5)绘制结构施工图。

10.2.1　计算简图

确定梁、板和柱(或墙)的平面位置及其相互关系称为结构平面布置。它是结构设计的全局问题,关系到结构设计是否适用及经济合理。

进行结构平面布置时,应综合考虑建筑功能、造价及施工条件等,力求合理。结构平面布置的一般原则是:

(1)满足使用要求。结构布置合理与否,将直接影响房屋的使用性能,因此结构设计时要和建筑、设备和工艺设计等专业密切配合,应满足生产、工艺和使用等各方面的要求。

(2)经济合理。从结构本身考虑,在保证安全的前提下,使所设计的结构综合造价经济合理。对于平面尺寸不大的楼盖,可不设柱,当需设柱时,柱网一般应布置成矩形或正方形,梁、板一般均应布置成等跨或接近等跨的。单向板肋梁楼盖中,次梁的间距决定了板的跨度,主梁的间距决定了次梁的跨度,柱距则决定了主梁的跨度。根据实践经验,主梁跨度一般取 5~8 m,次梁跨度取 4~6 m,板的跨度(次梁的间距)取 1.7~2.5 m,一般不宜超过 3 m(荷载较大时宜取较小值)较为适宜。

(3)处理好结构布置中的具体问题。结构设计中的具体问题较多,如梁支承在承重墙上时,应尽量避免落在墙洞口的上方。当楼板上有较大的集中荷载时,应在集中荷载作用位置下设置梁等。为了加强结构的侧向刚度,主梁一般应沿房屋的横向布置。当厂房的纵向设有集中通风管道或机械装置时,为了避免增加房屋的层高以满足净空的要求,主梁也可沿房屋的纵向布置。

连续梁、板的计算简图,应解决支座、计算跨数、计算跨度和荷载等问题。

10.2.1.1　支座特点

当梁或板直接搁置在砖墙或砖柱上时,因嵌固程度小,转动约束不明显,计算时可视为铰支座,其嵌固的影响可在构造设计中考虑。

当梁或板与支座整体连接时,支座对板、梁有一定的嵌固约束作用。为了简化计算,除主梁与柱的抗弯线刚度比小于 3~4 时需按框架梁计算外,均可视为铰支座,按连续梁计算,其误差通过荷载调整解决。

10.2.1.2　计算跨数

对连续梁(板)的某一跨来说,相隔两跨以上的跨对该跨内力的影响很小,因此为简化计算,实际跨数超过五跨的等截面连续梁(板),当各跨荷载基本相同,且跨度相差不超过 10% 时,可近似简化为五跨连续梁(板)计算,即配筋计算时除两端的两边跨外,所有中间跨的内力和配筋均按第三跨的处理。当梁、板的实际跨数少于五跨时,按实际跨数计算。

10.2.1.3　计算跨度

梁、板的计算跨度是指计算弯矩时所采用的跨间长度,该值与支座反力分布有关,即与构件的搁置长度和构件的刚度有关。按弹性理论计算时,计算跨度取两支座反力之间的距离,按塑性理论计算时,计算跨度由塑性铰的位置确定。设计中梁、板的计算跨度可按表 10-1 中的规定采用,各符号说明如图 10-8 所示。

表 10-1　梁、板的计算跨度

	跨数及支座情况		板	梁
按弹性理论计算	单跨	两端搁置在墙上	$l_0 = l_n + a$ 且 $l_0 \leqslant l_n + h$	$l_0 = l_n + a$ 且 $\leqslant 1.05 l_n$
		一端搁置在墙上、一端与梁或柱整浇	$l_0 = l_n + a/2$ 且 $l_0 \leqslant l_n + h/2$	
		两端与梁或柱整浇	$l_0 = l_n$	
	多跨连续	边跨(一端搁置在墙上、一端与梁或柱整浇)	$l_0 = l_n + a/2 + b/2$ 且 $l_0 \leqslant l_n + h/2 + b/2$	$l_0 = l_n + a/2 + b/2$ 且 $l_0 \leqslant 1.025 l_n + b/2$
		中间跨(两端与梁或柱整浇)	$l_0 = l_c$ 且 $l_0 \leqslant 1.1 l_n$	$l_0 = l_c$ 且 $l_0 \leqslant 1.05 l_n$
按塑性理论计算		两端搁置在墙上	$l_0 = l_n + a$ 且 $l_0 \leqslant 1.1 l_n$	$l_0 = l_n + a$ 且 $l_0 \leqslant 1.05 l_n$
		一端搁置在墙上、一端与梁或柱整浇	$l_0 = l_n + a/2$ 且 $l_0 \leqslant l_n + h/2$	$l_0 = l_n + a/2$ 且 $l_0 \leqslant 1.025 l_n$
		两端与梁或柱整浇	$l_0 = l_n$	$l_0 = l_n$

注: l_0—板、梁的计算跨度;l_c—支座中心线间距离;l_n—板、梁的净跨;h—板厚;a—板、梁在墙上的支承长度;b—中间支座宽度。

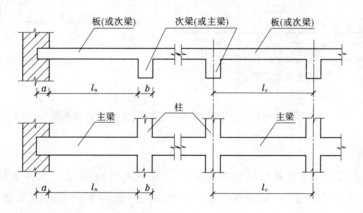

图 10-8　连续梁、板的跨度

10.2.1.4　荷载

作用在板、梁上的荷载有永久荷载(或称恒荷载)和可变荷载(或称活荷载)。恒荷载有结构自重、构造层重、固定设备重、粉刷层的重量等,恒荷载的标准值由构件尺寸和构造等,根据材料单位体积的重量计算;活荷载是指楼(屋)面使用活载,包括楼面活荷载、屋面活荷载、雪荷载等,分布不规则,一般折合成等效均布荷载标准值由荷载规范确定。民用建筑楼面上的均布活荷载标准值可从《建筑结构荷载规范》(GB 50009—2012)中根据房屋类别查得。例如,住宅为 1.5 kN/m²、教室为 2.5 kN/m²、藏书室为 5.0 kN/m² 等。工业建筑的楼面活荷载,在生产、使用或检修、安装时,由设备、管道、运输工具等产生的局部荷载,均应按实际情况考虑,可采用等效均布活荷载代替。

对于板,一般沿跨度方向取 1 m 宽板带(计算单元)进行计算,如图 10-9(a)所示。作用在板上的是均布荷载(包括均布恒荷载和均布活荷载),如图 10-9(b)所示。

次梁上的荷载有次梁自重及板传来的均布荷载,计算板传给次梁的荷载时,不考虑板的连续性,即次梁两侧板跨上的荷载各有 1/2 跨传给相邻的次梁,如图 10-9(c)所示。

主梁上的荷载是主梁自重和次梁传来的集中荷载。计算次梁传给主梁的集中荷载时,也不考虑次梁的连续性,即主梁承担相邻次梁各 1/2 跨的荷载。为简化计算,可将主梁自重按就近集中的原则化为集中荷载,作用在集中荷载作用点和支座处(支座处的集中荷载在主梁中不产生内力),如图 10-9(d)所示。

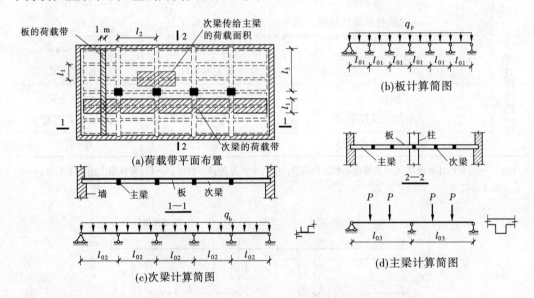

图 10-9　单向板肋梁楼盖中板、次梁、主梁的计算简图

🔑 **特别提示**

以上是连续梁、板的计算简图的确定方法。在确定的时候注意各计算简图支座的判断和荷载的分布情况的分析,因为这些容易产生混淆,要具备一定的空间想象力,最好对照实物进行联系判断。

10.2.2　内力计算

连续板、梁内力(弯矩和剪力)的计算方法有弹性理论法和塑性理论法。弹性理论法假定楼盖材料为均质弹性体,不能准确反映结构的内力,有较大的安全储备;塑性理论法的内力分析与截面计算相协调,结果比较经济,节省材料,方便施工,但一般情况下结构的裂缝较宽,变形较大。单向板肋梁楼盖设计中,连续板、次梁通常按塑性理论法分析内力;而下列情况中应按弹性理论法计算内力:直接承受动荷载作用的构件、裂缝控制等级为一级或二级的构件、采用无明显屈服阶段钢材配筋的构件。对于处于重要部位的构件,如主梁,为了使构件具有较大的承载力储备,一般也采用弹性理论法计算其内力。

10.2.2.1　按弹性理论方法计算连续梁、板内力

1. 荷载调整

由于确定计算简图时假定次梁对板、主梁对次梁的支承为简支,忽略了次梁对板、主梁对次梁的约束作用,即忽略了支座抗扭刚度对梁板内力的影响,这样处理使计算和实际情况存在一定差异。当板承受荷载而变形时,将使次梁发生扭转。由于次梁的两端被主梁所约束及次梁本身的侧向抗扭刚度,将使板的挠度大大减少(主梁对次梁亦是如此),跨中弯矩减小,支座弯矩有所增加。为考虑这一影响,使理论计算时的变形与实际情况较为一致,按弹性理论方法计算内力时,通常采用减少活荷载,增加恒荷载的方法进行调整处理,即采用折算荷载,如图 10-10 所示。

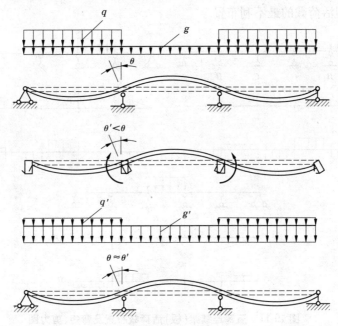

图 10-10　次梁抗扭刚度对板的影响

对板和次梁,折算荷载取为

板的折算恒载:
$$g' = g + \frac{q}{2} \tag{10-1}$$

板的折算活载
$$q' = \frac{q}{2} \tag{10-2}$$

次梁的折算恒载:
$$g' = g + \frac{q}{4} \tag{10-3}$$

次梁的折算活载
$$q' = \frac{3q}{4} \tag{10-4}$$

式中　g、q——实际的恒载、活载;

　　　g'、q'——折算后的恒载、活载。

这样调整的结果,对作用有活荷载的跨,$g' + q' = g + q$,总值不变,而相邻无活荷载的跨,$g' = g + q/2 > g$ 或 $g' = g + q/4 > g$;邻跨加大的恒荷载使本跨正弯矩减小,以此调整支座抗扭刚度对内力计算的影响。

当板或梁搁置在砖墙或砖柱上时,不需要调整荷载。

2. 荷载的最不利组合

楼盖上活荷载的分布是随机的,可一跨或多跨同时出现或不出现,引起构件各截面的内力也是变化的,如图 10-11 所示。活荷载如何分布会在各截面产生最大内力是活荷载最不利布置的问题。对于单跨梁,显然是当全部恒荷载和活荷载同时作用时产生最大的内力,但对于多跨连续梁、板的某一指定截面,并不是所有荷载同时布满梁、板上各跨时引起的内力最大。结构设计必须使构件在各种可能的荷载布置下都能可靠使用,这就要找出各截面上可能产生的最大内力,因此必须考虑活荷载如何布置使各截面上的内力为最不利的问题,即活荷载的最不利布置。

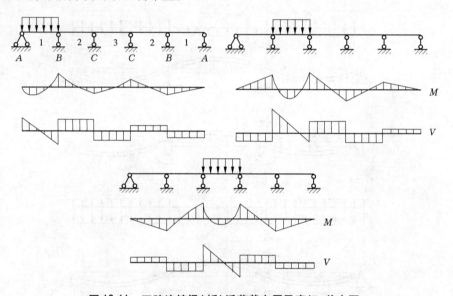

图 10-11　五跨连续梁(板)活荷载布置及弯矩、剪力图

确定截面最不利内力时,活荷载的布置原则如下:

(1)欲求某跨跨中最大正弯矩时,除将活荷载布置在该跨外,两边应每隔一跨布置活荷载(如图 10-12 所示情况 1 中可求第 1、3、5 跨跨中最大正弯矩,情况 2 可求第 2、4 跨跨中最大正弯矩)。

(2)欲求某支座截面最大负弯矩时,除该支座两侧应布置活荷载外,两侧每隔一跨还应布置活荷载(如图 10-12 所示情况 3、4、5、6 中可分别求得支座 B、C、D、E 的最大负弯矩)。

(3)欲求某支座截面(左侧或右侧)的最大剪力时,活荷载布置与求该截面最大负弯矩时的布置相同(如图 10-12 所示情况 3、4、5、6 中可分别求得支座 B、C、D、E 左侧或右侧的最大剪力)。

(4)欲求某跨跨中最小弯矩时,该跨应不布置活荷载,而在两相邻跨布置活荷载,然后再每隔一跨布置活荷载(如图 10-12 所示情况 1 中可求得第 2、4 跨跨中最小弯矩,情况

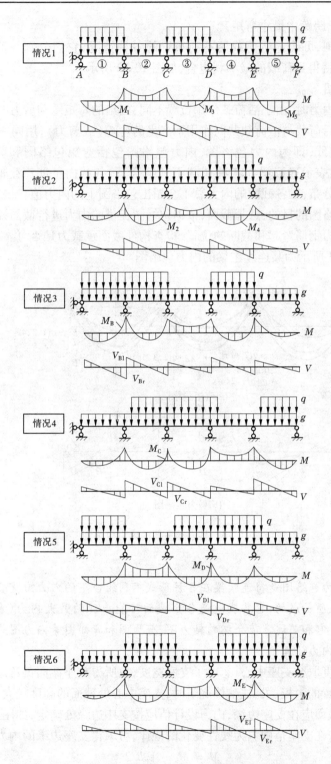

图 10-12　五跨连续梁(板)荷载最不利布置及内力图形状

2 可求得第 1、3、5 跨跨中最小弯矩）。

根据以上原则，可确定活荷载最不利布置的各种情况，它们分别与恒荷载（布满各跨）组合在一起，就得到荷载的最不利组合，如图 10-12 所示。

3. 内力包络图

计算连续梁内力时，由于活荷载作用位置不同，画出的弯矩图和剪力图也不同。将各种最不利位置的活荷载与恒荷载共同作用下产生的弯矩（或剪力），用同一比例画在同一基线上，取其外包线，即为内力包络图，内力包络图包括弯矩包络图和剪力包络图，如图 10-13 所示。它表示连续梁在各种荷载不利组合下，各截面可能产生的最不利内力。无论活荷载如何分布，梁各截面的内力总不会超出包络图上的内力值。

绘制内力包络图的目的：选择截面，依据包络图提供的内力进行截面设计，布置钢筋，合理确定纵向受力钢筋弯起和截断的位置，检查构件截面承载力是否可靠、材料用量是否节省等。图 10-13 所示为某连续主梁的内力包络图。

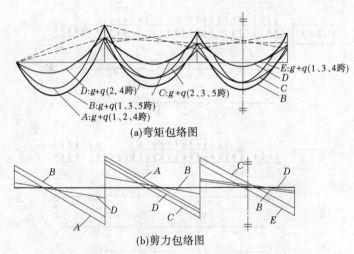

$D:g+q(2,4跨)$　$C:g+q(2,3,5跨)$　$E:g+q(1,3,4跨)$
$B:g+q(1,3,5跨)$　　　　　　D
$A:g+q(1,2,4跨)$　　　　　　C
　　　　　　　　　　　　　　　B

(a)弯矩包络图

(b)剪力包络图

图 10-13　某连续主梁的内力包络图

🔑 **特别提示**

注意绘制内力包络图是将连续梁在各种荷载不利组合下的内力图重叠地画在一个图里面，取其外包线所构成的，它其实就是各个截面可能出现的最大内力（包括正负）的连线，值得注意的是它和前述章节介绍的轴力图、剪力图和弯矩图等内力图是不同的。

4. 支座截面内力计算

由于计算跨度取至支座中心，忽略了支座宽度，故所得支座截面负弯矩和剪力值都是在支座中心线位置的。板、梁、柱整体浇筑时，支座中心处截面的高度较大，一般不是危险截面，所以危险截面应在支座边缘，内力设计值应按支座边缘处确定，如图 10-14 所示。

按弯矩、剪力在支座范围内为线性变化的规律，可求得支座边缘的内力值为

$$M = M_c - V_0 b/2 \tag{10-5}$$

$$V = V_c - (g + q)b/2 \tag{10-6}$$

式中　M_c、V_c——支座中心线处截面的弯矩、剪力；

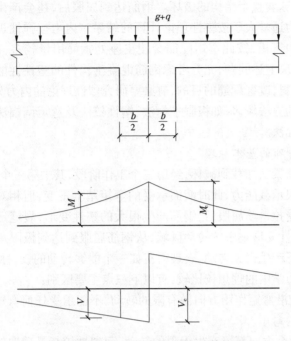

图 10-14　支座处弯矩、剪力计算简图

V_0——按简支梁计算的支座剪力设计值（取绝对值）；

g、q——均布恒荷载和活荷载设计值；

b——支座宽度。

5. 按弹性理论方法计算梁、板内力

按弹性理论计算连续梁、板内力可采用力法或弯矩分配法，实际工程中为节省时间，减轻计算工作量，多利用现成图、表计算。5 跨内等跨度（包括跨度差≤10%）、等刚度连续梁、板在不同布置的荷载作用下各截面的内力（弯矩和剪力）可利用附录 3 中的系数，按下列公式计算。

在均布及三角形荷载作用下，跨中或支座截面最大弯矩和剪力分别为

$$M = 表中系数 \times ql^2 (或 \times gl^2) \tag{10-7}$$

$$V = 表中系数 \times ql (或 \times gl) \tag{10-8}$$

在集中荷载作用下，跨中或支座截面最大弯矩和剪力分别为

$$M = 表中系数 \times Ql (或 \times Gl) \tag{10-9}$$

$$V = 表中系数 \times Q (或 \times G) \tag{10-10}$$

式中　q——均布荷载设计值；

G、Q——集中恒荷载设计值、集中活荷载设计值。

连续梁、板各跨的跨度不相等时，若相差不超过 10%，可按等跨计算，并可用等跨的内力计算表，但需作适当调整。调整方法：计算支座截面弯矩时，计算跨度取左右两跨计算跨度的平均值；计算跨中截面的弯矩和支座剪力时，仍按该跨实际跨度计算。

10.2.2.2　按塑性理论方法计算连续梁、板内力

钢筋混凝土是一种弹塑性材料，连续梁、板是超静定结构，当梁、板的一个截面达到极

限承载力时,并不意味着整个结构的破坏。钢筋达到屈服后,还会产生一定的塑性变形,结构的实际承载能力通常大于按弹性理论计算的结果。内力按弹性理论分析,所得的支座弯矩一般大于跨中弯矩,按此弯矩配筋会使支座处钢筋用量较多,甚至会造成拥挤现象,不便施工。为解决上述问题,充分考虑钢筋混凝土构件的塑性性能,挖掘结构潜在的承载力,达到节省材料,改善配筋的目的,有必要研究塑性理论的内力分析方法。连续梁、板按塑性理论计算的方法较多,如极限平衡法、塑性铰法及弯矩调幅法等,目前工程上应用较多的是弯矩调幅法。

1. 塑性内力重分布的基本原理

钢筋混凝土适筋梁从加载到破坏,经历三个工作阶段,其中第三个阶段是从钢筋开始屈服到截面达到极限承载能力,此时截面承受的弯矩基本不变,但相对转角剧增,截面处于屈服阶段。纵向受拉钢筋屈服后,钢筋产生很大的塑性变形,裂缝迅速开展;在钢筋屈服截面,形成一个塑性变形集中的转动区域,从钢筋屈服到达到极限承载力,截面在外弯矩增加很小的情况下产生很大转动,表现得犹如一个能够转动的铰,称为塑性铰。

塑性铰与结构力学中的理想铰比较,有以下三点主要区别:

(1)理想铰只能沿弯矩作用方向做有限的转动,不能承受任何弯矩,塑性铰则能承受相当于截面屈服时的弯矩。

(2)理想铰在两个方向都可产生无限的转动,而塑性铰却是单向铰,只能沿弯矩作用方向做有限的转动,转动能力有一定的限制。

(3)理想铰集中于一点,塑性铰发生不是集中于一点,而是有一段局部变形很大的区域。

对于静定结构,任一截面出现塑性铰,即变成几何可变体系丧失承载能力;对于超静定结构,存在多余联系,某一截面出现塑性铰并不能变成几何可变体系,构件能继续承受增加的荷载,直到出现足够多的塑性铰,结构成为几何可变体系才丧失承载能力。

2. 超静定结构的塑性内力重分布

弹性理论认为当结构任一截面的内力达到极限弯矩时,整个结构即达到承载力极限状态。但对于弹塑性材料制成的超静定结构,达到承载能力极限状态的标志不是某一个截面的屈服,而是整个结构形成破坏机构,即首先在一个或几个截面出现塑性铰后,随着荷载增加,在其他截面也陆续出现塑性铰,直到塑性铰数多于超静定次数,结构才会破坏。塑性材料的超静定结构从塑性铰出现到形成破坏机构之间,其承载力还有相当的储备。如果在设计中充分利用这部分储备,就可以节省材料,提高经济效益。

以图 10-15 所示两跨连续梁为例说明塑性内力重分布,开始梁处于弹性阶段工作,支座弯矩与跨中弯矩有一定的比值,如图 10-15(a)所示。当弯矩达到 B 支座的极限弯矩,按弹性理论分析认为构件破坏。但按塑性理论分析,钢筋屈服后,该支座处出现塑性铰,如图 10-15(b)所示。若继续加载,支座弯矩几乎不增加,荷载增量 P_2 使构件跨中弯矩类似两根单跨简支梁逐渐增加,如图 10-15(c)所示,构件具有继续承载的能力。这种在塑性铰出现以后的加载过程中,构件各截面的内力经历了一个重新分布的过程,称为塑性内力重分布,最终的弯矩图如图 10-15(d)所示。塑性铰出现的位置、次序及内力重分布程度可根据需要人为控制,支座截面的极限弯矩低于按弹性理论计算的弯矩越多,其塑性内力重分布程度越大。

钢筋混凝土构件在内力重分布过程中,由于塑性铰截面的转动,梁的变形及塑性铰区各截面的裂缝开展都较大,所以要控制内力重分布的程度。

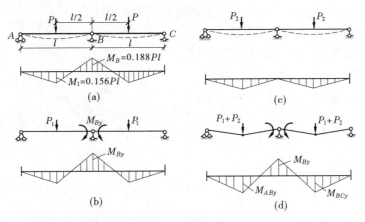

图 10-15　两跨连续梁在荷载作用下的内力重分布过程

3.连续梁、板考虑塑性内力重分布的计算方法——弯矩调幅法

连续梁、板考虑塑性内力重分布的计算方法较多,对于肋梁楼盖中超静定的板和次梁,工程中常用的计算方法是弯矩调幅法。弯矩调幅法先按弹性分析求出结构各截面弯矩值,再根据需要将结构中一些截面绝对值最大的弯矩(多数为支座弯矩)按内力重分布的原理进行调整,再按调整后的内力进行截面配筋设计。调幅法的优点是计算简捷,构造简单,可以减少支座上部的负弯矩配筋,节约钢筋,从而便于浇筑混凝土。弯矩调幅的幅度可用弯矩调幅系数来衡量,弯矩调幅系数 β 为

$$\beta = \frac{M_e - M_p}{M_e} \le 0.2 \qquad (10-11)$$

式中　　M_e——按弹性理论计算的弯矩;

　　　　M_p——调幅后的弯矩。

4.考虑塑性内力重分布计算的一般原则

(1)为尽可能节约钢材,宜使用调整后的弯矩包络图作为设计配筋依据。

(2)为方便施工,通常调整支座截面的弯矩,并尽可能使调整后的支座弯矩与跨中弯矩接近。

(3)为避免塑性铰过早出现,截面过早地屈服,转动幅度过大,使梁的裂缝过宽或变形过大,调幅值不应过大。一般情况下支座截面的弯矩调整幅度不应大于 20%,即 $\beta \le 0.2$,$M_p \ge 0.8 M_e$。

(4)为保证塑性铰具有足够的转动能力,必须控制受力钢筋用量,设计中相对受压区高度应满足 $\xi \le 0.35$,且不宜 $\xi < 0.1$。钢筋宜使用 HRB335 级、HRB400 级和 HPB300 级热轧钢筋。

(5)调幅后应满足静力平衡条件,即连续梁、单向连续板调整后的每跨两端支座弯矩平均值与跨中弯矩之和(均为绝对值),不小于该跨满载时(恒荷载 + 活荷载)按简支梁计

算的跨中弯矩,如图 10-16 所示,表达式为

$$\frac{M_1 + M_r}{2} + M \geqslant M_0 \tag{10-12}$$

式中　M_1、M_r ——连续梁、板左、右支座截面调幅后的弯矩设计值;

　　　M ——调幅后的跨中弯矩设计值;

　　　M_0 ——按简支梁计算的跨中弯矩设计值。

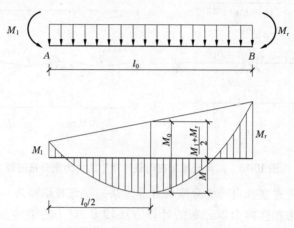

图 10-16　弯矩调幅计算简图

5. 均布荷载作用下等跨连续板、次梁按塑性法的内力计算

根据调幅法的原则,并考虑到设计的方便,对均布荷载作用下的等跨连续次梁、板,考虑塑性内力重分布后的弯矩和剪力的计算公式为

$$M = \alpha_M(g + q)l_0^2 \tag{10-13}$$

$$V = \alpha_V(g + q)l_n \tag{10-14}$$

式中　α_M、α_V ——考虑塑性内力重分布的弯矩和剪力计算系数,按表 10-2、表 10-3 查用;

　　　g、q ——均布恒荷载和活荷载设计值;

　　　l_0 ——计算跨度,按塑性理论方法计算时的有关公式选用,见表 10-1;

　　　l_n ——净跨。

对相邻跨度差小于 10% 的不等跨连续板和次梁,仍可用式(10-13)、式(10-14)计算。当不等跨连续梁的跨度差大于 10% 时,连续梁应根据弹性理论方法求出恒荷载及活荷载最不利作用的弯矩图,经组合叠加后形成弯矩包络图,再以包络图作为调幅依据,按前述调幅原则调幅。剪力则可取弹性理论方法的计算结果。

6. 按塑性内力重分布方法计算的适用范围

考虑塑性内力重分布后在使用阶段,构件变形较大,裂缝宽度较宽,挠度较大,应力较高,因此以下情况不考虑塑性内力重分布,应按弹性理论进行设计。

(1)裂缝控制较严格的结构构件(使用阶段不允许开裂或处于侵蚀环境中)。

(2)直接承受动力荷载和疲劳荷载的结构构件。

(3)轻质混凝土结构及其他特种混凝土结构。

（4）预应力和二次受力的叠合构件。

（5）处于重要部位而安全储备要求较高的构件，如肋梁楼盖中的主梁一般按弹性理论设计。

表 10-2 连续梁、连续单向板的弯矩计算系数 α_M

截面位置	支承条件	梁	板
边支座	梁、板搁置在墙上	0	0
	梁、板与梁整浇	−1/24	−1/16
	梁与柱整浇	−1/16	
边跨中	梁、板搁置在墙上	1/11	
	梁、板与梁整浇，梁与柱整浇	1/14	
离端第二支座	两跨连续	−1/10	
	三跨及三跨以上连续	−1/11	
中间支座		−1/14	
中间跨中		1/16	

表 10-3 连续梁的剪力计算系数 α_V

截面	支承条件	梁
端支座内侧	搁置在墙上	0.45
	与梁或柱整浇	0.50
离端第二支座左侧	搁置在墙上	0.60
	与梁或柱整浇	0.55
离端第二支座右侧		0.55
中间支座两侧		0.55

🔑 **特别提示**

具体来说，优先考虑采用塑性法计算内力，故对于板和次梁均建议采用塑性法计算内力，主梁采用弹性法计算内力。

10.2.3 截面配筋计算

确定了连续梁、板的内力后，可根据内力进行构件的截面设计。一般情况下，如果满足一定的构造要求，则可不进行变形及裂缝宽度的验算。梁、板均为受弯构件，作为单个构件的计算及构造已在前述章节中阐述，下面仅对梁、板在楼盖结构中的截面计算和构造特点做简要叙述。

10.2.3.1　板的配筋计算要点

（1）连续板取 1 m 板宽为计算单元，按单筋矩形截面正截面承载力计算方法进行配筋计算。

（2）对于一般工业与民用建筑的楼（屋）盖板，仅混凝土就足以承担剪力，能满足斜截面抗剪要求，设计时可不必进行斜截面受剪承载力计算。

（3）连续板支座处在负弯矩作用下上部开裂，跨中在正弯矩作用下下部开裂，板的未开裂混凝土成为一个拱形。当板的四周与梁整浇，梁具有足够的刚度，使板的支座不能自由移动时，板在竖向荷载作用下将产生水平推力，该推力使板的跨中弯矩降低。为考虑这一有利影响，《规范》规定，对四周与梁整体连接的单向板中间跨的跨中截面及中间支座截面，计算弯矩可减少 20%，其他截面不予降低，如图 10-17 所示。

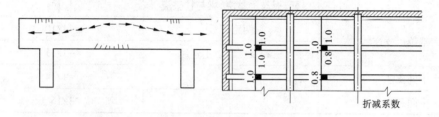

图 10-17　连续板中拱推力及板弯矩折减系数示意图

10.2.3.2　次梁的配筋计算要点

现浇肋梁楼盖中，次梁和板整体现浇，配筋计算时，板可作为次梁的上翼缘，在跨内正弯矩作用下，板位于受压区，故次梁的跨中正弯矩应按 T 形截面计算，T 形截面受压区的翼缘计算宽度按表 8-4 中的规定取值；在支座附近的负弯矩区段，板作为次梁的上翼缘处于受拉区，仍应按矩形截面计算纵向受拉钢筋，如图 10-18 所示。次梁正截面、斜截面承载力计算按前述章节所述方法进行。

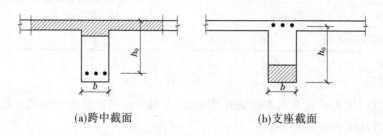

（a）跨中截面　　　　　　　　（b）支座截面

图 10-18　次梁的截面

10.2.3.3　主梁的配筋计算要点

（1）因主梁与板整体浇筑，故主梁跨内正弯矩所需纵筋应按 T 形截面计算，支座截面按矩形截面计算。

（2）主梁纵向钢筋的弯起和截断，原则上应按弯矩包络图确定。

（3）因主梁所承受的荷载较大，当主梁支承在砌体上，除应保证有足够的支承长度外（一般要求支承长度不少于 370 mm），还应进行砌体的局部受压承载力计算。

🔑 **特别提示**

砌体的局部受压承载力计算将在第 12 章中介绍。

（4）在主梁支座处，主梁与次梁截面的上部纵筋相互交叉重叠，致使主梁承受负弯矩的纵筋位置下移，梁的有效高度减小。所以，计算主梁支座截面纵筋时的截面有效高度为：单排钢筋时 $h_0 = h - (50 \sim 60)$ mm；双排钢筋时 $h_0 = h - (70 \sim 80)$ mm，如图 10-19 所示。

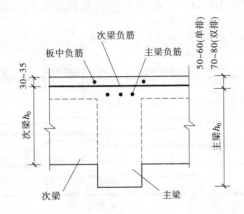

图 10-19　主梁支座负弯矩钢筋的有效高度示意图

10.2.4　构造要求

10.2.4.1　板的构造要求

1. 板的厚度

板的混凝土用量占全楼盖的一半以上，板厚应在满足建筑功能和方便施工的条件下，尽可能薄些。工程设计中板厚的选择见表 8-2。

2. 板的配筋构造要求

板中的钢筋主要有受力钢筋和构造钢筋。

1）板中受力钢筋

（1）钢筋直径：受力钢筋一般采用 HPB300 级钢筋，常用直径为 6 mm、8 mm、10 mm、12 mm 等。为便于施工架立，板面配筋宜采用较大直径的钢筋（8 mm 以上），单向板的常用配筋率为 0.3% ~ 0.8%。

（2）钢筋间距：不小于 70 mm；当板厚 $h \leqslant 150$ mm 时，间距不应大于 200 mm；当板厚 $h > 150$ mm 时，间距不应大于 $1.5h$，且不宜大于 250 mm。

（3）配筋方式：连续板中的受力钢筋可采用弯起式配筋或分离式配筋。

弯起式配筋：先按跨内正弯矩需要，确定所需钢筋的直径和间距，将跨中正弯矩钢筋在支座附近弯起 1/2 ~ 1/3，以承担支座负弯矩，如钢筋面积不满足支座截面的需要，可另加直钢筋补充不足。弯起角度一般为 30°，当板厚 $h > 120$ mm 时，可采用 45° 弯起，弯起式可一端弯起或两端弯起。钢筋末端一般做成半圆弯钩（HPB300 级钢筋），但板的上部钢筋应做成直钩以便撑在模板上，这样在施工时有利于保持板的有效高度。

分离式配筋：指跨中正弯矩钢筋全部伸入支座，承担支座负弯矩的支座上部钢筋不是从跨中钢筋弯起,而是另行配置,做成直抵模板的直钩。

弯起式配筋与分离式配筋相比,弯起式配筋整体性好,钢筋的锚固较好,节约钢筋,但施工稍复杂。分离式配筋对于设计时选择钢筋和施工备料都较简便,但用钢量稍大。

(4)钢筋的弯起和截断:对于多跨连续板,当各跨跨度相差超过20%,或各跨荷载相差悬殊时,应根据弯矩包络图来确定钢筋的布置。当各跨跨度相差不超过20%时,可以不画弯矩包络图,直接按图10-20所示确定钢筋弯起和截断的位置。

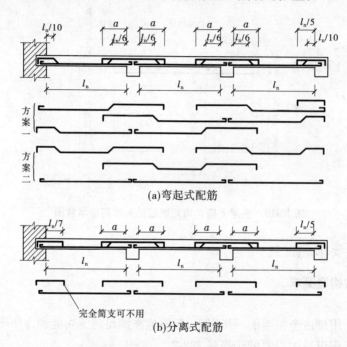

图 10-20　连续单向板的配筋方式

支座处承受负弯矩的钢筋,可在距支座边不小于 a 的距离处截断,如图 10-20 所示,取值为

当 $q/g \leqslant 3$ 时 $\hspace{6cm} a = l_0/4 \hspace{4cm} (10\text{-}15)$

当 $q/g > 3$ 时 $\hspace{6cm} a = l_0/3 \hspace{4cm} (10\text{-}16)$

式中　q、g——活荷载和恒荷载设计值;

$\hspace{2.5cm} l_0$——板的计算跨度。

🔑 特别提示

弯起式配筋虽然大多数时候能节约钢筋用量,但考虑到其对施工不利,且钢筋节约量并不多,故在实际工程中,楼板很少采用弯起式配筋,而主要采用分离式配筋。

2)板中构造钢筋

(1)分布钢筋。

当按单向板设计时,除沿弯矩方向布置受力钢筋外,还要在垂直于受力钢筋的方向布置分布钢筋,如图 10-21 所示。分布钢筋的作用是:①浇筑混凝土时固定受力钢筋的位置;②抵抗收缩或温度变化所产生的内力;③承担并分布板上局部荷载引起的内力;④对四边支承的单向板,可承担在长跨方向板内实际存在的一些弯矩。

分布钢筋应配置在受力钢筋的内侧,如图 10-21 所示,单位长度上分布钢筋的截面面积不宜少于单位宽度上受力钢筋截面面积的 15%,且不宜小于该方向板截面面积的 0.15%。分布钢筋的直径不宜小于 6 mm,间距不宜大于 250 mm。对集中荷载较大的情况,分布钢筋的截面面积应适当增加,其间距不宜大于 200 mm。

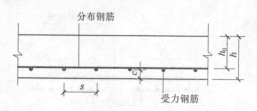

图 10-21　分布钢筋示意图

(2)嵌入砌体墙内的板面构造钢筋。

沿墙边缘应在板面配置构造钢筋的原因:①在主要受力方向,计算简图与实际情况不完全一致,板的短跨边支座为砖墙时,计算按简支考虑,但因墙体的嵌固作用可能产生一定的负弯矩;②在非主要受力方向,有部分荷载将就近传给支承墙,但由于墙的嵌固约束,也会产生一定的负弯矩;③板角部分除荷载会引起负弯矩外,由于混凝土的干缩、温度变化等影响,会引起拉应力。这些计算中未考虑的因素,有时会引起沿墙边缘的裂缝或板角的斜向裂缝。

为承担负弯矩,控制裂缝宽度,应沿墙与板面配置间距不大于 200 mm,直径不小于 8 mm 的构造钢筋,其伸出墙边缘的长度不宜小于 $l_0/7$;对于两边均嵌固在墙内的板角部分,在板角区 $l_0/4$ 范围内应双向配置上述构造钢筋,其伸出墙边缘的长度不宜小于 $l_0/4$(此处 l_0 为单向板短边跨度),如图 10-22 所示。

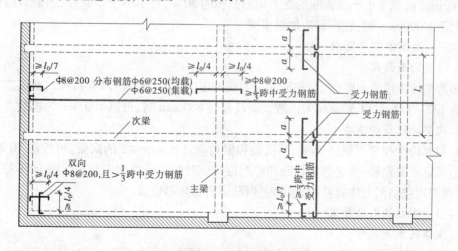

图 10-22　板中的构造钢筋

(3)垂直于主梁的板面构造钢筋。

当现浇板的受力钢筋与主梁的肋平行时,由于板和主梁整体连接,靠近主梁两侧一定宽度范围内,板内仍将产生一定大小与主梁方向垂直的负弯矩,引起板与主梁相接的板面产生裂缝。为承担这一弯矩和防止产生过宽的裂缝,应于板面配置与主梁长度方向垂直且间距不大于 200 mm 的上部构造钢筋,其直径不宜小于 8 mm,且单位长度内的总截面面积不宜少于板中单位宽度内受力钢筋截面面积的 1/3,伸出主梁边缘长度不宜小于 $l_0/4$(l_0 为单向板短边的计算跨度),如图 10-22 和图 10-23 所示。

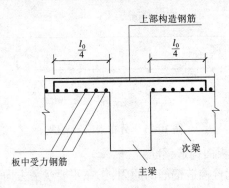

图 10-23　垂直于主梁的板面构造钢筋

(4)当现浇板的周边与混凝土梁或混凝土墙整体连接时,也应在板边上部设置与其垂直的构造钢筋,其数量不宜小于相应方向跨中纵筋截面面积的 1/3,其伸出梁边或墙边的长度在单向板中不宜小于 $l_0/5$,对双向板不宜小于 $l_0/4$。在板角处应沿两个方向布置或按放射状布置。上部构造钢筋应按受拉钢筋锚固。

3. 板开洞时钢筋的处理

现浇板上开洞时,当洞口边长或直径不大于 300 mm 且洞边无集中力作用时,板内受力钢筋可绕过洞口不切断;当洞口边长或直径大于 300 mm 时,应在洞口边的板面加配钢筋,加配钢筋面积不小于被截断的受力钢筋面积的 50%,且不小于 2 Φ 12;当洞口边长或直径大于 1 000 mm 时,宜在洞边加设小梁。

10.2.4.2　次梁的构造要求

1. 次梁的截面尺寸

多跨连续次梁的高跨比(梁截面高度与梁跨度之比)一般为 1/18~1/12,截面高宽比一般为 1/3~1/2,并以 50 mm 为模数。梁高超过 800 mm 时,可以 100 mm 为模数。

2. 次梁的配筋构造要求

对相邻跨度相差不超过 20%,活荷载和恒荷载之比 $q/g \leqslant 3$ 的次梁,可按图 10-24 所示构造规定布置钢筋,确定钢筋切断和弯起位置。对相邻跨度相差超过 20% 的不等跨次梁,应在弯矩包络图上作材料图,来确定钢筋切断和弯起位置。

10.2.4.3　主梁的构造要求

1. 主梁的截面尺寸

多跨连续主梁的高跨比一般为 1/14~1/8,高宽比一般为 1/3~1/2,并以 50 mm 为模数。梁高超过 800 mm 时,可以 100 mm 为模数。

2. 主梁的配筋构造要求

对于主梁,应在弯矩包络图上作材料图,来确定钢筋切断和弯起位置。为工作简化,

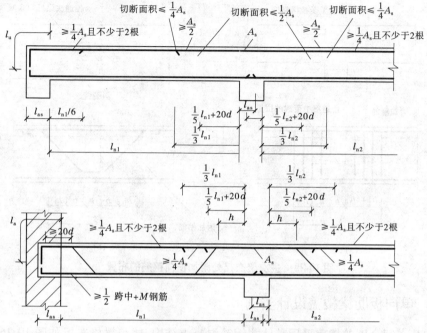

图 10-24　不必作材料图的次梁钢筋布置的构造规定

也可偏安全地参照 11G101 – 1 平法图集中对框架主梁纵筋的构造规定。

　　主梁和次梁相交处，次梁顶部在负弯矩作用下发生裂缝，集中荷载只能通过次梁的受压区传至主梁截面高度的中、下部，此集中力可能使主梁腹部出现斜裂缝。为了保证主梁在这些部位有足够的承载力，防止斜向裂缝出现而引起局部破坏，应在次梁两侧设置附加横向钢筋（吊筋、箍筋），使次梁传来的集中力传至主梁上部的受压区。附加横向钢筋应布置在长度为 $s = 3b + 2h_1$（b 为次梁宽度，h_1 为次梁底面到主梁底面的垂直距离）的范围内（见图 10-25），附加横向钢筋所需的截面面积计算如下。

　　若次梁传给主梁的集中荷载全部由附加吊筋承受，则

$$A_s = \frac{F}{2f_y \sin\alpha} \tag{10-17}$$

式中　A_s——附加吊筋的截面面积；

　　　F——次梁传给主梁的集中荷载设计值；

　　　f_y——附加吊筋的抗拉强度设计值；

　　　α——附加吊筋与主梁轴线间的夹角。

　　若次梁传给主梁的集中荷载全部由附加箍筋承受，则

$$A_{sv1} \geqslant \frac{F}{mnf_{yv}} \tag{10-18}$$

式中　A_{sv1}——附加箍筋单肢截面面积；

　　　m——附加箍筋的个数；

　　　n——附加箍筋肢数；

　　　f_{yv}——附加箍筋的抗拉强度设计值。

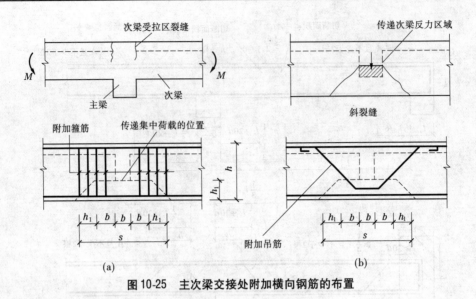

图 10-25　主次梁交接处附加横向钢筋的布置

10.2.5　单向板肋梁楼盖设计实例

已知某车间仓库的楼盖采用整体式钢筋混凝土结构,楼盖梁格布置如图 10-26 所示,轴线尺寸为 30 m × 19.8 m,楼面面层为 20 mm 厚水泥砂浆抹面,顶棚抹灰为 15 mm 厚混合砂浆。楼面活荷载标准值为 7 kN/m²,活荷载组合值系数为 0.7,混凝土采用 C20,梁中受力纵筋采用 HRB335 级,其余采用 HPB300 级钢筋。按构造要求确定板厚 80 mm,次梁截面为 $b \times h = 200 \text{ mm} \times 450 \text{ mm}$,主梁截面为 $b \times h = 300 \text{ mm} \times 700 \text{ mm}$,柱截面为 $b \times h = 400 \text{ mm} \times 400 \text{ mm}$。楼板周边支承在砖墙上,试设计此楼盖。

10.2.5.1　板的计算(按考虑塑性内力重分布的方法计算)

1. 荷载计算

20 mm 厚水泥砂浆面层 $20 \times 0.02 = 0.4 (\text{kN/m}^2)$

80 mm 厚现浇钢筋混凝土板 $25 \times 0.08 = 2 (\text{kN/m}^2)$

15 mm 厚混合砂浆板底抹灰 $17 \times 0.015 = 0.255 (\text{kN/m}^2)$

恒荷载标准值: $g_k = 0.4 + 2 + 0.255 = 2.655 (\text{kN/m}^2)$

活荷载标准值: $q_k = 7 \text{ kN/m}^2$

经试算,可变荷载效应控制的组合为最不利组合,按《建筑结构荷载规范》(GB 50009—2012)规定,标准值大于 4 kN/m² 的楼面结构活荷载分项系数为 1.3,因此荷载设计值为

$$q = \gamma_G g_k + \gamma_Q q_k = 1.2 \times 2.655 + 1.3 \times 7 = 12.3 (\text{kN/m}^2)$$

2. 计算简图

取 1 m 宽板带作为计算单元,各跨的计算跨度为

边跨: $l_0 = l_n + a/2 = (2\ 200 - 120 - 100) + 120/2 = 2\ 040 (\text{mm})$

$> l_n + h/2 = (2\ 200 - 120 - 100) + 80/2 = 2\ 020 (\text{mm})$

取小值 $l_0 = 2\ 020 \text{ mm}$。

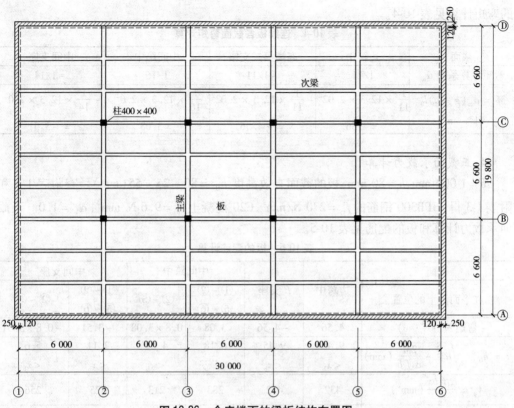

图 10-26 仓库楼面的梁板结构布置图

中间跨：$\qquad l_0 = l_n = 2\,200 - 200 = 2\,000\,(\text{mm})$

平均跨度：$\qquad l = (2\,020 + 2\,000)/2 = 2\,010\,(\text{mm})$

板的构造和计算简图如图 10-27 所示。

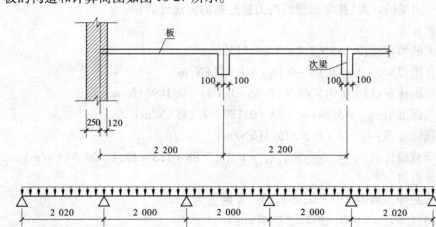

图 10-27 板的构造和计算简图

3. 内力计算

因跨度差：$(2\,020 - 2\,000)/2\,000 = 1\% < 10\%$，故可按等跨连续板计算内力，各截面

的弯矩计算见表10-4。

表 10-4　连续板各截面弯矩计算

截面	边跨中	离端第二支座	中间跨中	中间支座
弯矩计算系数 α_m	1/11	-1/11	1/16	-1/14
$M = \alpha_m(g+q)l_0^2$ （kN·m）	$\dfrac{1}{11} \times 12.3 \times 2.02^2$ $= 4.56$	$-\dfrac{1}{11} \times 12.3 \times 2.02^2$ $= -4.56$	$\dfrac{1}{16} \times 12.3 \times 2.0^2$ $= 3.08$	$-\dfrac{1}{14} \times 12.3 \times 2.0^2$ $= -3.51$

4. 正截面承载力计算

$b = 1\,000$ mm, $h = 80$ mm, 板的截面有效高度 $h_0 = 80 - 25 = 55$ (mm)。查附表1-5 和附表1-3 得, HPB300 钢筋的 $f_y = 270$ N/mm², C20 混凝土 $f_c = 9.6$ N/mm², $\alpha_1 = 1.0$。正截面承载力计算和板的配筋见表10-5。

表 10-5　板的配筋计算

截面	边跨中	B 支座	中间跨中		中间支座	
在平面图上的位置			①~② ⑤~⑥	②~⑤	①~② ⑤~⑥	②~⑤
弯矩 M(kN·m)	4.56	-4.56	3.08	0.8×3.08	-3.51	-0.8×3.51
$x = h_0 - \sqrt{h_0{}^2 - \dfrac{2M}{\alpha_1 f_c b}}$ (mm)	9.45 $<x_b$	9.45 $<x_b$	6.18 $<x_b$	4.67 $<x_b$	7.11 $<x_b$	5.6 $<x_b$
$A_s = \dfrac{\alpha_1 f_c b x}{f_y}$ (mm²)	432	432	283	213	325	256
选用钢筋	Φ8@110	Φ8@110	Φ6@100	Φ6@125	Φ8@150	Φ8@200
实际配筋面积(mm²)	457	457	283	226	335	251

根据计算结果及板的构造要求, 画出板的配筋图如图 10-28 所示。

10.2.5.2　次梁的计算(按考虑塑性内力重分布的方法计算)

1. 荷载计算

板传来的恒荷载: $2.655 \times 2.2 = 5.841$ (kN/m)

次梁自重: $25 \times 0.2 \times (0.45 - 0.08) = 1.85$ (kN/m)

次梁粉刷抹灰: $17 \times 0.015 \times 2 \times (0.45 - 0.08) = 0.189$ (kN/m)

恒荷载标准值: $g_k = 5.841 + 1.85 + 0.189 = 7.88$ (kN/m)

活荷载标准值: $q_k = 7 \times 2.2 = 15.4$ (kN/m)

次梁荷载设计值: $q = \gamma_G g_k + \gamma_Q q_k = 1.2 \times 7.88 + 1.3 \times 15.4 = 29.5$ (kN/m)

2. 计算简图

次梁边跨伸入墙内 250 mm, 各跨的计算跨度为

中间跨: $l_0 = l_n = 6\,000 - 300 = 5\,700$ (mm)

边跨: $l_0 = l_n + a/2 = (6\,000 - 120 - 150) + 250/2 = 5\,855$ (mm)

$\qquad < 1.025 l_n = 1.025 \times (6\,000 - 120 - 150) = 5\,873.25$ (mm)

取小值 $l_0 = 5\,855$ mm

平均跨度: $l = (5\,855 + 5\,700)/2 = 5\,778$ (mm)

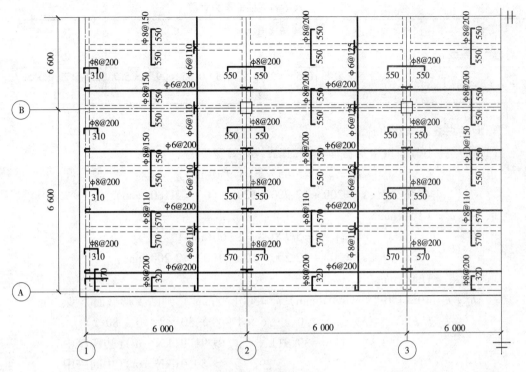

图 10-28　板的配筋图

跨度差:$(5\ 855 - 5\ 700)/5\ 700 = 2.7\% < 10\%$,可按等跨连续梁计算内力。

次梁的计算简图如图 10-29 所示。

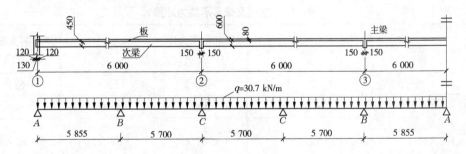

图 10-29　次梁的计算简图

3. 内力计算

次梁各截面的弯矩和剪力计算分别见表 10-6 和表 10-7。

表 10-6　次梁各截面的弯矩计算

截面	边跨跨中	离端第二支座	中间跨中	中间支座
弯矩计算系数 α_m	1/11	$-1/11$	1/16	$-1/14$
$M = \alpha_m(g+q)l^2$ (kN·m)	$\dfrac{1}{11} \times 29.5 \times 5.855^2$ $= 91.9$	$-\dfrac{1}{11} \times 29.5 \times 5.778^2$ $= -89.5$	$\dfrac{1}{16} \times 29.5 \times 5.7^2$ $= 59.9$	$-\dfrac{1}{14} \times 29.5 \times 5.7^2$ $= -68.5$

表 10-7　次梁各截面的剪力计算

截面	A 支座	B 支座左	B 支座右	C 支座
剪力计算系数 α_v	0.45	0.55	0.55	0.55
$V = \alpha_v(g+q)l_n(\mathrm{kN})$	$0.45 \times 29.5 \times 5.73$ $= 76.1$	$0.55 \times 29.5 \times 5.73$ $= 93.0$	$0.55 \times 29.5 \times 5.7$ $= 92.5$	$0.55 \times 29.5 \times 5.7$ $= 92.5$

4. 次梁正截面承载力计算

(1)次梁跨中截面按 T 形截面计算,其翼缘计算宽度为

边跨:　　　　　　　　$b'_f = l_0/3 = 5\,855/3 = 1\,950(\mathrm{mm})$

$$< b'_f = b + s_n = 200 + (2\,200 - 120 - 100) = 2\,180(\mathrm{mm})$$

取小值 $b'_f = 1\,950$ mm。

中间跨:　　　　　　　$b'_f = l_0/3 = 5\,700/3 = 1\,900(\mathrm{mm})$

$$< b'_f = b + s_n = 200 + (2\,200 - 100 - 100) = 2\,200(\mathrm{mm})$$

取小值 $b'_f = 1\,900$ mm。

(2) $h_0 = h - 40 = 450 - 40 = 410(\mathrm{mm})$,$f_y = 300(\mathrm{N/mm^2})$,判断 T 形截面类型。

$$\alpha_1 f_c b'_f h'_f (h_0 - h'_f/2) = 1.0 \times 9.6 \times 1\,900 \times 80 \times (410 - 80/2)$$
$$= 539.9(\mathrm{kN \cdot m}) > 91.9(\mathrm{kN \cdot m})(边跨跨中)$$
$$> 59.9(\mathrm{kN \cdot m})(中间跨中)$$

故各跨中截面均属于第一类 T 形截面。

次梁支座承受负弯矩作用,截面按矩形截面计算。

(3)次梁正截面承载力计算见表 10-8。

表 10-8　次梁正截面承载力计算

截面	边跨中	离端第二支座（B 支座）	中间跨中	中间支座（C 支座）
$M(\mathrm{kN \cdot m})$	91.9	-89.5	59.9	-68.5
b'_f 或 $b(\mathrm{mm})$	1 950	200	1 900	200
$x = h_0 - \sqrt{h_0^2 - \dfrac{2M}{\alpha_1 f_c b}}$ (mm)	$12.15 < x_b$	$136.37 < x_b$	$8.09 < x_b$	$98.96 < x_b$
$A_s = \dfrac{\alpha_1 f_c b x}{f_y}$ $(\mathrm{mm^2})$	758	873	492	633
选用钢筋	2 Φ 16(弯起) 2 Φ 16(直)	2 Φ 14(直) 3 Φ 16(弯起)	1 Φ 16(弯起) 2 Φ 16(直)	2 Φ 12(直) 2 Φ 16(弯起)
实际配筋面积$(\mathrm{mm^2})$	804	911	603	628

5. 次梁斜截面承载力计算

次梁斜截面承载力计算见表 10-9。

表 10-9 次梁斜截面强度计算

截面	A 支座	B 支座左	B 支座右	C 支座
剪力 $V(\mathrm{kN})$	76.1	93.0	92.5	92.5
$0.25\beta_{\mathrm{c}}f_{\mathrm{c}}bh_0(\mathrm{kN})$	$0.25\times1.0\times9.6\times200\times410\times10^{-3}=196.8(\mathrm{kN})>V$ 截面尺寸均满足要求			
$0.7f_{\mathrm{t}}bh_0(\mathrm{kN})$	$0.7\times1.1\times200\times410\times10^{-3}=63.14(\mathrm{kN})<V$ 均需按计算配置箍筋			
箍筋直径和肢数	Φ6 双肢		Φ6 双肢	
箍筋截面面积 $A_{\mathrm{sv}}(\mathrm{mm}^2)$	$2\times28.3=56.6$	$2\times28.3=56.6$	$2\times28.3=56.6$	$2\times28.3=56.6$
$s=\dfrac{f_{\mathrm{yv}}A_{\mathrm{sv}}h_0}{V-0.7f_{\mathrm{t}}bh_0}(\mathrm{mm})$	376	163	166	166
实配箍筋间距 (mm)	$150>\rho_{\mathrm{svmin}}$	$150>\rho_{\mathrm{svmin}}$	$150>\rho_{\mathrm{svmin}}$	$150>\rho_{\mathrm{svmin}}$

根据次梁计算结果及次梁的构造要求,绘制次梁配筋图,如图 10-30 所示。

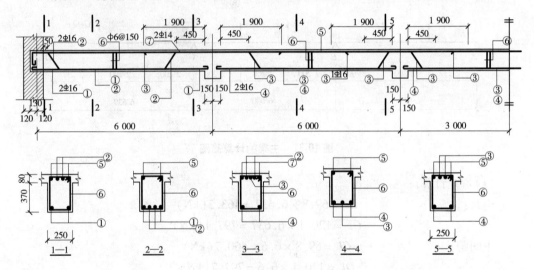

图 10-30 次梁配筋图

10.2.5.3 主梁的计算(按弹性理论计算)

1. 荷载计算

次梁传来的恒荷载:$7.88\times6=47.28(\mathrm{kN/m}^2)$。

主梁自重(折算为集中荷载):$25\times0.3\times(0.7-0.08)\times2.2=10.23(\mathrm{kN})$。

梁侧抹灰(折算为集中荷载):$17\times0.015\times(0.7-0.08)\times2\times2.2=0.696(\mathrm{kN})$。

恒荷载标准值:$G_{\mathrm{k}}=47.28+10.23+0.696=58.206(\mathrm{kN})$。

活荷载标准值:$Q_{\mathrm{k}}=15.4\times6=92.4(\mathrm{kN})$。

恒荷载设计值:$G=1.2G_{\mathrm{k}}=1.2\times58.206=69.8(\mathrm{kN})$。

活荷载设计值：$Q = 1.3Q_k = 1.3 \times 92.4 = 120.1(\text{kN})$。

2. 计算简图

各跨的计算跨度为

中间跨：$l_0 = l_c = l_n + b = 6\,600 - 400 + 400 = 6\,600(\text{mm})$。

边跨：$l_0 = l_n + a/2 + b/2 = (6\,600 - 120 - 200) + 370/2 + 400/2 = 6\,665(\text{mm})$；

$\qquad l_0 = 1.025\,l_n + b/2 = 1.025 \times (6\,600 - 120 - 200) + 400/2 = 6\,637(\text{mm})$。

取较小值 $l_0 = 6\,637(\text{mm})$。

平均跨度：$l = (6\,600 + 6\,637)/2 = 6\,619(\text{mm})$。

跨度差：$(6\,637 - 6\,600)/6\,600 = 0.56\% < 10\%$，可按等跨连续梁计算内力。

主梁的计算简图如图 10-31 所示。

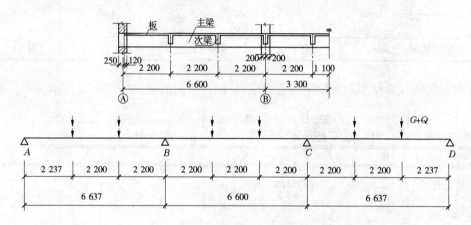

图 10-31　主梁的计算简图

（1）弯矩计算。

边跨：$\qquad\qquad\quad Gl = 69.8 \times 6.637 = 463.3(\text{kN})$

$\qquad\qquad\qquad\quad Ql = 120.1 \times 6.637 = 797.1(\text{kN})$

中间跨：$\qquad\qquad Gl = 69.8 \times 6.6 = 460.7(\text{kN})$

$\qquad\qquad\qquad\quad Ql = 120.1 \times 6.6 = 792.7(\text{kN})$

平均跨：$\qquad\qquad Gl = 69.8 \times 6.619 = 462(\text{kN})$

$\qquad\qquad\qquad\quad Ql = 120.1 \times 6.619 = 795(\text{kN})$

主梁弯矩计算见表 10-10。

（2）剪力计算：由 $V = k_3 G + k_4 Q$（k 值由表 10-3 查得）计算，主梁剪力计算见表 10-10。利用对称性，计算两个支座即可。

3. 主梁正截面承载力计算

主梁跨中按 T 形截面计算，其翼缘计算宽度为

表 10-10　主梁弯矩和剪力计算

项次	荷载简图	$\dfrac{k}{M_1}$	$\dfrac{k}{M_A}$	$\dfrac{k}{M_B}$	$\dfrac{k}{M_2}$	$\dfrac{k}{M_B}$	$\dfrac{k}{V_A}$	$\dfrac{k}{V_{BL}}$	$\dfrac{k}{V_{BR}}$
①恒载		0.244 113.0	72.2	−0.267 −123.7	0.067 31.0	0.067 31.0	0.733 51.2	−1.267 −88.4	1.000 69.8
②活载		0.289 230.4	194.5	−0.133 −105.7	−105.7	−105.7	0.866 104.0	−1.134 −136.2	0 0
③活载		−35.6	−70.7	−0.133 −105.7	0.200 158.5	0.200 158.5	−0.133 −16	−0.133 −16	1.000 120.1
④活载		0.229 182.5	99.8	−0.311 −247.2	75.9	0.170 134.8	0.689 82.7	−1.311 −157.5	1.222 146.8
⑤活载		−23.9	−47.3	−0.089 −70.8	0.170 134.8	75.9	−0.089 −10.7	−0.089 −10.7	0.778 93.4
内力组合	①+②	343.4	266.7	−229.4	−74.7	−74.7	155.2	−224.6	69.8
	①+③	77.4	1.5	−229.4	189.5	189.5	35.2	−104.4	189.9
	①+④	295.5	172	−370.9	106.9	165.8	133.9	−245.9	216.6
	①+⑤	89.1	24.9	−194.5	165.8	106.9	40.5	−99.1	163.2

边跨：$b_f' = l_0/3 = 6.637/3 = 2.21(\text{m}) < b_f' = b + s_n = 0.3 + 5.7 = 6(\text{m})$，取 $b_f' = 2.21$ m。

中间跨：$b_f' = l_0/3 = 6.6/3 = 2.2(\text{m}) < b_f' = b + s_n = 0.3 + 5.7 = 6(\text{m})$，取 $b_f' = 2.2$ m。

(1)判断 T 形截面类型。

取 $h_0 = h - a_s = 700 - 60 = 640(\text{mm})$（跨中截面按双排钢筋考虑），则

$$\alpha_1 f_c b_f' h_f' (h_0 - h_f'/2) = 1.0 \times 9.6 \times 2\,200 \times 80 \times (640 - 80/2) \times 10^{-6}$$
$$= 1\,013.76(\text{kN}\cdot\text{m}) > 357.6\ \text{kN}\cdot\text{m}\,(193.2\ \text{kN}\cdot\text{m})$$

故属于第一类 T 形截面。

(2)正截面承载力计算。

支座截面仍按矩形截面计算，$h_0 = 700 - 80 = 620(\text{mm})$。

主梁正截面承载力计算见表 10-11，其中 $V_0 = G + Q = 69.8 + 120.1 = 189.9(\text{kN})$。

4. 主梁斜截面承载力计算

主梁斜截面承载力计算见表 10-12。

表 10-11　主梁正截面承载力计算

截面	边跨中	B 支座	中间跨中	
$M(\text{kN} \cdot \text{m})$	343.4	-370.9	189.5	-74.7
$V_0 \dfrac{b}{2}$ (kN)	—	$189.9 \times 0.4/2$ $= 37.98$	—	—
$M - V_0 \dfrac{b}{2}$ (kN·m) （支座边缘弯矩）	—	-332.92	—	—
b 或 b'_{f} (mm)	2 210	300	2 200	300
$x = h_0 - \sqrt{h_0^2 - \dfrac{2M}{\alpha_1 f_c b}}$ (mm)	$25.8 < x_{\text{b}}$	$228.6 < x_{\text{b}}$	$14.2 < x_{\text{b}}$	$40.5 < x_{\text{b}}$
$A_{\text{s}} = \dfrac{\alpha_1 f_c b x}{f_y}$ (mm²)	1 825	2 195	1 000	389
选配钢筋	5 Φ 22	4 Φ 20 + 2 Φ 25	2 Φ 22 + 1 Φ 18	2 Φ 20
实际配筋面积(mm²)	1 900	2 238	1 014.5	628

表 10-12　主梁斜截面承载力计算

截面	A 支座	B 支座左	B 支座右
剪力 V(kN)	155.2	245.9	216.6
$0.25\beta_c f_c b h_0$ (kN)	\multicolumn{3}{c}{$0.25 \times 1.0 \times 9.6 \times 300 \times 640 \times 10^{-3} = 460.8(\text{kN}) > V$ 截面尺寸满足要求}	
$0.7 f_t b h_0$ (kN)	\multicolumn{3}{c}{$0.7 \times 1.1 \times 300 \times 640 \times 10^{-3} = 147.8(\text{kN}) < V$ 需按计算配箍}	
$\dfrac{A_{\text{sv}}}{s} = \dfrac{V - V_c}{f_{\text{yv}} h_0}$	0.55	0.73	0.513
箍筋直径(mm²)	Φ 8 双肢	Φ 8 双肢	Φ 8 双肢
箍筋间距(mm)	183	138	196
实配钢筋	Φ 8@130	Φ 8@130	Φ 8@130

5. 主次梁交接处附加吊筋计算

由次梁传给主梁的集中荷载为

$$F = 1.2 \times 47.28 + 1.3 \times 92.4 = 176.9(\text{kN})$$

$$A_{\text{s}} \geqslant \frac{F}{2 f_y \sin 45°} = \frac{176.9 \times 10^3}{2 \times 300 \times 0.707} = 417(\text{mm}^2)$$

选用 2 Φ 18($A_{\text{s}} = 509$ mm²)。

根据主梁计算结果及主梁的构造要求,绘制主梁配筋图,如图 10-32 所示。

🔑 **特别提示**

按照弯矩包络图确定纵向钢筋的截断距离和弯起距离是最小值,实际配筋时,为方便施工,采用《国家建筑标准设计图集 11G101 - 2》中的现浇混凝土板式楼梯的构造要求确定弯起和截断位置,其距离应大于照弯矩包络图确定纵向钢筋的截断距离和弯起距离是最小值。

绘制整个楼盖的结构施工图(平法),如图 10-33 和图 10-34 所示。

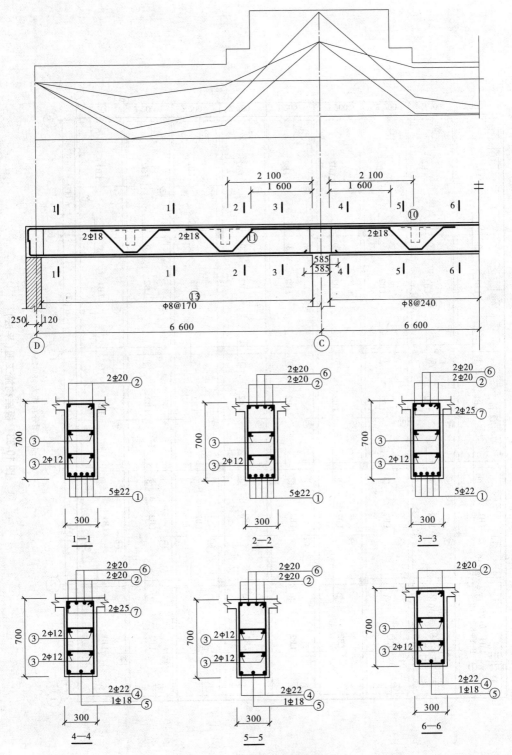

图 10-32　主梁施工图（截面图）

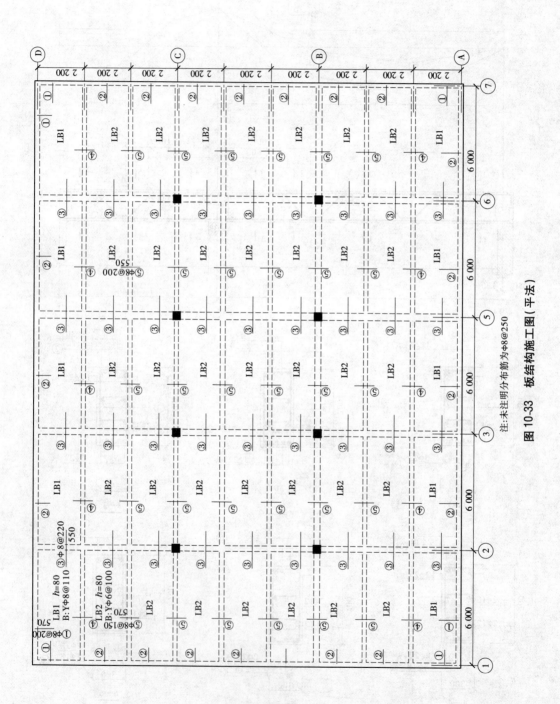

图 10-33　板结构施工图（平法）

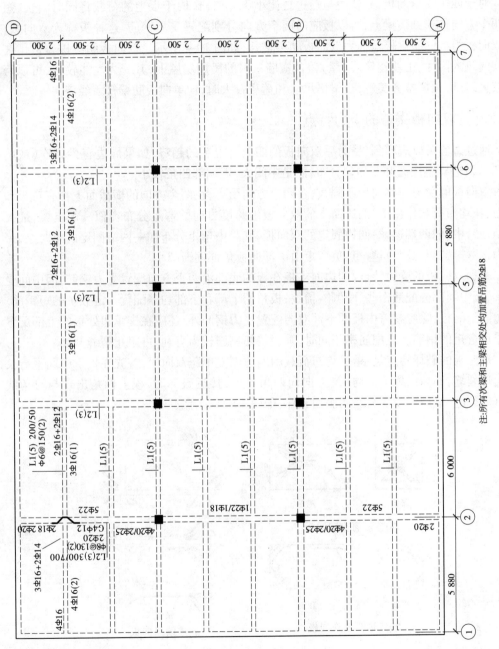

图 10-34 主次梁结构施工图

10.3　整体式双向板肋梁楼盖

对于四边支承的板,当长边与短边之比小于2时,作用于板上的荷载将同时沿长、短边两个方向传递到边梁上,所以板应沿两个方向分别配置受力钢筋,这种板称为双向板,由双向板组成的肋梁楼盖称为双向板肋梁楼盖,如图10-4所示。双向板肋梁楼盖常用在公共建筑的门厅、工业建筑楼(屋)盖及横墙较多的民用房屋上,其受力性能较好,可以跨越较大跨度,顶棚整齐美观,当梁格尺寸和荷载较大时,比单向板肋梁楼盖经济。

10.3.1　双向板楼盖的受力特点

通过试验可以观察到,受力后双向板的四周有上翘的趋势,如果周边有梁相连(或墙压柱),板边支座反力并非均匀分布,而是中间大,近端部四角较小。

双向板的受力与单向板不同,它在两个方向受力,在两个方向的横截面上都有弯矩和剪力,在均布荷载作用下,四边简支的双向板沿跨度方向的弯矩分布类似一简支梁,最大弯矩在跨中,向两端递减;四边固定的双向板,其跨中弯矩分布如一两端固定的单跨梁,跨内为正弯矩,支承处为负弯矩,负弯矩由中部向板角部逐渐减小。

根据双向板的受力特点,四边简支板在板的底部沿两个方向配置受力钢筋,因中间受力大,板中间部分配筋密些,两侧略稀些;板角的上部和下部均需配置一定数量的短钢筋。四边固定的板,除应在跨内板的下部双向配置受力钢筋外,还应在支承边处板的上部配置承受负弯矩的钢筋。在配筋率相同时,采用较细钢筋较为有利,可阻止裂缝开展。

双向板的破坏特点是,承受均布荷载的四边简支单跨双向板,首先在板下中间平行长边出现裂缝,而后沿板下大约45°方向向四角扩展,接近破坏时,板上四角出现与对角线垂直的裂缝,最后板中受力筋屈服而破坏,如图10-35所示。

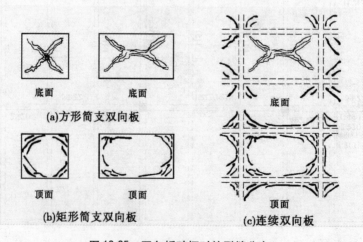

图10-35　双向板破坏时的裂缝分布

10.3.2　内力计算

同单向板一样,双向板的内力计算方法也有两种,即弹性理论计算方法和塑性理论计算方法。这里只介绍弹性理论计算方法,与塑性理论计算法比较,没有考虑混凝土的塑性性能,钢筋用量偏多,但计算较简单。

10.3.2.1 单跨双向板的弯矩计算

双向板按弹性理论方法计算属于弹性理论小挠度薄板的弯曲问题,内力分析很复杂,实际工程设计中,为便于应用,仍采用和单向板相似的计算方法,计算公式如下

$$m = 弯矩系数 \times (g+q)l^2 \tag{10-19}$$

式中　m——跨中或支座单位板宽内的弯矩;

　　　g、q——板上均布恒荷载、活荷载设计值;

　　　l_x、l_y——板 x 和 y 方向的计算跨度;

　　　l——取用 l_x、l_y 中的较小者。

10.3.2.2 多跨连续双向板的弯矩计算

1.跨内最大正弯矩的计算

(1)活荷载的最不利布置。多跨连续双向板也需要考虑活荷载的最不利布置。当求某跨跨中最大正弯矩时,应在该跨布置活荷载,并在其前后左右每隔一区格布置活荷载,形成如图 10-36 所示棋盘式布置。此时,图中带阴影线的区格内将产生跨中最大弯矩。

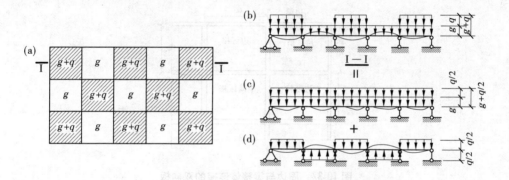

图 10-36　双向板跨中弯矩的最不利活荷载布置

(2)对称荷载和反对称荷载。为了能利用单跨双向板的内力计算系数表,可将图 10-36(b)中的活荷载分解为图 10-36(c)的对称荷载情况和图 10-36(d)的反对称荷载情况,将图 10-36(c)与图 10-36(d)叠加即为图 10-36(b)等效的活荷载分布。

在对称荷载作用下,所有中间支座两侧荷载相等,若忽略远端荷载的影响,可以近似认为板在中间支座处的转角为零,中间支座均可视为固定支座。因此,所有中间区格均可按四边固定的单跨双向板计算内力;边支座为简支,则边区格按三边固定、一边简支的单跨双向板计算,角区格按两邻边固定、两邻边简支的单跨双向板计算。

在反对称荷载作用下,相邻区格板在中间支座处转角方向一致,大小相等,可近似认为支座截面弯矩为零,所有中间支座均可视为简支支座。若楼盖周边视为简支,则每个区格均可按四边简支的单跨双向板计算。

最后,将上述两种荷载作用下求得的跨中弯矩叠加,即为在棋盘式活荷载不利布置下各区格板的跨中最大弯矩。

2. 支座最大负弯矩的计算

求支座最大负弯矩的活荷载最不利位置,应在该支座两侧区格内布置活荷载,然后隔跨布置,考虑到隔跨活荷载的影响很小,为简化计算,可假定板上所有区格均满布恒荷载和活荷载时得出支座负弯矩,即为支座的最大负弯矩。此时,所有中间支座均可视为固定支座,边支座则按实际情况考虑,因此可直接由单跨双向板的弯矩系数表查得弯矩系数,计算支座弯矩。当某些中间支座相邻两区格板的支承情况不同或跨度(相差小于20%)不等时,该支座的弯矩可近似取相邻两个区格板求出的支座弯矩的平均值。

3. 弯矩折减系数

在设计周边与梁整体连接的双向板时,应考虑周边支承梁对板推力的有利影响,截面的弯矩设计值可予以折减,如图 10-37 所示,折减系数按下列规定选用:

(1)对于连续板中间区格的跨中截面和中间支座截面,折减系数为 0.8。

(2)对于边区格的跨中截面和自楼板边缘算起的第二支座截面,当 $l_b/l < 1.5$ 时,折减系数为 0.8;当 $1.5 \leq l_b/l \leq 2$ 时,折减系数为 0.9,其中 l_b 为边区格沿板边缘方向的计算跨度,l 为垂直于板边缘方向的计算跨度。

(3)对于角区格的各截面,不应折减。

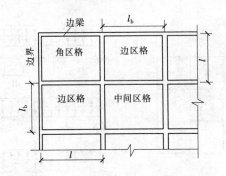

图 10-37　周边与梁整体连接的双向板

10.3.3　截面配筋计算与构造要求

10.3.3.1　截面配筋计算

1. 双向板的厚度

应使板厚满足构造要求的最小板厚并使板具有一定的刚度,不作挠度验算的双向板的最小厚度为 80 mm,四边简支双向板的最小高跨比为 1/45,四边连续双向板的最小高跨比为 1/50(其中高跨比是指板厚与跨度之比)。

2. 板的有效高度

由于双向板短跨方向的弯矩比长跨方向弯矩大,故短跨方向的受力钢筋应放在长跨方向受力钢筋的外侧(在跨中正弯矩截面短跨方向钢筋放在下排,支座负弯矩截面短跨方向钢筋放在上排),以充分利用板的截面有效高度 h_0,在估计 h_0 时:短跨方向 $h_0 = h - 20$(mm);长跨方向 $h_0 = h - 30$(mm)。

3. 配筋计算

双向板的受力钢筋沿纵横两个方向配置,配筋形式类似于单向板,板底纵向受力钢筋

截面面积是根据纵横两个方向跨中最大弯矩求得的,计算公式为

$$A_{sx} = \frac{M_x}{f_y \gamma_s h_{0x}} \qquad (10\text{-}20a)$$

$$A_{sy} = \frac{M_y}{f_y \gamma_s h_{0y}} \qquad (10\text{-}20b)$$

式中　h_{0x}——x 方向截面有效高度;

　　　h_{0y}——y 方向截面有效高度;

　　　γ_s——内力臂系数,可近似取 0.9 ~ 0.95。

10.3.3.2　配筋构造要求

与单向板中配筋方式类似,双向板的配筋方式有分离式和弯起式两种。为简化施工,目前在工程中多采用分离式配筋。根据双向板的破坏特征,双向板的板底应配置平行于板边的双向受力钢筋,以承担跨中正弯矩;对于四边固定支座的板,在其上部沿支座边尚应布置承受负弯矩的受力钢筋,支座负弯矩钢筋伸出支座的长度为短跨方向计算长度的 1/4。

板跨中弯矩比周边弯矩大,将板在两个方向各分为三个板带:两边板带的宽度为较小跨度的 1/4,其余为中间板带,如图 10-38 所示。当板内力按弹性理论计算时,在中间板带内均配置按最大正弯矩求得的板底钢筋,两边板带内配筋则减少一半,但每米宽度内不得少于 3 根。

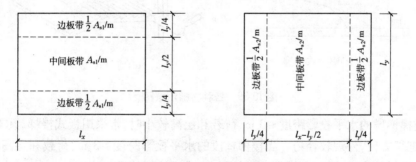

图 10-38　双向板配筋时板带的划分

楼盖周边嵌固在承重墙内或与梁整浇的板上部构造钢筋的设置要求与单向板肋梁楼盖相同。

10.4　楼　梯

10.4.1　楼梯的类型

建筑中楼梯作为垂直交通设施,要求坚固耐久、安全、防火、有足够的通行宽度和疏散能力、美观等,混凝土楼梯在建筑中被广泛应用。

根据施工方式的不同,混凝土楼梯可分为现浇整体式楼梯和装配式楼梯。根据受力状态的不同,楼梯可分为梁式、板式、螺旋式、剪刀式等,如图 10-39 所示。梁式楼梯和板

式楼梯可简化为平面受力体系求解,是本节重点介绍的内容。而螺旋式楼梯和剪刀式楼梯需按空间受力体系求解。

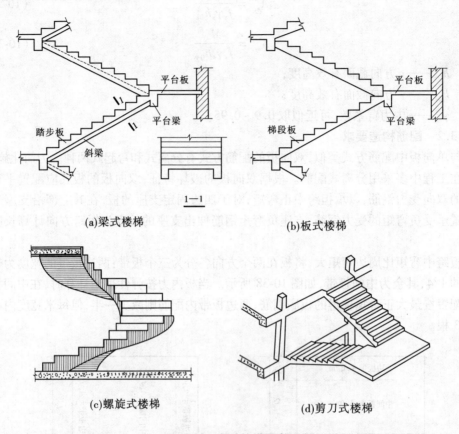

(a)梁式楼梯　　　　　　　　　　　　　(b)板式楼梯

(c)螺旋式楼梯　　　　　　　　　　(d)剪刀式楼梯

图 10-39　各种楼梯示意图

当楼梯梯段的水平投影跨度≤3 m、荷载和层高较小时,常采用板式楼梯,其下表面平整,支模施工方便,外观较轻巧。当楼梯梯段的水平投影跨度>3 m、荷载和层高较大时,采用梁式楼梯较为经济,但支模及施工较复杂,外观比较笨重。

10.4.2　现浇板式楼梯的设计

板式楼梯由三部分组成:梯段板、平台板和平台梁,如图 10-39(b)所示。梯段板是一块有踏步的由平台梁支撑的斜放的现浇板(斜板),简支于平台梁,平台梁间距为梯段板跨度;平台梁则简支于楼梯间的横墙或柱上,可简化为简支梁计算;平台板为四边支承的单区格板。

10.4.2.1　梯段板的设计

1.梯段板内力计算

梯段板为斜向搁置在平台梁上的受弯构件,梯段板的厚度一般取$(1/25 \sim 1/30)l_0$,l_0为梯段板的计算跨度。计算时取 1 m 宽板带作为计算单元,将梯段板与平台梁的连接简化为简支,由于梯段板为斜向搁置的受弯构件,梯段板的竖向荷载除引起弯矩和剪力外,还将产生轴向力,但其影响很小,设计时可不考虑。

梯段板的计算跨度按斜板的水平投影长度取值,荷载也同时化作梯段板水平投影长度上的均布荷载,如图 10-40 所示。

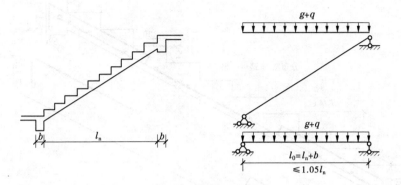

图 10-40　板式楼梯的梯段板

由力学知识可知,简支斜板在沿水平投影长度的竖向均布荷载作用下,跨中最大弯矩与相应的简支水平板的最大弯矩相等。梯段板跨中最大弯矩为

$$M_{\max} = \frac{1}{8}(g + q)l_0^2 \tag{10-21}$$

式中　$M_{\max}$——梯段板跨中最大弯矩;

　　　g、q——沿水平投影方向的恒荷载和活荷载设计值。

🔑 **特别提示**

这里要注意恒荷载和活荷载设计值是沿水平方向的投影,不是按斜向,所以梯段板的计算跨度按斜板的水平投影长度取值。

考虑到梯段板两端实际上与平台梁整体连接,平台梁对梯段板有部分嵌固作用,可以减小梯段板的跨中弯矩,故实际计算时,跨中正截面的设计弯矩可近似取为

$$M_{\max} = \frac{1}{10}(g + q)l_0^2 \tag{10-22}$$

与一般钢筋混凝土板一样,梯段板也不必进行斜截面受剪承载力的计算,所以不必计算梯段板的剪力设计值 $V_{\max}$。

2. 配筋与构造要求

(1)受力钢筋的配置。梯段板的正截面承载力是按最小的正截面高度来计算的,三角形踏步不予考虑。纵向受力钢筋通常采用直径 8～14 mm,间距 100～250 mm,沿梯段板斜向布置。考虑到平台梁对梯段板的嵌固作用,在梯段板的支座上将产生负弯矩,因此必须在梯段板端部的上部配置与板底纵向受力钢筋相同数量的支座负弯矩钢筋。

梯段板纵向受力钢筋的配筋方式及其钢筋的配置要求如图 10-41 所示。

🔑 **特别提示**

同楼盖板一样,梯板的配筋方式除图 10-41 所示的分离式,还有弯起式。尽管弯起式配筋对经济性有利,但考虑到施工方便,实际工程中仍然主要采用分离式配筋,而较少采用弯起式。

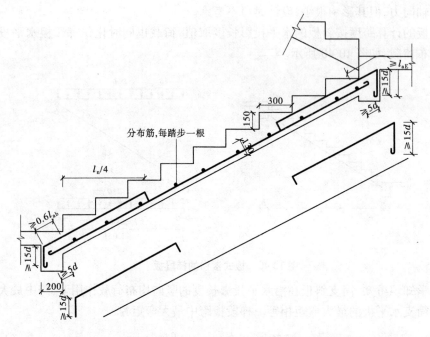

图 10-41　梯段板纵向受力钢筋的配筋方式及其钢筋的配置要求

　　（2）分布钢筋。在梯段板内垂直于纵向受力钢筋的方向上应按构造要求配置分布钢筋，要求每个踏步下至少放置 1 Φ 6 的分布钢筋，分布钢筋应放在纵向受力钢筋的内侧。

　　3. 折板的计算与构造要求

　　有时为满足建筑要求，需要将梯段板设计成折线形，如图 10-42（a）所示。折板的内力及配筋计算与斜板相同，但在板的内折角处，钢筋应断开，并分别进行锚固，以免钢筋受拉造成混凝土保护层脱落，如图 10-42（b）、（c）所示。

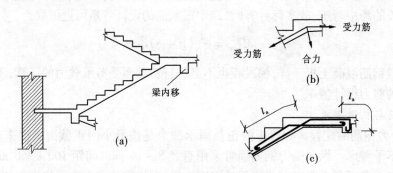

图 10-42　折板示意图及配筋要求

10.4.2.2　平台板的设计

　　平台板通常是四边支承的板，在短跨方向，平台板一端与平台梁整体浇筑，另一端可以简支在砖墙上或与门、窗过梁整体连接。平台板一般按简支单向板设计（有时也可能是双向板）。当平台板两端均与梁整体连接时，考虑梁对板的嵌固约束作用，板的跨中弯矩计算公式为

$$M_{max} = \frac{1}{10}(g + q)l_0^2 \qquad (10\text{-}23)$$

式中　M_{max}——平台板跨中最大弯矩；

　　　g、q——平台板上的恒荷载和活荷载设计值；

　　　l_0——平台板的计算跨度。

当平台板一端与平台梁整体浇筑，另一端简支在砖墙上时，板的跨中弯矩计算公式为

$$M_{max} = \frac{1}{8}(g + q)l_0^2 \qquad (10\text{-}24)$$

平台板的配筋方式及构造要求与普通板相同。

10.4.2.3　平台梁的设计

平台梁两端一般支承在楼梯间两侧的承重墙上，或与立在框架梁上的短柱整体连接。平台梁截面高度一般取 $h \geq l_0/12$。平台梁按简支梁设计，当平台板与平台梁均为现浇时，平台梁正截面按倒 L 形计算。平台梁承受梯段板、平台板传来的均布荷载和平台梁自重，平台梁跨中最大弯矩设计值为

$$M_{max} = \frac{1}{8}(g + q)l_0^2 \qquad (10\text{-}25)$$

平台梁支座截面的剪力设计值为

$$V_{max} = \frac{1}{2}(g + q)l_n \qquad (10\text{-}26)$$

式中　M_{max}——平台梁跨中最大弯矩；

　　　V_{max}——平台梁支座截面的最大剪力设计值；

　　　g、q——平台梁上的恒荷载和活荷载设计值；

　　　l_n——平台梁的净跨；

　　　l_0——平台梁的计算跨度，按表 10-1 确定。

平台梁底部承受跨中正弯矩的纵向受力钢筋可按一般受弯构件计算配置。考虑到平台梁两侧传来的荷载不同，会使平台梁受扭，在平台梁内宜适当增加纵筋和箍筋的用量，其他构造要求与一般梁相同。

10.4.3　现浇梁式楼梯的设计

梁式楼梯的结构组成为踏步板、梯段斜梁、平台板和平台梁，如图 10-39(a)所示。梁式楼梯由梯段斜梁承受梯段上全部荷载，斜梁由上下两端的平台梁支承，平台梁的间距为斜梁的跨度。

梁式楼梯的结构可简化为踏步板简支于斜梁，斜梁简支于平台梁，平台梁支承于横墙或柱上。传力路径是均布荷载→踏步板→斜梁→平台梁→墙或柱。现浇梁式楼梯的设计主要包括踏步板、梯段斜梁、平台板和平台梁设计四部分。

10.4.3.1　踏步板的设计

1.踏步板的计算简图

梁式楼梯的踏步板可视为两端支承在梯段斜梁上的单向板，为计算方便，一般在竖向切出一个踏步作为计算单元，踏步板的截面为比较特殊的梯形截面，如图 10-43(a)、(b)

所示,可按截面面积相等的原则简化为同宽度的矩形截面。踏步的高度 c 由构造设计确定,踏步板厚度 δ 一般取 $30 \sim 40$ mm,板的高度按折算高度取用,折算高度近似取梯形截面的平均高度,即 $h = \dfrac{c}{2} + \dfrac{\delta}{\cos\alpha}$,$\alpha$ 为斜梁与水平线的交角。

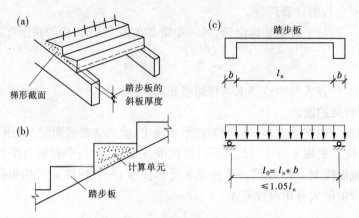

图 10-43　梁式楼梯的踏步板

2. 踏步板的配筋

踏步板的配筋需按计算确定,受力主筋沿踏步的长向配置,且每一级踏步受力钢筋不得少于 $2 \phi 6$,布置在踏步下面的斜板中,并应沿梯段宽度布置间距不大于 250 mm、直径不小于 $\phi 6$ 的分布钢筋。踏步板同时应配置负弯矩钢筋,可单独设置,也可将踏步板下部受力钢筋伸入支座后,再弯向上部,如图 10-44 所示。

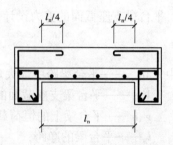

图 10-44　梁式楼梯踏步板弯折钢筋

10.4.3.2　梯段斜梁的设计

梁式楼梯的梯段斜梁两端支承在平台梁上,承受踏步板传来的荷载和自重,斜梁计算不考虑平台梁的约束作用,可简化为简支斜梁,再化成水平简支梁计算内力,如图 10-45 所示。斜梁的截面高度一般取 $h \geqslant (1/16 \sim 1/20) l_0$,斜梁和与其整浇的踏步板共同工作,应按倒 L 形梁设计,踏步板下斜板为其受压翼缘。

斜梁的跨中最大弯矩按水平投影跨度和单位水平投影长度线荷载计算(不考虑轴向力),其公式为

$$M_{\max} = \frac{1}{8}(g + q) l_0^2 \tag{10-27}$$

式中　$M_{\max}$——斜梁的跨中最大弯矩;

g、q——作用于斜梁上沿水平投影方向的恒荷载和活荷载设计值;

l_0——斜梁计算跨度的水平投影长度。

斜梁的最大剪力为(不考虑轴向力)

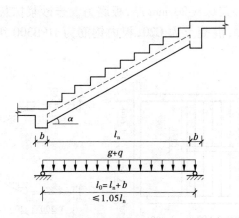

图 10-45　梁式楼梯梯段斜梁的计算简图

$$V_{max} = \frac{1}{2}(g + q)l_n\cos\alpha \qquad (10\text{-}28)$$

式中　V_{max}——斜梁的最大剪力；

　　　l_n——斜梁净跨的水平投影长度；

　　　α——斜梁与水平方向的倾角。

斜梁的配筋计算与一般梁相同,受力主筋应沿斜梁长向配置,斜梁的纵向受力钢筋在平台梁中应有足够的锚固长度。

10.4.3.3　平台板与平台梁的设计

梁式楼梯平台板的计算及构造基本与板式楼梯相同。

梁式楼梯的平台梁支承在楼梯间两侧的横墙或柱上,一般按简支梁计算。平台梁承受斜梁传来的集中荷载、平台板传来的均布荷载和平台梁自重,如图 10-46 所示。平台梁截面两侧荷载不同,受扭矩作用,虽一般不需计算,但应适当增强箍筋。在平台梁中位于斜梁支座两侧处,还应设置附加箍筋,以承受斜梁传来的集中荷载。

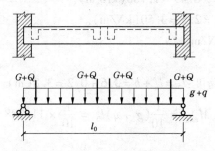

图 10-46　梁式楼梯平台梁的计算简图

10.4.4　楼梯设计实例

10.4.4.1　设计资料

某建筑的钢筋混凝土楼梯,抗震等级为四级,$l_{aE} = 39d$,根据楼梯建筑详图作出结构布置图如图 10-47 所示,考虑到楼梯梯段较短和公共楼梯的卫生和美观要求,拟采用板式楼梯。楼梯面层为水泥砂浆抹灰 20 mm 厚,板底为混合砂浆抹灰厚 20 mm,楼梯活荷载标准值为 $q_k = 2.5$ kN/m^2,混凝土为 C20,板内钢筋为 HPB300 级,梁内钢筋为 HRB335 级。

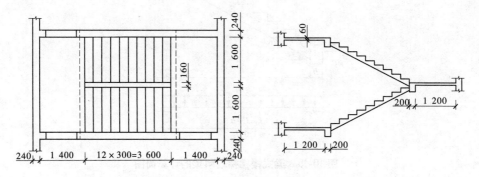

图 10-47　楼梯结构布置图

10.4.4.2　梯段板设计

梯段板板厚取为 $h \approx \dfrac{l_0}{30} = \dfrac{3\ 800}{30} = 126.7(\text{mm})$,取 $h = 130$ mm。

取 1 m 宽梯段板作为计算单元。

1. 荷载计算

踏步抹灰重:$(0.3 + 0.15) \times 0.02 \times 1/0.3 \times 20 = 0.6(\text{kN/m})$。

梯段板自重:$\left(\dfrac{1}{2} \times 0.15 + \dfrac{0.13}{2/\sqrt{5}}\right) \times 25 = 5.51(\text{kN/m})$。

板底抹灰重:$\dfrac{0.02}{2/\sqrt{5}} \times 17 = 0.38(\text{kN/m})$。

恒荷载标准值:$g_k = 6.49(\text{kN/m})$。

恒荷载设计值:$g = 1.2 \times 6.49 = 7.788(\text{kN/m})$。

活荷载设计值:$q = 1.4 \times 2.5 = 3.50(\text{kN/m})$。

合计:$g + q = 11.288$ kN/m。

2. 内力计算

梯段板水平投影计算跨度:$l_0 = l_n + b = 3.6 + 0.2 = 3.8(\text{m})$。

梯段板跨中最大弯矩:$M_{\max} = \dfrac{1}{10}(g + q)l_0^2 = \dfrac{1}{10} \times 11.288 \times 3.8^2 = 16.3(\text{kN} \cdot \text{m})$。

3. 配筋计算

混凝土强度为 C20,$f_c = 9.6$ N/mm^2,HPB300 钢筋,$f_y = 270$ N/mm^2。

$$h_0 = h - a_s = 130 - 20 = 110(\text{mm})$$

$$\alpha_s = \frac{M}{\alpha_1 f_c b h_0^2} = \frac{16.3 \times 10^6}{1.0 \times 9.6 \times 1\ 000 \times 110^2} = 0.14$$

$$\xi = 1 - \sqrt{1 - 2\alpha_s} = 0.15$$

$$A_s = \frac{\xi\alpha_1 f_c b h_0}{f_y} = \frac{0.15 \times 1.0 \times 9.6 \times 1\,000 \times 110}{270} = 586.7(\text{mm})^2$$

选配钢筋：Φ8@85（实配钢筋面积 $A_s = 604\ \text{mm}^2$）。

10.4.4.3 平台板设计

取 1 m 宽板带为计算单元。

1. 荷载计算

20 mm 厚板面水泥砂浆抹灰：$0.02 \times 20 = 0.40(\text{kN/m})$。

60 mm 厚钢筋混凝土板自重：$0.06 \times 25 = 1.50(\text{kN/m})$。

20 mm 板底混合砂浆抹灰：$0.02 \times 17 = 0.34(\text{kN/m})$。

恒荷载标准值：$g_k = 2.24\ \text{kN/m}$。

活荷载标准值：$q_k = 2.5\ \text{kN/m}$。

荷载设计值：$g + q = 1.2g_k + 1.4q_k = 1.2 \times 2.24 + 1.4 \times 2.5 = 6.188(\text{kN/m})$。

2. 内力计算

平台板截面有效高度：$h_0 = h - a_s = 60 - 20 = 40(\text{mm})$。

平台板的计算跨度：$l_0 = l_n + h/2 + b/2 = 1.4 + 0.06/2 + 0.2/2 = 1.53(\text{m})$。

平台板跨中最大弯矩：$M_{\max} = \dfrac{1}{8}(g + q)l_0^2 = \dfrac{1}{8} \times 6.188 \times 1.53^2 = 1.81(\text{kN} \cdot \text{m})$。

3. 配筋计算

$$\alpha_s = \frac{M}{\alpha_1 f_c b h_0^2} = \frac{1.81 \times 10^6}{1.0 \times 9.6 \times 1\,000 \times 40^2} = 0.118$$

$$\xi = 1 - \sqrt{1 - 2\alpha_s} = 0.126$$

$$A_s = \frac{\xi\alpha_1 f_c b h_0}{f_y} = \frac{0.126 \times 1.0 \times 9.6 \times 1\,000 \times 40}{270} = 179.2(\text{mm}^2)$$

选配钢筋：Φ8@200（实配钢筋面积 $A_s = 251\ \text{mm}^2$）。

平台板中分布钢筋及有关构造钢筋按构造要求配置。

10.4.4.4 平台梁设计

平台梁是单跨梁，两端搁置在楼梯间的墙上，计算跨度为

$l_0 = 1.05l_n = 1.05 \times 3.36 = 3.53(\text{m}) < l_n + a = 3.36 + 0.24 = 3.60(\text{m})$，取 $l_0 = 3.53\ \text{m}$

截面尺寸为：$h = l_0/12 = 3\,530/12 = 294.2(\text{mm})$，取 $b \times h = 200\ \text{mm} \times 400\ \text{mm}$。

1. 荷载计算

梯段板传来：$11.288 \times 3.6/2 = 20.32(\text{kN/m})$。

平台板传来：$6.188 \times (1.4/2 + 0.2) = 5.57(\text{kN/m})$。

平台梁自重设计值：$1.2 \times 0.2 \times (0.4 - 0.06) \times 25 = 2.04(\text{kN/m})$。

平台梁侧抹灰设计值：$1.2 \times 2 \times (0.4 - 0.06) \times 0.02 \times 17 = 0.28(\text{kN/m})$。

荷载设计值合计：$g + q = 28.21\ \text{kN/m}$。

2. 内力计算

跨中最大弯矩：$M_{\max} = \dfrac{1}{8}(g+q)l_0^2 = \dfrac{1}{8} \times 28.21 \times 3.53^2 = 43.94(\text{kN} \cdot \text{m})$。

支座最大剪力：$V_{\max} = \dfrac{1}{2}(g+q)l_n = \dfrac{1}{2} \times 28.21 \times 3.36 = 47.39(\text{kN} \cdot \text{m})$。

3. 受弯承载力计算

按倒 L 形截面进行计算，受压翼缘宽度 $b_f' = \dfrac{l_0}{6} = \dfrac{3530}{6} = 588(\text{mm})$。

$$b_f' = b + \frac{s_n}{2} = 200 + \frac{1400}{2} = 900(\text{mm})$$

取 $b_f' = 588\ \text{mm}$，$h_0 = h - a_s = 400 - 35 = 365(\text{mm})$。

$$\alpha_1 f_c b_f' h_f'\left(h_0 - \frac{h_f'}{2}\right) = 1.0 \times 9.6 \times 588 \times 60 \times \left(365 - \frac{60}{2}\right) \times 10^{-6}$$

$$= 113.46(\text{kN} \cdot \text{m}) > M = 43.94\ \text{kN} \cdot \text{m}$$

属于第一类倒 L 形截面。

$$\alpha_s = \frac{M}{\alpha_1 f_c b_f' h_0^2} = \frac{43.94 \times 10^6}{1.0 \times 9.6 \times 588 \times 365^2} = 0.058$$

$$\xi = 1 - \sqrt{1 - 2\alpha_s} = 0.060$$

$$A_s = \frac{\xi \alpha_1 f_c b_f' h_0}{f_y} = \frac{0.060 \times 1.0 \times 9.6 \times 588 \times 365}{300} = 412\ (\text{mm}^2)$$

选配钢筋：2 ⊈ 18（$A_s = 509\ \text{mm}^2$）。

4. 受剪承载力计算

$0.25\beta_c f_c b h_0 = 0.25 \times 1.0 \times 9.6 \times 200 \times 365 \times 10^{-3} = 175.2(\text{kN}) > V$，截面尺寸满足要求。

$0.7 f_t b h_0 = 0.7 \times 1.1 \times 200 \times 365 \times 10^{-3} = 56.2(\text{kN}) > V$，所以，仅需按构造要求配置箍筋，选用双肢箍筋 Φ 6@200。

梯段板、平台板配筋示意图如图 10-48 所示，平台梁配筋示意图如图 10-49 所示。

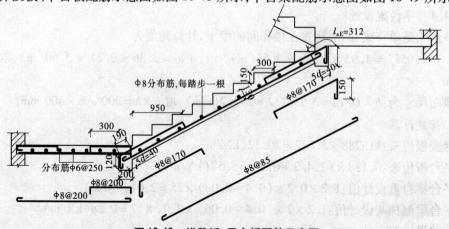

图 10-48　梯段板、平台板配筋示意图

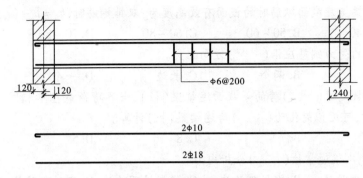

图 10-49 平台梁配筋示意图

小 结

1. 当板四边有支撑时,依据长短边之比分为双向板和单向板。双向板在荷载作用下双向弯曲、双向受力,在两个方向均需配置受力钢筋;单向板以短向弯曲为主,另一个方向弯矩可忽略,受力筋沿板短向布置在外侧,分布筋取决于构造要求设在内侧。

2. 现浇整体式肋梁楼盖的设计步骤包括:结构选型和结构布置、结构计算(确定计算简图、荷载计算、内力分析、内力组合、截面配筋计算)、结构构造设计及绘制施工图。对单向板肋梁楼盖,主梁按弹性理论计算内力,板和次梁按塑性理论计算内力。连续梁、板各跨计算跨度相差不超过 10% 时,可按等跨计算。五跨以上可按五跨计算。对多跨连续梁、板要考虑活荷载的最不利布置,五跨以内的连续梁、板,在各种常用荷载作用下的内力,可从表格中查出内力系数进行计算。连续梁、板的配筋方式有弯起式和分离式。板和次梁不必按内力包络图确定钢筋弯曲和截断的位置,一般按构造规定确定。主梁纵向钢筋的弯起与截断,应通过绘制弯矩包络图和抵抗弯矩图确定。次梁与主梁的相交处,应设置附加箍筋或附加吊筋。

3. 现浇楼梯主要有板式楼梯与梁式楼梯,跨度小于 3 m 时常用板式楼梯。板式楼梯由梯段板、平台板、平台梁组成,梁式楼梯由踏步板、斜梁、平台板、平台梁组成。

4. 雨篷一般为悬挑构件,除应进行承载力计算外,尚需进行抗倾覆验算。

习 题

一、选择题

1. 当 $l_2/l_1 \geqslant ($) 时,认为仅短向受力称为单向板。

  A. 5   B. 6   C. 3   D. 4

2. 单向板的(   )应沿短向配置,沿长向仅(   )配置。

  A. 箍筋   B. 受力钢筋   C. 构造配筋   D. 弯起钢筋

3. 计算主梁支座截面纵筋时的截面有效高度为:单排钢筋时,$h_0 = h - ($)mm。

  A. 35 ~ 40   B. 50 ~ 60   C. 60 ~ 80   D. 70 ~ 80

4. 计算主梁支座截面纵筋时的截面有效高度为：双排钢筋时，$h_0 = h - ($ 　　$)$mm。

　　A. 35 ~ 40　　　　B. 50 ~ 60　　　　C. 60 ~ 80　　　　D. 70 ~ 80

5. 双向板的受力钢筋应沿(　　)方向配置。

　　A. 短边　　　　B. 两个　　　　C. 长边　　　　D. 一个

6. 实际跨数超过(　　)跨的等截面连续梁(板)，当各跨荷载基本相同，且跨度相差不超过 10% 时，可近似简化为(　　)跨连续梁(板)计算。

　　A. 6　　　　B. 7　　　　C. 8　　　　D. 5

7. 连续板、次梁通常按(　　)分析内力。

　　A. 弹性理论法　　B. 塑性理论法　　C. 弹塑性理论法　　D. 刚性理论法

8. 主梁为了使构件具有较大的承载力储备，一般也采用(　　)计算其内力。

　　A. 弹性理论法　　B. 塑性理论法　　C. 弹塑性理论法　　D. 刚性理论法

9. 《规范》规定，对四周与梁整体连接的单向板中间跨的跨中截面及中间支座截面，计算弯矩可减少(　　)，其他截面不予降低。

　　A. 10%　　　　B. 20%　　　　C. 30%　　　　D. 40%

10. 按弹性理论法计算单向板肋梁楼盖时，对板和次梁采用折算荷载来进行计算，这考虑到(　　)。

　　A. 方便计算

　　B. 塑性内力重分布的影响

　　C. 支座转动的弹性约束将减小活荷载布置对跨中弯矩的不利影响

　　D. 当跨度不同但差值在 10% 以内时，将板和次梁按等跨计算，忽略了跨度不同带来的影响

11. 一个 4 跨连续梁，求第 2 跨的最大正弯矩时，活荷载应布置在(　　)。

　　A. 第 1、2 跨　　B. 第 2 跨　　　C. 第 2、4 跨　　D. 第 1、3 跨

12. 一个 4 跨连续梁，求第 2 支座截面的最大正负矩时，活荷载应布置在(　　)。

　　A. 第 1、2 跨　　B. 第 2、3 跨　　C. 第 1、3 跨　　D. 第 1、2、4 跨

13. 承受均布荷载的钢筋混凝土 5 跨连续梁(等跨)，在一般情况下，由于塑性内力重分布的结果，而使(　　)。

　　A. 跨中弯矩减小，支座弯矩增大

　　B. 跨中弯矩增大，支座弯矩减小

　　C. 支座弯矩和跨中弯矩都增大

　　D. 支座弯矩和跨中弯矩都减小

14. 钢筋混凝土连续梁的中央支座处，已配置好足够的箍筋，若配置的弯起钢筋数量不满足要求，则应增设(　　)。

　　A. 纵筋　　　　B. 鸭筋　　　　C. 浮筋　　　　D. 架力钢筋

二、思考题

1. 钢筋混凝土楼盖结构有哪几种类型？说明它们各自受力特点和适用范围。

2. 什么是单向板？什么是双向板？它们是如何划分的？它们的受力情况有何主要区别？

3. 单向板肋梁楼盖结构设计的一般步骤是什么？说明单向板肋梁楼盖的传力路径。

4. 单向板肋梁楼盖的结构布置应考虑哪些因素?

5. 现浇单向板肋梁楼盖中的板、次梁和主梁,如何确定其计算简图?

6. 为什么连续板、梁内力计算时要进行荷载最不利布置? 连续板、梁活荷载最不利布置的原则是什么?

7. 什么是连续梁的内力包络图?

8. 什么是塑性铰? 钢筋混凝土中的塑性铰与力学中的理想铰有何异同?

9. 什么是塑性内力重分布? 塑性铰与内力重分布有何关系?

10. 什么是弯矩调幅? 考虑塑性内力重分布计算钢筋混凝土连续梁的内力时,为什么要进行弯矩调幅?

11. 按考虑塑性内力重分布计算钢筋混凝土连续梁的内力时,为什么要限制截面受压区高度?

12. 确定弯矩调幅系数时应考虑哪些原则?

13. 单向板有哪些构造钢筋? 为什么要配置这些钢筋?

14. 主梁的计算和配筋构造与次梁相比有些什么特点?

15. 为什么在计算整浇连续板、梁的支座截面配筋时,应取支座边缘处的弯矩?

16. 在主梁设计中,为什么在主次梁相交处需设置附加吊筋或附加箍筋?

17. 板式楼梯与梁式楼梯有何区别? 各适用于何种情况? 板式楼梯如何设计计算?

18. 雨篷板和雨篷梁分别是如何设计计算的?

三、计算题

1. 如图 10-50 所示为钢筋混凝土三跨连续梁的计算简图,梁承受的永久荷载设计值 $g = 8$ kN/ m,可变荷载设计值 $q = 15$ kN/ m,试设计该梁。

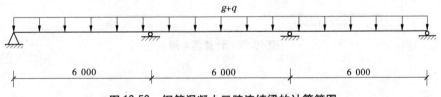

图 10-50 钢筋混凝土三跨连续梁的计算简图

2. 某厂房现浇钢筋混凝土肋梁楼盖,平面图如图 10-51 所示。楼面活荷载标准值 $q_k = 10$ kN/m²,楼面面层为 20 mm 水泥砂浆抹面(重度为 20 kN/m³),板底抹灰为 15 mm 混合砂浆(重度为 18 kN/m³),采用 C20 混凝土,外墙采用 240 mm 厚砖墙,不设边柱,板在墙上的搁置长度为 120 mm,次梁和主梁在墙上的搁置长度为 240 mm。试计算板、次梁和主梁的荷载大小,并画出它们的计算简图(板厚 $h = 100$ mm)。

3. 条件同计算题 2,已知梁中受力钢筋采用 HRB335 级钢筋,其他钢筋均采用 HPB235 级钢筋。柱的截面尺寸为 400 mm×400 mm,试按塑性理论法计算板和次梁的配筋,按弹性理论法计算主梁的配筋。

4. 双向板楼盖平面尺寸如图 10-52 所示,板厚 80 mm,此梁截面 $b \times h = 250$ mm×500 mm,主梁截面 $b \times h = 250$ mm×500 mm,楼面面层为 20 mm 水泥砂浆抹面(容重为 20 kN/m³),板底抹灰为 15 mm 混合砂浆(容重为 18 kN/m³),楼面活荷载标准值 $q_k = 3$

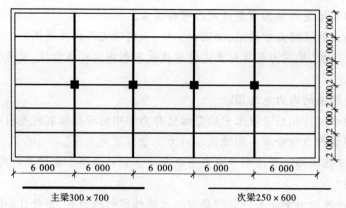

6 000   6 000   6 000   6 000   6 000

主梁300×700   次梁250×600

图 10-51   计算题 2 图

kN/m², 混凝土采用 C20, 板内受力钢筋采用 HPB235 级, 外墙采用 240 mm 厚砖墙, 不设边柱, 板在墙上的搁置长度为 120 mm, 要求按弹性理论计算板的内力。

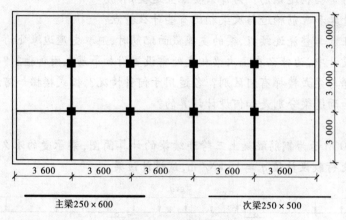

3 600   3 600   3 600   3 600   3 600

主梁250×600   次梁250×500

图 10-52   计算题 4 图

第 11 章　预应力混凝土结构简介

教学目标

1. 了解预应力混凝土结构构件的受力特点和预应力混凝土的分类。
2. 熟悉先张法的特点、施工张拉夹具和锚固夹具类别和使用要求、先张法施工工艺流程。
3. 熟悉后张法的特点及施工工艺流程。
4. 了解应力损失的概念和引起应力损失的各因素。

教学要求

能力目标	知识要点	权重
理解预应力混凝土的概念	预应力混凝土的概念	10%
了解预应力混凝土的分类	预应力混凝土的分类方法	10%
熟悉先张法施工工艺	施工顺序、张拉设备、混凝土的浇筑与养护、预应力筋的放张	30%
熟悉后张法施工工艺	施工顺序、锚具、张拉机械、预应力筋的制作	30%
了解预应力损失的概念	预应力损失的概念和影响因素	20%

章节导读

　　预应力混凝土是最近几十年发展起来的一项新技术,现在世界各国都在应用,其推广使用的范围和数量已成为衡量一个国家建筑技术水平的重要标志之一。预应力混凝土的优点是明显的,预应力混凝土能提高构件的抗裂能力和刚度,使构件在使用荷载作用下可以不出现裂缝或可以使裂缝宽度大大减小,有效地改善了构件的使用性能,提高了构件的刚度,增加了结构的耐久性。预应力混凝土采用高强材料,因而可以减小构件截面尺寸,减少材料用量并降低结构的自重,这一点对于大跨度结构和高层建筑结构尤其重要。

　　目前,预应力混凝土不仅较广泛地应用于工业与民用建筑的屋架,如吊车梁、空心楼板、大型屋面板、桥梁、轨枕、电杆、桩等方面,而且已应用到矿井支架、海港码头和造船等方面,如 60 m 拱形屋架、12 m 跨度 200 t 吊车梁,5 000 t 水压机架、大跨度薄壳结构、144 m 悬臂拼装公路桥和 11 万 t 容量的煤气罐等都已应用成功。如图 11-1 所示为先张法预应力混凝土构件,图 11-2 所示为后张法预应力混凝土构件,图 11-3 所示为柳州壶东大桥,就是一座预应力混凝土连续梁桥,图 11-4 所示为现浇预应力混凝土 U 形薄壳渡槽。

图 11-1　先张法预应力混凝土构件

图 11-2　后张法预应力混凝土构件

图 11-3　柳州壶东大桥

图 11-4　现浇预应力混凝土 U 形薄壳渡槽

 引例

　　如图 11-5 所示为预应力混凝土路面示意图,预应力混凝土路面相比普通路面有面板薄、接缝数量少、行车平稳、整体性强、使用性能优良、维修费用少、耐久性高等特点。1947年在法国建成了第一条预应力混凝土跑道,我国 1997 年和 1998 年分别在南京和徐州建成了两条预应力混凝土路面试验段。

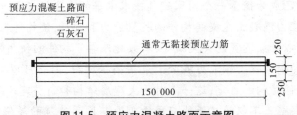

图 11-5　预应力混凝土路面示意图

　　如图 11-6 所示的南京电视塔,地面上总高 308 m,−10~201 m 为预应力混凝土塔身,201~270 m 为预应力混凝土桅杆,270~380 m 为钢桅杆。南京塔的塔身是由 8 个独立的互成 120°的空腹肢腿组成的,互相间有间隔 20 m 左右的 7 道箱形预应力混凝土连梁相连构成了空间框架结构体系。由于体系特殊,受力复杂,为了改善结构的受力性能,在塔中全面采用高效预应力技术。

图 11-6 南京电视塔

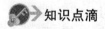 知识点滴

预应力混凝土的发展历史

将预应力的概念用于混凝土结构是美国工程师 P. H. 杰克逊于 1886 年首先提出的，1928 年法国工程师 E. 弗雷西内提出必须采用高强钢材和高强混凝土以减少混凝土收缩与徐变(蠕变)所造成的预应力损失，使混凝土构件长期保持预压应力之后，预应力混凝土才开始进入实用阶段。1939 年奥地利的 V. 恩佩格提出对普通钢筋混凝土附加少量预应力高强钢丝以改善裂缝和挠度性状的部分预应力新概念。1940 年，英国的埃伯利斯进一步提出预应力混凝土结构的预应力与非预应力配筋都可以采用高强钢丝的建议。

预应力混凝土的大量采用是在 1945 年第二次世界大战结束之后，当时西欧面临大量战后恢复工作。由于钢材奇缺，一些传统上采用钢结构的工程以预应力混凝土代替。开始用于公路桥梁和工业厂房，逐步扩大到公共建筑和其他工程领域。在 50 年代中国和苏联对采用冷处理钢筋的预应力混凝土，作出了容许开裂的规定。直到 1970 年，第六届国际预应力混凝土会议上肯定了部分预应力混凝土的合理性和经济意义。认识到预应力混凝土与钢筋混凝土并不是截然不同的两种结构材料，而是同属于一个统一的加筋混凝土系列。在以全预应力混凝土与钢筋混凝土为两个边界之间的范围，则为容许混凝土出现拉应力或开裂的部分预应力混凝土范围。设计人员可以根据对结构功能的要求和所处的环境条件，合理选用预应力的大小，以寻求使用性能好、造价低的最优结构设计方案，是预应力混凝土结构设计思想上的重大发展。

中国于 1956 年开始推广预应力混凝土。20 世纪 50 年代，主要采用冷拉钢筋作为预应力筋，生产预制预应力混凝土屋架、吊车梁等工业厂房构件。70 年代，在民用建筑中开始推广冷拔低碳钢丝配筋的预应力混凝土中小型构件。20 世纪 80 年代以来，预应力混凝土大量应用于大型公共建筑、高层及超高层建筑、大跨度桥梁和多层工业厂房等现代工程。经过 50 多年的努力探索，中国在预应力混凝土的设计理论、计算方法、构件系列、结构体系、张拉锚固体系、预应力工艺、预应力筋和混凝土材料等方面，已经形成一套独特的体系;在预应力混凝土的施工技术与施工管理方面,已经积累了丰富的经验。

11.1 预应力混凝土

11.1.1 预应力混凝土的概念

混凝土受拉构件、受弯构件、大偏心受压构件等,在各种荷载作用下,都存在受拉区。由于混凝土的抗拉强度低,极限拉应变很小,当荷载不是太大时,上述构件中将出现裂缝。

混凝土的极限抗拉应变值 ε_{ctu} 为 $0.0001 \sim 0.00015$,这样对于不允许开裂的构件,其受拉钢筋应力只能达到 $\sigma_s = E_s \varepsilon_{ctu} = 2 \times 10^5 \times (0.0001 \sim 0.00015) = (20 \sim 30) \, N/mm^2$。而对于允许开裂的构件,钢筋应力达到 $250 \, N/mm^2$,裂缝宽度已达 $0.2 \sim 0.3 \, mm$,已经影响了构件的正常使用——构件的耐久性降低。为了满足变形和裂缝宽度要求,需增大截面尺寸和用钢量,不但使自重过大还会影响经济性,因此钢筋混凝土结构用于大跨度结构成为不可能或不经济。提高混凝土强度等级对构件抗裂性能所起的作用也是极其有限的,因为各强度等级混凝土的极限抗拉应变相差不大。增大构件截面尺寸能提高抗裂性,但所需混凝土多,自重增大。普通混凝土这种受拉区容易出现开裂的缺点,与使用要求之间的矛盾,高强钢材不断发展与普通混凝土构件中不能充分发挥其高强性能的矛盾,促使人们在设计理论与施工工艺方面的研究有了新的突破——提出了预应力混凝土的理论。

所谓预应力混凝土就是在混凝土构件承受使用荷载前的制作阶段,预先对使用阶段的受拉区混凝土施加预压力使之产生预压应力,减小或抵消外荷载产生的拉应力达到推迟开裂甚至不开裂,以提高构件的抗裂度和刚度。当构件承受使用荷载而产生拉应力时,首先要抵消混凝土的预压应力,然后随着荷载的增加,受拉区混凝土才产生拉应力。因此,可推迟混凝土裂缝的出现和开展,以满足使用要求。这种在结构构件承受荷载以前预先对受拉区混凝土施加压应力的结构构件,就称为预应力混凝土构件。

如图 11-7 所示,一简支梁在承受外荷载之前,预先在梁的受拉区施加一对大小相等、方向相反的集中力 N,则构件各截面的应力分布如图 11-7(a)所示,下边混凝土纤维的压应力为 σ_{pc};仅在使用荷载 q 作用下,梁跨中截面应力分布如图 11-7(b)所示,跨中截面下边缘混凝土的拉应力为 σ_t;当两种应力状态相互叠加时,如图 11-7(c)所示,梁跨中下边缘的应力可能是数值很小的拉应力,也可能是压应力,甚至应力为零,视施加压力 N 和荷载 q 的相对大小而定。

如图 11-8 所示为两根梁的荷载挠度曲线对比图。从图可知预应力混凝土构件具有如下受力特征:

(1)对混凝土构件施加预应力可以提高构件的抗裂性。

(2)预应力的大小可人为地根据需要调整。

(3)在使用荷载作用下,构件基本处于弹性工作阶段,材料力学的公式完全适用。

(4)施加预应力对构件正截面承载力无明显影响,对斜截面承载力有一定提高。

11.1.2 预应力混凝土的分类

(1)按预加应力的方法可分为:先张法预应力混凝土和后张法预应力混凝土。先张

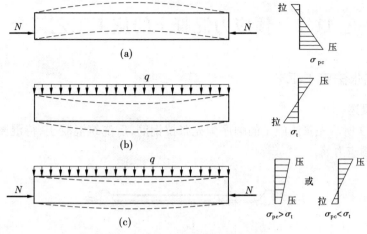

图 11-7　预应力混凝土的受力特点

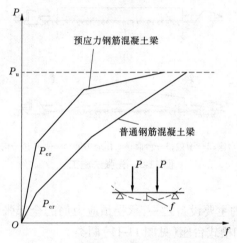

图 11-8　两根梁的荷载挠度曲线对比图

法就是先张拉钢筋,后浇筑混凝土,待混凝土达到一定强度(一般不低于设计强度标准值的 75%)后放松预应力筋,一般用于预制构件。后张法就是先浇筑混凝土(预留孔道),待混凝土达到一定强度(一般不低于设计强度标准值的 75%)后穿筋张拉并锚固,最后进行孔道灌浆。一般用于现浇结构。

(2)按预应力钢筋与混凝土的黏结状况可分为有黏结预应力混凝土和无黏结预应力混凝土。无黏结预应力混凝土是将预应力钢筋的外表面涂以沥青、油脂或其他润滑防锈材料,以减小摩擦力并防锈蚀,并用塑料套管或纸带、塑料带包裹,以防止施工中碰坏涂层,并使之与周围混凝土隔离,而在张拉时可沿纵向发生相对滑移。不需要预留孔道,也不必灌浆、施工简便、快速、造价较低、易于推广应用,适用于跨度大的曲线配筋的梁体。

(3)按预加应力的程度可分为全预应力混凝土和部分预应力混凝土。全预应力混凝土就是在使用荷载作用下,不允许截面上混凝土出现拉应力的构件,属严格要求不出现裂缝的构件。部分预应力混凝土允许出现裂缝,但最大裂缝宽度不超过允许值的构件,属允许出现裂缝的构件。

11.2　预应力混凝土的施工工艺简介

11.2.1　先张法施工工艺

11.2.1.1　概述

如图 11-9 所示先张法施工的顺序为先张拉钢筋,后浇筑混凝土,待混凝土达到一定强度后放松预应力筋。

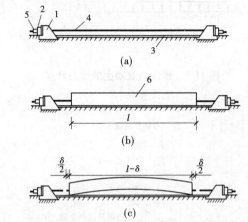

1—台座;2—横梁;3—台面;4—预应力筋;5—夹具;6—构件

图 11-9　先张法施工

11.2.1.2　台座

台座是先张法施工的主要设备之一,承受预应力筋的全部张拉力。按构造形式分为墩式台座(见图 11-10)和槽式台座(见图 11-11)两类。

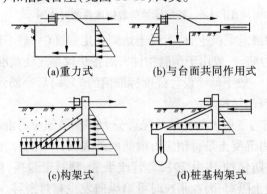

(a)重力式　　　(b)与台面共同作用式

(c)构架式　　　　　(d)桩基构架式

图 11-10　墩式台座

11.2.1.3　夹具

夹具是先张法构件施工时保持预应力筋拉力,并将其固定在张拉台座(或设备)上的临时性锚固装置,按其工作用途不同分为张拉夹具和锚固夹具。

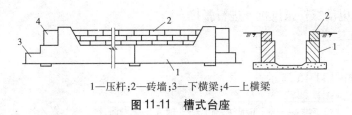

1—压杆;2—砖墙;3—下横梁;4—上横梁

图 11-11　槽式台座

（1）张拉夹具:将预应力筋与张拉机械连接起来,进行预应力筋张拉的工具。常用的有月牙形、偏心式和楔形夹具,如图 11-12 所示。

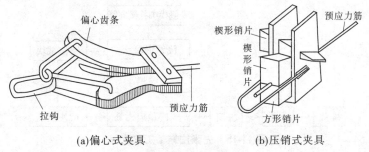

(a)偏心式夹具　　　　　(b)压销式夹具

图 11-12　张拉夹具

（2）锚固夹具:是将预应力筋锚固在台座上,主要有如图 11-13 所示的锥形夹具和如图 11-14 所示的圆套筒三片式夹具。

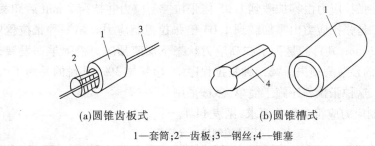

(a)圆锥齿板式　　　　　(b)圆锥槽式

1—套筒;2—齿板;3—钢丝;4—锥塞

图 11-13　锥形夹具

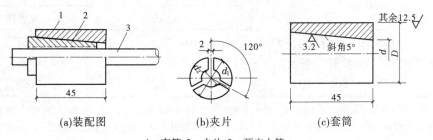

(a)装配图　　　　(b)夹片　　　　(c)套筒

1—套筒;2—夹片;3—预应力筋

图 11-14　圆套筒三片式夹具

11.2.1.4　张拉设备

张拉机具的张拉力应不小于预应力筋张拉力的 1.5 倍;张拉机具的张拉行程不小于预应力筋伸长值的 1.1～1.3 倍。钢丝张拉分单根张拉和成组张拉。用钢模以机组流水法或传送带法生产构件时,常采用成组钢丝张拉。在台座上生产构件一般采用单根钢丝在电动卷扬机、电动螺杆张拉机上进行张拉。

11.2.1.5　施工工艺

1. 工艺流程

工艺流程如图 11-15 所示。

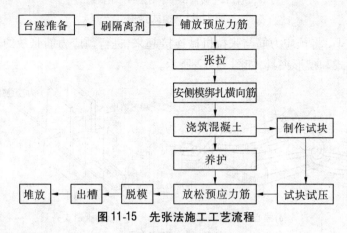

图 11-15　先张法施工工艺流程

2. 预应力筋的张拉

（1）张拉程序：有一次张拉和超张拉两种。一次张拉即直接将预应力筋应力由零加至张拉控制应力。超张拉就是张拉应力超过规范规定的控制应力值。采用超张拉时有两种张拉程序：一是张拉应力由零加载到 1.05 倍张拉控制应力并持荷 2 min 后卸载将应力减到控制应力；二是张拉应力由零加载到 1.03 倍张拉控制应力。第一种张拉程序中，超张拉 5% 并持荷 2 min，其目的是为了在高应力状态下加速预应力松弛早期发展，以减少预应力松弛引起的预应力损失。第二种张拉程序中，超张拉 3%，其目的是为了弥补预应力筋的松弛损失，这种张拉程序施工简单，多被采用。

（2）张拉控制应力应符合规范要求，见表 11-1。

表 11-1　张拉控制应力允许值 $[\sigma_{con}]$

钢种	张拉方法	
	先张法	先张法
碳素钢丝、刻痕钢丝、钢绞线（项次 1）	$0.75f_{ptk}$	$0.70f_{pyk}$
热处理钢筋、冷拔低碳钢丝（项次 2）	$0.70f_{ptk}$	$0.65f_{pyk}$
冷拉钢丝（项次 3）	$0.90f_{ptk}$	$0.85f_{pyk}$

注：f_{ptk} 表示预应力钢筋的强度标准值。f_{pyk} 表示预应力钢丝、钢绞线的强度标准值。控制应力不宜超过表中数值，但也不宜过低，而不能充分利用钢筋的强度，对于项次 1 和项次 2：$\sigma_{con} \geq 0.4f_{ptk}$；对于项次 3：$\sigma_{con} \geq 0.5f_{pyk}$。《规范》还规定，当符合一定情况时，$[\sigma_{con}]$ 可以提高 $0.05f_{ptk}$ 或提高 $0.05f_{pyk}$。

3. 混凝土浇筑和养护

预应力筋张拉完毕后即应浇筑混凝土，混凝土的浇筑应一次完成，不允许留施工缝。养护要注意温度的影响（温差会引起预应力损失）。

4. 预应力筋的放张

（1）放张要求：混凝土达到设计的强度标准值的 75%。

(2)放张顺序:轴心受压构件同时放张,偏心受压构件要先同时放张预压力较小区域的预应力筋,再同时放张预压力较大区域的预应力筋。

(3)放张方法:配筋不多,可单根放张,配筋多时应同时放张。预应力钢筋混凝土构件配筋多时可采用楔块放张(见图 11-16)和砂箱放张(见图 11-17)。

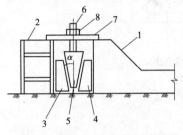

1—台座;2—横梁;3、4—楔块;5—钢楔块;
6—螺杆;7—承力板;8—螺母

图 11-16　用楔块放张预应力筋示意图

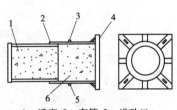

1—活塞;2—套箱;3—进砂口;
4—套箱底板;5—出砂口;6—砂

图 11-17　砂箱放张构造图

11.2.2　后张法施工工艺

11.2.2.1　概述

后张法施工就是先浇筑混凝土(预留孔道),待混凝土达到一定强度(一般不低于设计强度标准值的 75%)后穿筋张拉并锚固,最后进行孔道灌浆。

11.2.2.2　锚具

(1)单根钢筋锚具:张拉端采用螺丝端杆(螺杆)锚具,如图 11-18 所示,固定端采用帮条锚具,如图 11-19 所示。

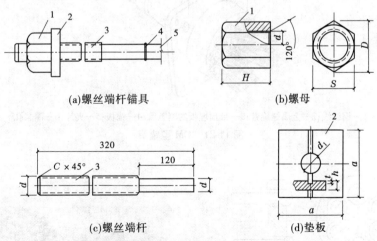

(a)螺丝端杆锚具　　　　　(b)螺母

(c)螺丝端杆　　　　　(d)垫板

1—螺母;2—垫板;3—螺丝端杆;4—对焊接头;5—预应力筋

图 11-18　螺丝端杆锚具

(2)钢筋束(钢绞线束)锚具:目前使用的锚具有 JM 型(见图 11-20)、QM 型(见图 11-21)和镦头锚具(见图 11-22)等。张拉端采用 JM 型锚具,固定端采用镦头锚具。

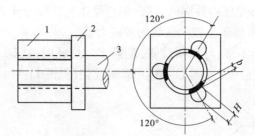

1—衬板；2—帮条；3—预应力筋

图 11-19　帮条锚具

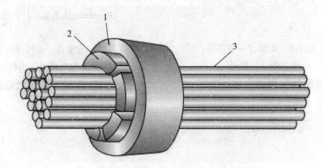

1—锚环；2—夹片；3—钢筋束

图 11-20　JM 型锚具

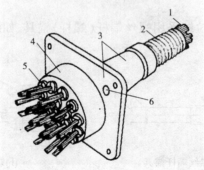

1—钢绞线；2—金属螺旋管；3—带预埋板的喇叭管；4—锚板；5—夹片；6—灌浆孔

图 11-21　QM 型锚具

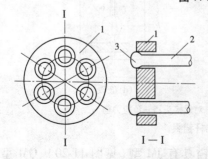

1—锚固板；2—预应力筋；3—镦头

图 11-22　镦头锚具

11.2.2.3 张拉机械

（1）拉杆式千斤顶（代号 YL）：如图 11-23 所示，适用于张拉配有螺丝端杆锚具、锥形螺杆锚具或 DM5A 型镦头锚具的预应力钢筋。

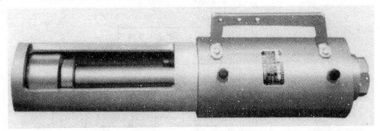

图 11-23 拉杆式千斤顶

（2）穿心式千斤顶（代号 YC）：如图 11-24 所示，双作用千斤顶（张拉和锚固），YC60 型适用于张拉以夹片锚具为张拉锚具的预应力钢筋束或钢绞线束，加装撑脚、张拉杆和连接器后可张拉以螺丝端杆锚具为张拉锚具的单根钢筋；YCD 型、YCQ 型适用于张拉以夹片锚具为张拉锚具的预应力钢绞线束。

图 11-24 穿心式千斤顶

11.2.2.4 施工工艺

（1）工艺流程如图 11-25 所示。

（2）孔道留设：是后张法预应力混凝土构件制作中的关键工序之一。留设方法有钢管抽芯法（适用于留设直线孔道）、胶管抽芯法（可用于留设直线、曲线或折线孔道）和预埋波纹管法等。

（3）预应力筋张拉：混凝土达到设计强度的 75% 时即可张拉钢筋，张拉控制应力应符合规范要求，张拉程序、预应力筋张拉力的计算与先张法相同。抽芯成形孔道，曲线预应力筋和长度大于 24 m 的直线预应力筋，应在两端张拉，长度小于或等于 24 m 的直线预应力筋可在一端张拉，预埋波纹管道，曲线预应力筋和长度大于 30 m 的直线预应力筋，宜在两端张拉，长度小于或等于 30 m 的直线预应力筋可在一端张拉。对配筋不多的预应力钢筋混凝土构件，可同时张拉；对配有多根预应力筋的构件，应分批、分阶段对称张拉。

（4）孔道灌浆：预应力筋张拉后，应尽快进行孔道灌浆。作用于两方面：一方面可保护预应力筋以免锈蚀，另一方面使预应力筋与混凝土有效黏结，控制超载时裂缝的间距与

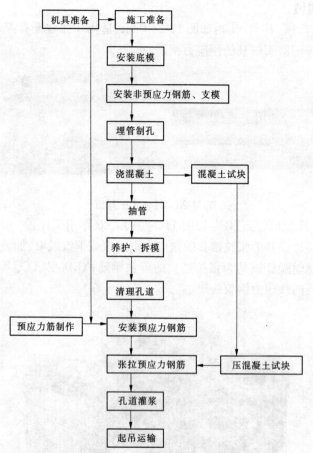

图 11-25　后张法施工工艺流程

宽度,减轻梁端锚具的负荷情况。

11.2.2.5　预应力筋的制作

1. 单根预应力钢筋的制作

单根钢筋的制作包括配料、对焊、冷拉等工序。钢筋下料长度计算示意图如图 11-26 所示。

预应力筋下料长度 L 可用式(11-1)计算

$$L = \frac{l - 2l_1 + 2l_2}{1 + \delta - \delta_1} + nd \tag{11-1}$$

式中　l——构件孔道长度;

　　　l_1——螺丝端杆长度;

　　　l_2——螺丝端杆外露长度;

　　　δ——钢筋的试验冷拉率;

　　　δ_1——钢筋冷拉的弹性回缩率;

　　　n——钢筋与钢筋、钢筋与螺杆的对焊接头总数;

　　　d——预应力筋直径。

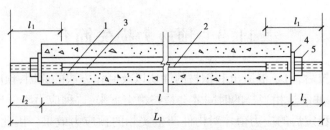

1—螺丝端杆;2—预应力钢筋;3—对焊接头;4—垫板;5—螺母

图 11-26　钢筋下料长度计算示意图

一端采用螺杆锚具,另一端采用帮条锚具或镦头锚具的下料长度计算公式如下

$$L = \frac{l - l_1 + l_2 + l_3}{1 + \delta - \delta_1} + nd \quad 或 \quad L = \frac{l - l_1 + l_2 + l_4}{1 + \delta - \delta_1} + nd \qquad (11\text{-}2)$$

式中　l_3——帮条锚具长度,取值 70 ~ 80 mm;

　　　l_4——镦头锚具长度,取值为 2.25 倍钢筋直径加 15 mm(垫板厚度)。

2. 钢筋束(钢绞线束)的制作

预应力筋两端同时张拉时,下料长度由式(11-3)计算

$$L = l + 2a \qquad (11\text{-}3)$$

预应力筋一端张拉时,下料长度由式(11-4)计算

$$L = l + a + b \qquad (11\text{-}4)$$

式中　L——预应力筋的下料长度;

　　　l——构件的孔道长度;

　　　a——张拉端留量;

　　　b——固定端留量。

张拉端留量 a、固定端留量 b 与锚具和张拉机械有关,采用 JM12 型锚具和 YC60 型千斤顶张拉时,$a = 850$ mm, $b = 80$ mm;对于钢筋束,若固定端采用镦头锚具,$b = 2.25d + 15$。

【**例 11-1**】　21 m 预应力屋架下弦的孔道长为 20.80 m,预应力筋为冷拉 HRB400 钢筋,直径为 22 mm,每根长度为 8 m,实测冷拉率 $\delta = 4\%$,弹性回缩率 $\delta_1 = 0.4\%$,张拉应力为 $0.85f_{pyk}$。螺丝端杆长为 320 mm,螺丝端杆外露长度为 120 mm,帮条长为 50 mm,垫板厚为 15 mm。计算:(1)两端用螺丝端杆锚具锚固时预应力筋的下料长度?(2)一端用螺丝端杆,另一端为帮条锚具时预应力筋的下料长度?(3)预应力筋的张拉力为多少?(张拉控制程序:$0 \rightarrow 1.03\sigma_{con}$,$f_{pyk} = 500$ N/mm²)

解:(1)两端用螺丝端杆锚具锚固时预应力筋的下料长度。

$$L = \frac{l - 2l_1 + 2l_2}{1 + \delta - \delta_1} + nd = \frac{20\,800 - 2 \times 320 + 2 \times 120}{1 + 4\% - 0.4\%} + 4 \times 22 = 19\,779(\text{mm})$$

(2)一端用螺丝端杆,另一端为帮条锚具时预应力筋的下料长度。

$$L = \frac{l - l_1 + l_2 + l_3}{1 + \delta - \delta_1} + nd = \frac{20\,800 - 320 + 120 + 50}{1 + 4\% - 0.4\%} + 3 \times 22 = 19\,998(\text{mm})$$

(3)预应力筋的张拉力。

$$F_p = (1 + m)\sigma_{con}A_p = (1 + 3\%) \times 0.85 \times 500 \times \frac{\pi \times 22^2}{4} = 166\,403(\text{N}) = 166.403 \text{ kN}$$

11.3　预应力损失简介

预应力筋张拉后,由于混凝土和钢材的性质以及制作方法的原因,预应力筋中应力会从 σ_{con} 逐步减少,并经过相当长的时间才会最终稳定下来,这种应力降低现象称为预应力损失。由于最终稳定后的应力值才对构件产生实际的预应力效果。因此,预应力损失是预应力混凝土结构设计和施工中的一个关键的问题。过高或过低估计预应力损失,都会对结构的使用性能产生不利影响。

由于预应力通过张拉预应力筋得到,凡是能使预应力筋产生缩短的因素,都将引起预应力损失,主要有:

(1)锚固损失 σ_{l1}:预应力筋张拉后锚固时,由于锚具受力后变形、垫板缝隙的挤紧以及钢筋在锚具中的内缩引起的预应力损失记为 σ_{l1}。

$$\sigma_{l1} = \frac{a}{l} E_s \tag{11-5}$$

式中　　a——锚具变形和钢筋内缩值,见表 11-2。

表 11-2　锚具变形和钢筋内缩值 a

锚具类别	$a(\mathrm{mm})$
支承式锚具(钢丝束镦头锚具等):	
螺帽缝隙	1
每块后加垫板的缝隙	1
锥塞式锚具(钢丝束的钢质锥形锚具等)	5
夹片式锚具:	
有顶压时	5
无顶压时	6 ~ 8

锚具损失只考虑张拉端,对于锚固端,由于锚具在张拉过程中已经被挤紧,故不考虑其所引起的预应力损失。对于块体拼成的结构,预应力损失尚应考虑体间填缝的预压变形(混凝土或砂浆填缝,1 mm/缝)。尽量少用垫板,每增加一块垫板,内缩值增加 1 mm,可以增加台座长度来减小预应力损失。

(2)摩擦损失 σ_{l2}:是指在后张法张拉钢筋时,由于预应力筋与周围接触的混凝土或套管之间存在摩擦(孔道不直、尺寸偏差、孔壁粗糙等),引起预应力筋应力随距张拉端距离的增加而逐渐减少的现象。

(3)混凝土加热养护时,受张拉的钢筋与承受拉力的设备之间温差引起的损失 σ_{l3}:为缩短先张法构件的生产周期,常采用蒸汽养护加快混凝土的凝结硬化。混凝土加热养护时,受张拉的钢筋与承受拉力的设备之间温差引起预应力损失。

升温时,新浇混凝土尚未结硬,钢筋受热膨胀,但张拉预应力筋的台座是固定不动的,亦即钢筋长度不变,因此预应力筋中的应力随温度的增高而降低,产生预应力损失 σ_{l3}。

降温时,混凝土达到了一定的强度,与预应力筋之间已具有黏结作用,两者共同回缩,已产生预应力损失 σ_{l3} 无法恢复。

设养护升温后,预应力筋与台座的温差为 Δt ℃,取钢筋的温度膨胀系数为 $1 \times 10^{-5}/℃$,则有 $\sigma_{l3} = 1 \times 10^{-5} E_s \Delta t = 1 \times 10^{-5} \times 2 \times 10^5 \times \Delta t = 2\Delta t$,减少此项损失的措施可以采用二次升温养护。先在常温下养护至混凝土强度等级达到 C7.5 ~ C10,再逐渐升温至规定的养护温度,这时可认为钢筋与混凝土已结成整体,能够一起胀缩而不引起预应力损失;也可以在钢模上张拉预应力钢筋,由于钢模和构件一起加热养护,升温时两者温度相同,可不考虑此项损失。

(4)钢筋应力松弛引起的预应力损失 σ_{l4}:钢筋的应力松弛是指钢筋在高应力作用下及钢筋长度不变条件下,其应力随时间增长而降低的现象。钢筋应力松弛有以下特点:应力松弛与时间有关,开始快,以后慢;应力松弛与钢材品种有关,冷拉钢筋、热处理钢筋的应力松弛损失比碳素钢丝、冷拔低碳钢丝、钢绞线要小;张拉控制应力 σ_{con} 高,应力松弛大。采用超张拉可使应力松弛损失有所降低。超张拉程序为:$0 \to (1.05 \sim 1.1)$

$$\sigma_{con} \xrightarrow{\text{持荷 2 min}} 0 \to \sigma_{con}。$$

(5)混凝土的收缩徐变引起的预应力损失 σ_{l5}:混凝土结硬时产生体积收缩,在预压力作用下,混凝土会发生徐变,这都会使构件缩短,构件中的预应力钢筋跟着回缩,造成预应力损失。减少此项损失的措施可以采用高强度水泥,减少水泥用量,降低水灰比;采用级配良好的骨料,加强振捣,提高混凝土的密实性;加强养护,以减少混凝土的收缩。

(6)用螺旋式预应力钢筋作配筋的环形构件由于混凝土的局部挤压引起的预应力损失 σ_{l6}:仅后张法有这项损失。当 $D \leqslant 3$ m 时,$\sigma_{l6} = 30$ MPa;当 $D > 3$ m,不考虑该项损失。此处,D 为环形构件的直径。

预应力混凝土构件从预加应力开始即需要进行计算,而预应力损失是分批发生的。因此,应根据计算需要,考虑相应阶段所产生的预应力损失。

(1)混凝土预压前完成的损失 σ_{lI}。

(2)混凝土预压后完成的损失 σ_{lII}。

根据上述预应力损失发生时间先后关系,具体组合见表11-3。

表 11-3　预应力损失的组合

预应力损失的组合	先张法构件	后张法构件
混凝土预压前(第一批)损失 σ_{lI}	$\sigma_{l1} + \sigma_{l2} + \sigma_{l3} + \sigma_{l4}$	$\sigma_{l1} + \sigma_{l2}$
混凝土预压后(第二批)损失 σ_{lII}	σ_{l5}	$\sigma_{l4} + \sigma_{l5}$

考虑到预应力损失计算的误差,在总损失 $\sigma_l = \sigma_{lI} + \sigma_{lII}$ 计算值过小时,产生不利影响,《规范》规定当先张法构件总损失 σ_l 值小于 100 MPa 时,取 100 MPa;当先张法构件总损失 σ_l 值小于 80 MPa 时,取 80 MPa。

❖ 小　结

1.预应力混凝土显著的优点是抗裂性好,能够采用高强混凝土和高强钢筋。

2.预应力混凝土的分类：

(1)按预加应力的方法可分为先张法预应力混凝土和后张法预应力混凝土。

(2)按预应力钢筋与混凝土的黏结状况可分为有黏结预应力混凝土和无黏结预应力混凝土。

(3)按预加应力的程度可分全预应力混凝土和部分预应力混凝土。

3.先张法的施工工艺：先张拉钢筋，后浇筑混凝土，待混凝土达到一定强度(一般不低于设计强度标准值的75%)后放松预应力筋。一般用于预制构件。

4.后张法的施工工艺：先浇筑混凝土(预留孔道)，待混凝土达到一定强度(一般不低于设计强度标准值的75%)后穿筋张拉并锚固，最后进行孔道灌浆。一般用于现浇结构。

5.预应力钢筋在施工和使用过程中会产生损失，其损失主要有六个方面：

(1)锚固损失 σ_{l1}：预应力筋张拉后锚固时，由于锚具受力后变形、垫板缝隙的挤紧以及钢筋在锚具中的内缩引起的预应力损失记为 σ_{l1}。

$$\sigma_{l1} = \frac{a}{l}E_s$$

(2)摩擦损失 σ_{l2}：是指在后张法张拉钢筋时，由于预应力筋与周围接触的混凝土或套管之间存在摩擦(孔道不直、尺寸偏差、孔壁粗糙等)，引起预应力筋应力随距张拉端距离的增加而逐渐减少的现象。

(3)混凝土加热养护时，受张拉的钢筋与承受拉力的设备之间温差引起的损失 σ_{l3}。

(4)钢筋应力松弛引起的预应力损失 σ_{l4}：钢筋的应力松弛是指钢筋在高应力作用下及钢筋长度不变条件下，其应力随时间增长而降低的现象。

(5)混凝土的收缩徐变引起的预应力损失 σ_{l5}：混凝土结硬时产生体积收缩，在预压力作用下，混凝土会发生徐变，这都会使构件缩短，构件中的预应力钢筋跟着回缩，造成预应力损失。

(6)用螺旋式预应力钢筋作配筋的环形构件由于混凝土的局部挤压引起的预应力损失 σ_{l6}：仅后张法有这项损失。

◀ 习　题

一、选择题

1.预应力混凝土梁是在构件的(　　　)预先施加压应力而成。

　A.受压区　　　　　　B.受拉区　　　　　C.中心线处　　　　D.中性轴处

2.先张法适用的构件为(　　　)。

　A.小型构件　　　B.中型构件　　　C.中、小型构件　　　D.大型构件

3.后张法施工较先张法的优点是(　　　)。

　A.不需要台座、不受地点限制　　　　B.工序少

　C.工艺简单　　　　　　　　　　　　D.锚具可重复利用

4.先张法预应力混凝土构件是利用(　　　)使混凝土建立预应力的。

　A.通过钢筋热胀冷缩　　　　　　　　B.张拉钢筋

C.通过端部锚具　　　　　　　　　　D.混凝土与预应力的黏结力

5.二次升温养护是为了减少(　　　)引起的预应力损失。

　　　A.混凝土的收缩　　　　　　　　　　B.混凝土的徐变

　　　C.钢筋的松弛　　　　　　　　　　　D.温差

二、简答题

1.什么是先张法? 什么是后张法? 比较它们的异同点?

2.在张拉过程中为什么要进行超张拉?

3.简述先张法施工中预应力筋的放张方法和放张顺序?

三、计算题

　　某预应力混凝土屋架,采用机械张拉后张法施工,孔道长度为 29.8 m,预应力筋为冷拉Ⅳ级钢筋,直径为 20 mm,施工现场每根钢筋长度为 8 m。实测钢筋冷拉率 γ 为 3.5%,冷拉后的冷拉率 δ 为 0.4%,螺丝端杆长度为 320 mm,伸出构件外的长度为 120 mm,张拉控制应力为 $0.85f_{pyk}(f_{pyk}=500 \text{ N/mm}^2)$,张拉程序采用 $0\rightarrow1.03\sigma_{con}$,计算预应力钢筋的下料长度和预应力筋的张拉力。

◀◀ 第 12 章　砌体结构

教学目标

1. 了解砌体结构的材料和强度等级。
2. 理解砌体受压破坏特征。
3. 掌握砌体受压承载力的计算方法。

教学要求

能力目标	知识要点	权重
了解砌体结构的材料	材料的种类	10%
了解砌体结构的材料强度等级	强度等级的划分	10%
理解砌体受压破坏特征	受压破坏的三个阶段	10%
了解砌体的抗压强度设计值	抗压强度设计值的取值和调整	10%
掌握无筋砌体受压构件计算	无筋砌体受压构件计算公式	30%
掌握局部受压砌体承载力计算	局部受压砌体承载力计算公式	30%

章节导读

　　砌体结构是由块体和砂浆砌筑而成的墙、柱作为建筑物主要受力构件的结构,是砖砌体、石砌体和砌块砌体结构的统称,通常用于低层的建筑物,如图 12-1 和 12-2 所示。

　　　图 12-1　砌体结构房屋 1　　　　　图 12-2　砌体结构房屋 2

　　砌体结构和钢筋混凝土结构相比,可以节约水泥和钢材,降低造价。砖石材料具有良好的耐火性,较好的化学稳定性和大气稳定性,又具有较好的保温隔热和隔声性能,易满足建筑功能要求。

　　砌体结构的另一个特点是其抗压强度远大于抗拉、抗剪强度,特别适合于以受压为主构件的应用。砌体结构抗弯、抗拉性能较差，一般不宜作为受拉或受弯结构。

工业中的一些特殊结构，如小型管道支架、料仓、高度在 60 m 以内的烟囱、小型水池；在交通土建方面，如拱桥、隧道、地下渠道、涵洞、挡土墙，如图 12-3 和图 12-4 所示；在水利建设方面，如小型水坝、水闸、堰和渡槽支架等，也常用砌体结构建造。

　　　图 12-3　砌体结构拱桥　　　　　　　　　　　图 12-4　砌体结构挡土墙

随着科学技术的进步，针对上述种种缺点已经采取各种措施加以克服和改善，主要表现在以下几个方面：

（1）采用轻质高强多功能砌块和高性能砂浆。

（2）采用新的结构体系：配筋砌体、组合砌体和预应力砌体。

（3）工业化、机械化程度越来越高。

（4）发展混凝土小型空心砌块。

根据近年来国内科研试验最新成果和国内工程实践经验，参考国际规范以及国外工程经验结合我国经济建设发展需要，2011 年对《砌体结构设计规范》（GB 50003—2001）进行了全面的修订，在 2012 年 7 月 4 日实施了新的《砌体结构设计规范》（GB 50003—2011）（以下简称新规范）。新规范的实施必将对工程设计水平的进一步提高起到积极的作用。

引例

古代没有钢筋和混凝土材料，应用最多的材料是砌体和木材，因此许多宏伟的工程都是砌体结构，如举世闻名的万里长城，如图 12-5 所示。长城位于中国的北部，它东起河北省渤海湾的山海关，西至内陆地区甘肃省的嘉峪关，横贯河北、北京、内蒙古、山西、陕西、宁夏、甘肃等七个省、市、自治区，全长约 6 700 km，约 13 400 m，有"万里长城"之誉。长城是中国也是世界上修建时间最长、工程量最大的一项古代防御工程。自公元前七八世纪开始，延续不断修筑了 2 000 多年，分布于中国北部和中部的广大土地上，总计长度达 50 000 多 km，被称为"上下两千多年，纵横十万余里"。如此浩大的工程不仅在中国就是在世界上，也是绝无仅有的，因而在几百年前就与罗马斗兽场、比萨斜塔等列为中古世界七大奇迹之一。

世界上现存最高的砌体结构为埃及的金字塔。埃及金字塔是埃及古代奴隶社会的方锥形帝王陵墓，第四王朝法老胡夫的陵墓最大，如图 12-6 所示，建于公元前 27 世纪，高 146.5 m，相当于 40 层高的摩天大厦，底边各长 230 m，由 230 万块重约 2.5 t 的大石块叠成,占地 53 900 m^2,塔内有走廊、阶梯、厅室及各种贵重装饰品。全部工程历时 30 余年。

图 12-5　长城

图 12-6　金字塔

12.1　砌体结构的材料

12.1.1　常见砌体材料

12.1.1.1　块体

（1）烧结普通砖：以黏土、页岩、煤矸石或粉煤灰为主要原料,经过焙烧而成的实心或孔洞率不大于规定值且外形尺寸符合规定的砖,分为烧结黏土砖、烧结页岩砖、烧结煤矸石砖、烧结粉煤灰砖等。我国烧结普通砖的规格为 240 mm ×115 mm ×53 mm,具有这种尺寸的砖又称为标准砖,如图 12-7 所示。

（2）烧结多孔砖：以黏土、页岩、煤矸石或粉煤灰为主要原料,经过焙烧而成,孔洞率不小于 25%,孔的尺寸小而数量多,主要用于承重部位的砖。目前多孔砖分为 P 型砖和 M 型砖,P 型砖尺寸主要为 240 mm ×150 mm ×90 mm,M 型砖尺寸主要为 190 mm ×190 mm ×90 mm,还可以有 1/2 长度或 1/2 宽度的配砖配套使用,如图 12-8 所示。

图 12-7　烧结普通砖

图 12-8　烧结多孔砖

🔑 **特别提示**

烧结普通砖有自重大、体积小、生产能耗高、施工效率低等缺点,用烧结多孔砖和烧结空心砖代替烧结普通砖,可使建筑物自重减轻 30% 左右,节约黏土 20%～30%,节省燃料 10%～20%,墙体施工功效提高 40%,并改善砖的隔热隔声性能。通常在相同的热工性能要求下,用空心砖砌筑的墙体厚度比用实心砖砌筑的墙体减薄半砖左右,所以推广使用多孔砖和空心砖是加快我国墙体材料改革,促进墙体材料工业技术进步的重要措施之一。

（3）蒸压灰砂砖、蒸压粉煤灰砖：将硅质材料压制成坯型,并经高压蒸养而成的实心砖均属此类。蒸压灰砂砖以石英砂为主要用料,拌以 10%～20% 的石灰。这种砖不适用于温度长期超过 200 ℃、骤冷骤热和受酸性介质侵蚀的部位,如图 12-9 所示。蒸压粉煤灰砖以电厂粉煤灰为主要用料,掺配一定比例的石灰、石膏和集料或一些碱性激发剂等。这种砖的抗冻性、长期强度稳定性和防水性能等稍差,可用于一般建筑。其规格尺寸与烧结普通砖相同。

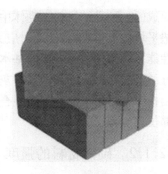

图 12-9　蒸压灰砂砖

12.1.1.2　砌块

块体尺寸较大时,称为砌块。高度在 180 ~ 350 mm 的块体,一般称为小型砌块;高度在 360 ~ 900 mm 的块体,一般称为中型砌块。中型砌块尺寸大、重量重,由于生产、运输、砌筑等方面的原因,近年来我国房屋建筑已很少采用中型砌块,现行规范也取消了中型砌块的内容,规范中的砌块即指的是小型砌块。

我国目前应用的砌块按材料分为两种:

(1)混凝土空心砌块:由普通混凝土制成,有单排孔的和多排孔的,空心率在 25% ~ 50%,主规格尺寸为 390 mm × 190 mm × 190 mm,如图 12-10 所示。

图 12-10　混凝土空心砌块

(2)轻骨料混凝土空心砌块:有单排孔的和多排孔的,用于承重的单排孔砌块材料多为水泥煤渣混凝土和煤矸石混凝土,用于承重的多排孔砌块(空心率不大于 35%)材料多为陶粒混凝土、火山灰混凝土和浮石混凝土。

砌块的长度应满足建筑模数的要求,在竖向尺寸上结合层高与门窗来考虑,力求型号少,组装灵活,便于生产、运输和安装。砌块的厚度及空心率应根据结构的承载力、稳定性、构造与热工要求决定。

12.1.1.3　石材

在承重结构中,常用的天然石材有花岗岩、石灰岩、凝灰岩等。天然石材抗压强度高,耐久性能良好,故多用于房屋的基础、勒脚等,也可砌筑挡土墙。天然石料按其外形及加工程度可分为料石和毛石。

12.1.1.4　砂浆

砂浆是用砂和适量的无机胶凝材料(水泥、石灰、石膏、黏土等)按一定比例加水搅拌而成的一种黏结材料。砌体中砂浆的作用是将单块的块材连成整体,填满块材间的缝隙,垫平块体上下表面,使块材应力分布较为均匀,以利于提高砌体的抗压强度和抗弯、抗剪性能。对砌体所用砂浆的基本要求主要是强度、可塑性(流动性)和保水性。砂浆按其成分的不同,分为水泥砂浆、石灰砂浆、石灰水泥砂浆(又叫混合砂浆)和黏土砂浆。在砌体结构中多采用水泥砂浆和混合砂浆。石灰砂浆和黏土砂浆可用于低层房屋的勒脚线以上部位。

12.1.2　砌体材料的强度

块体的强度等级是指由标准试验方法测得的块体极限抗压强度平均值,它是块体材料力学性能的基本标志,用符号 MU 表示,新规范规定,各种块体的强度等级应按下列规定采用:

(1)烧结普通砖、烧结多孔砖等的强度等级有 MU30、MU25、MU20、MU15 和 MU10。

(2)蒸压灰砂砖、蒸压粉煤灰砖的强度等级有 MU25、MU20、MU15。

(3)砌块的强度等级有 MU20、MU15、MU10、MU7.5 和 MU5。

(4)石材的强度等级,可用边长为 70 mm 的立方体试块的抗压强度表示。抗压强度取三个试件破坏强度的平均值。石材的强度等级划分为 MU100、MU80、MU60、MU50、MU40、MU30 和 MU20。当采用其他边长的立方体试块时,其强度等级应乘以相应的换算系数。

砌体所用的块材和砂浆,应根据砌体结构的使用要求、使用环境、重要性以及结构构件的受力特点等因素来考虑。选用的材料应符合承载能力、耐久性、隔热、保温、隔声等要求。

新规范对块体及砂浆的选用做了一些规定:

对于地面以下或防潮层以下的砌体、潮湿房间的墙,所用材料的最低强度等级应符合要求,见表 12-1。

表 12-1　地面以下或防潮层以下的砌体、潮湿房间的墙的所用材料最低强度等级

潮湿程度	烧结普通砖	混凝土普通砖 蒸压普通砖	混凝土 砌块	石材	水泥砂浆
稍潮湿的	MU15	MU20	MU7.5	MU30	MU5
很潮湿的	MU20	MU20	MU10	MU30	MU7.5
含水饱和的	MU20	MU25	MU15	MU40	MU10

注:1. 在冻胀地区,地面以下或防潮层以下的砌体,不宜采用多孔砖。如采用,其孔洞应用不低于 M10 的水泥砂浆预先灌实。当采用混凝土空心砌块时,其孔洞应采用强度等级不低于 Cb20 的混凝土预先灌实。

2. 对安全等级为一级或设计使用年限大于 50 年的房屋,表中材料强度等级应至少提高一级。

🔑 特别提示

地面以下或防潮层以下的砌体不宜采用多孔砖。

12.2　无筋砌体受压构件承载力计算

12.2.1　砌体受压构件的破坏特征

12.2.1.1　破坏特征

砌体的受压工作性能与单一匀质材料有明显的差别,由于砂浆铺砌的不均匀等因素,块体的抗压强度不能充分发挥,使砌体的抗压强度一般低于单个块体的抗压强度。通过大量的试验和房屋砌体破坏时的状态观察可以看到,砖砌体的受压破坏大致经历三个阶段:第一阶段是砌体上加的荷载是破坏荷载的50%～70%时,砌体内的单块砖出现裂缝,如图12-11(a)所示,这个阶段如果停止加荷,则裂缝停止扩展。当继续加荷时,裂缝将继续发展,而砌体逐渐转入第二阶段,如图12-11(b)所示,单块砖内的个别裂缝将连接起来形成贯通几皮砖的竖向裂缝。第二阶段的荷载为破坏荷载的80%～90%,其特点是如果荷载不再增加,裂缝仍然继续扩展。实际上,因为房屋是在长期荷载的作用下,应认为这一阶段就是砌体的实际破坏阶段,如果荷载是短期作用,在加荷到砌体完全破坏瞬间,可视为第三阶段,如图12-11(c)所示。此时,砌体裂成互不相连的小立柱,最终因压碎或丧失稳定而破坏。

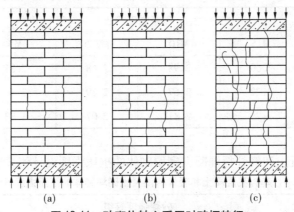

图 12-11　砖砌体轴心受压时破坏特征

根据上面分析,可见砌体工作情况相当复杂,影响砌体抗压强度的因素有很多,主要有以下几个方面:

(1)块材和砂浆的强度。块材的抗压、抗弯强度以及砂浆的强度等级愈高,砌体的强度也愈高。

(2)砂浆的和易性和保水性。砂浆的和易性和保水性好,灰缝的厚度和密实性都较好,块体受力越均匀,砌体的强度相对较高。

(3)砌筑质量。砌筑质量主要表现在灰缝的质量上,灰缝均匀、饱满,可减少砌体中块体的附加拉、弯、剪应力的影响,从而提高砌体的强度。

(4)块体的形状。块体形状平整规则、尺寸准确或块体高度愈大,均可使灰缝均匀饱满或灰缝数量减少,达到减小块体附加应力的影响,从而提高砌体的强度。

🔑 **特别提示**

由于砌体内的块体难以均匀受力,故一般砌体抗压强度小于块体抗压强度。

12.2.1.2　砌体抗压强度设计值

龄期为 28 d 的以毛截面计算的各类砌体抗压强度设计值,当施工质量控制等级为 B 级时,应根据块体和砂浆的强度等级分别按下列规定采用:

(1)烧结普通砖和烧结多孔砖砌体的抗压强度设计值,见表 12-2。

表 12-2　烧结普通砖和烧结多孔砖砌体的抗压强度设计值　（单位:MPa）

砖强度等级	砂浆强度等级					砂浆强度
	M15	M10	M7.5	M5	M2.5	0
MU30	3.94	3.27	2.93	2.59	2.26	1.15
MU25	3.60	2.98	2.68	2.37	2.06	1.05
MU20	3.22	2.67	2.39	2.12	1.84	0.94
MU15	2.79	2.31	2.07	1.83	1.60	0.82
MU10	—	1.89	1.69	1.50	1.30	0.67

(2)蒸压灰砂砖和蒸压粉煤灰砖砌休的抗压强度设计值,见表 12-3。

表 12-3　蒸压灰砂砖和蒸压粉煤灰砖砌休的抗压强度设计值　（单位:MPa）

砖强度等级	砂浆强度等级				砂浆强度
	M15	M10	M7.5	M5	0
MU25	3.60	2.98	2.68	2.37	1.05
MU20	3.22	2.67	2.39	2.12	0.94
MU15	2.79	2.31	2.07	1.83	0.82

(3)单排孔混凝土和轻骨料混凝土砌块砌体的抗压强度设计值,见表 12-4。

表 12-4　单排孔混凝土和轻骨料混凝土砌块砌体的抗压强度设计值　（单位:MPa）

砌块强度等级	砂浆强度等级					砂浆强度
	Mb20	Mb15	Mb10	Mb7.5	Mb5	0
MU20	6.30	5.68	4.95	4.44	3.94	2.33
MU15	—	4.61	4.02	3.61	3.20	1.89
MU10	—	—	2.79	2.50	2.22	1.31
MU7.5	—	—	—	1.93	1.71	1.01
MU5	—	—	—	—	1.19	0.70

注:1.对错孔砌筑的砌体,应按表中数值乘以 0.8。

2.对独立柱或厚度为双排组砌的砌块砌体,应按表中数值乘以 0.7。

3.对 T 形截面砌体,应按表中数值乘以 0.85。

4.表中轻骨料混凝土砌块为煤矸石和水泥煤渣混凝土砌块。

5.砌筑砂浆的强度等级 Mb×× 等同于对应的普通砂浆的强度指标。

（4）单排孔混凝土砌块对孔砌筑时，灌孔砌体的抗压强度设计值 f_g，应按下式计算

$$f_g = f + 0.6\alpha f_c \tag{12-1}$$

$$\alpha = \delta\rho \tag{12-2}$$

式中　f_g——灌孔砌体的抗压强度设计值，并不应大于未灌孔砌体抗压强度设计值的 2 倍；

f——未灌孔砌体的抗压强度设计值，见表 12-4；

f_c——灌孔混凝土的轴心抗压强度设计值；

α——砌块砌体中灌孔混凝土面积和砌体毛面积的比值；

δ——混凝土砌块的孔洞率；

ρ——混凝土砌块砌体的灌孔率，即截面灌孔混凝土面积和截面孔洞面积的比值，ρ 不应小于 33%。

砌块砌体的灌孔混凝土强度等级不应低于 C20，也不应低于两倍的块体强度等级。灌孔混凝土的强度等级等同于对应的混凝土强度等级指标。

（5）孔洞率不大于 35% 的双排孔或多排孔轻骨料混凝土砌块砌体的抗压强度设计值，见表 12-5。

表 12-5　轻骨料混凝土砌块砌体的抗压强度设计值　　　　（单位：MPa）

砌块强度等级	砂浆强度等级			砂浆强度
	Mb10	Mb7.5	Mb5	0
MU10	3.08	2.76	2.45	1.44
MU7.5	—	2.13	1.88	1.12
MU5	—	—	1.31	0.78
MU3.5	—	—	0.95	0.56

注：1. 表中的砌块为火山渣、浮石和陶粒轻骨料混凝土砌块。

2. 对厚度方向为双排组砌的轻骨料混凝土砌块砌体的抗压强度设计值，应按表中数值乘以 0.8。

（6）块体高度为 180～350 mm 的毛料石砌体的抗压强度设计值，见表 12-6。

表 12-6　毛料石砌体的抗压强度设计值　　　　（单位：MPa）

毛料石强度等级	砂浆强度等级			砂浆强度
	Mb7.5	Mb5	Mb2.5	0
MU100	5.42	4.80	4.18	2.13
MU80	4.85	4.29	3.73	1.91
MU60	4.20	3.71	3.23	1.65
MU50	3.83	3.39	2.95	1.51
MU40	3.43	3.04	2.64	1.35
MU30	2.97	2.63	2.29	1.17
MU20	2.42	2.15	1.87	0.95

注：对下列各类料石砌体，应按表中数值分别乘以系数：细料石砌体 1.5；半细料石砌体 1.3；粗料石砌体 1.2；干砌勾缝石砌体 0.8。

（7）毛石砌体的抗压强度设计值，见表 12-7。

表 12-7　毛石砌体的抗压强度设计值　　　　　　　　　（单位：MPa）

毛石强度等级	砂浆强度等级			砂浆强度
	Mb7.5	Mb5	Mb2.5	0
MU100	1.27	1.12	0.98	0.34
MU80	1.13	1.00	0.87	0.30
MU60	0.98	0.87	0.76	0.26
MU50	0.90	0.80	0.69	0.23
MU40	0.80	0.71	0.62	0.21
MU30	0.69	0.61	0.53	0.18
MU20	0.56	0.51	0.44	0.15

12.2.1.3　砌体抗压强度设计值的调整系数 γ_a

下列情况的各类砌体，其砌体强度设计值应乘以调整系数 γ_a：

（1）有吊车房屋砌体、跨度不小于 9 m 的梁下烧结普通砖砌体、跨度不小于 7.5 m 的梁下烧结多孔砖、蒸压灰砂砖、蒸压粉煤灰砖砌体，混凝土和轻骨料混凝土砌块砌体，γ_a 为 0.9。

（2）对无筋砌体构件，其截面面积小于 0.3 m^2 时，γ_a 为其截面面积加 0.7。对配筋砌体构件，当其中砌体截面面积小于 0.2 m^2 时，γ_a 为其截面面积加 0.8。构件截面面积以 m^2 计。

（3）当砌体用水泥砂浆砌筑时，对表 12-2 和表 12-7 的数值，γ_a 为 0.9；对表 12-8 中的数值，γ_a 为 0.8；对配筋砌体构件，当其中的砌体采用水泥砂浆砌筑时，仅对砌体的强度设计值乘以调整系数 γ_a。

（4）当施工质量控制等级为 C 级时，γ_a 为 0.89。

（5）当验算施工中房屋的构件时，γ_a 为 1.1。

12.2.2　无筋砌体受压承载力计算

如图 12-12 所示，矩形截面单向偏心受压，受压承载力应按式（12-3）计算

$$N \leqslant \varphi f A \tag{12-3}$$

式中　N——轴向力设计值。

φ 为高厚比 β 和轴向力的偏心距 e 对受压构件承载力的影响系数，可按式（12-4）～式（12-6）计算

$$\beta \leqslant 3 \ 时，\varphi = \cfrac{1}{1 + 12\left(\cfrac{e}{h}\right)^2} \tag{12-4}$$

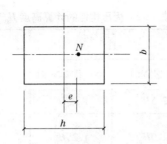

图 12-12　矩形截面单向偏心受压

$$\beta > 3 \text{ 时}, \varphi = \frac{1}{1 + 12\left[\dfrac{e}{h} + \sqrt{\dfrac{1}{12}\left(\dfrac{1}{\varphi_0} - 1\right)}\right]^2} \tag{12-5}$$

$$\varphi_0 = \frac{1}{1 + \alpha\beta^2} \tag{12-6}$$

式中　e——轴向力的偏心距,应按内力设计值计算,并不应大于 $0.6y$,y 为截面重心到轴向力所在偏心方向截面边缘的距离;

α——与砂浆强度等级有关的系数,当砂浆强度等级大于或等于 M5 时 α 等于 0.001 5,当砂浆强度等级等于 M2.5 时 α 等于 0.002,当砂浆强度为 0 时 α 等于 0.009。

β 为构件的高厚比,应按下列规定采用:

对矩形截面　　　　　　$$\beta = \gamma_\beta \frac{H_0}{h} \tag{12-7}$$

对 T 形截面　　　　　　$$\beta = \gamma_\beta \frac{H_0}{h_T} \tag{12-8}$$

式中　γ_β——不同砌体材料构件高厚比修正系数,见表 12-8;

H_0——受压构件的计算高度,根据房屋类别和构件支承条件等确定,见表 12-9;

h_T——T 形截面的折算厚度,可近似按 $3.5i$ 计算,i 为截面回转半径,$i = \sqrt{\dfrac{I}{A}}$,其中

I 和 A 分别为截面的惯性矩和截面面积。

表 12-8　高厚比修正系数

砌体材料类别	γ_β
烧结普通砖、烧结多孔砖 混凝土及轻骨料混凝土砌块	1.0 1.1
蒸压灰砂砖、蒸压粉煤灰砖、细料石、半细料石	1.2
粗料石、毛石	1.5

表 12-9　受压构件的计算高度 H_0

房屋类别			柱		带壁柱墙或周边拉结的墙		
			排架方向	垂直排架方向	$s > 2H$	$2H \geqslant s > H$	$s \leqslant H$
有吊车的单层房屋	变截面柱上段	弹性方案	$2.5H_u$	$1.25H_u$	$2.5H_u$		
		刚性、刚弹性方案	$2.0H_u$	$1.25H_u$	$2.0H_u$		
	变截面柱下段		$1.0H_1$	$0.8H_1$	$1.0H_1$		
无吊车的单层和多层房屋	单跨	弹性方案	$1.5H$	$1.0H$	$1.5H$		
		刚弹性方案	$1.2H$	$1.0H$	$1.2H$		
	多跨	弹性方案	$1.25H$	$1.0H$	$1.25H$		
		刚弹性方案	$1.10H$	$1.0H$	$1.10H$		
	刚性方案		$1.0H$	$1.0H$	$1.0H$	$0.4s + 0.2H$	$0.6s$

注:1. 表中 H_u 为变截面柱的上段高度;H_1 为变截面柱的下段高度。

2. 对于上端为自由端的构件,$H_0 = 2H$。

3. 独立砖柱,当无柱间支撑时,柱在垂直排架方向的 H_0 应按表中数值乘以 1.25 后采用。

4. s 为房屋横墙间距。

5. 自承重墙的计算高度应根据周边支承或拉接条件确定。

6. 表中的构件高度 H 应按下列规定采用:

在房屋底层,为楼板顶面到构件下端支点的距离。下端支点的位置,可取在基础顶面。当埋置较深且有刚性地坪时,可取室外地面下 500 mm 处;在房屋其他楼层,为楼板或其他水平支点间的距离;对于无壁柱的山墙,可取层高加山墙尖高度的 1/2;对于带壁柱的山墙可取壁柱处的山墙高度。

【例 12-1】　截面尺寸为 370 mm × 490 mm 的砖柱,采用强度等级为 MU10 的烧结多孔砖,混合砂浆强度等级为 M5,柱计算高度 $H_0 = H = 3.2$ m,柱顶承受轴向压力设计值 $N = 160$ kN,试验算该柱的承载力。

解:
$$\beta = \gamma_\beta \frac{H_0}{h} = 1 \times \frac{3.2}{0.37} = 8.65 > 3$$

轴心受压,故
$$\varphi = \frac{1}{1 + 12 \left[\frac{e}{h} + \sqrt{\frac{1}{12} \left(\frac{1}{\varphi_0} - 1 \right)} \right]^2} = \varphi_0$$

得影响系数　$\varphi = \varphi_0 = \dfrac{1}{1 + \alpha\beta^2} = \dfrac{1}{1 + 0.0015 \times 8.65^2} = 0.90$

柱截面面积　　$A = 0.37 \times 0.49 = 0.18(\text{m}^2) < 0.3 \text{ m}^2$

故　　　　　　$\gamma_a = 0.7 + 0.18 = 0.88$

由砖和砂浆的强度等级可得砌体轴心抗压强度设计值 $f = 1.5 \text{ N/mm}^2$,则

$$\varphi\gamma_a fA = 0.90 \times 0.88 \times 1.5 \times 10^3 \times 0.18 = 213.84(\text{kN}) > 160 \text{ kN}$$

故该柱承载力符合要求。

【例 12-2】　某食堂带壁柱的窗间墙,截面尺寸如图 12-13 所示,计算高度为 $H_0 =$ 6.48 m,用 MU10 的烧结多孔砖和 M2.5 混合砂浆砌筑,承受竖向力设计值 $N = 320$ kN,弯矩设计值 $M = 41$ kN·m(弯矩方向是墙体外侧受压,壁柱受拉),试验算该墙体的承载力。

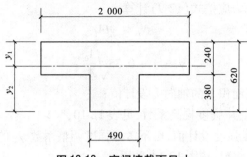

图 12-13　窗间墙截面尺寸

解:(1)截面几何特征。

截面面积　　　　$A = 2\ 000 \times 240 + 380 \times 490 = 666\ 200(\text{mm}^2)$

截面重心位置　　$y_1 = \dfrac{2\ 000 \times 240 \times 120 + 490 \times 380 \times (240 + 190)}{666\ 200} = 207(\text{mm})$

$$y_2 = 620 - 207 = 413(\text{mm})$$

截面惯性矩　　$I = \dfrac{2\ 000 \times 240^3}{12} + (2\ 000 \times 24) \times \left(207 - \dfrac{204}{2}\right)^2 + \dfrac{490 \times 380^3}{12} + (490 \times$

$380) \times \left(240 + \dfrac{380}{2} - 207\right)^2 = 174.4 \times 10^8\ \text{mm}^4$

回转半径　　　　$i = \sqrt{\dfrac{I}{A}} = \sqrt{\dfrac{174.4 \times 10^8}{666\ 200}} = 162(\text{mm})$

截面折算高度　　$h_T = 3.5i = 3.5 \times 162 = 566(\text{mm})$

(2)内力计算。

荷载偏心矩　　　　　$e = \dfrac{M}{N} = \dfrac{41\ 000}{320} = 128(\text{mm})$

(3)强度验算。

$$\dfrac{e}{h_T} = \dfrac{128}{566} = 0.226$$

$$\beta = \gamma_\beta \dfrac{H_0}{h_T} = 1 \times \dfrac{6.48}{0.566} = 11.4$$

$$\varphi_0 = \dfrac{1}{1 + \alpha\beta^2} = \dfrac{1}{1 + 0.002 \times 11.4^2} = 0.794$$

$$\varphi = \dfrac{1}{1 + 12 \times \left[\dfrac{e}{h} + \sqrt{\dfrac{1}{12}\left(\dfrac{1}{\varphi_0} - 1\right)}\right]^2} = \dfrac{1}{1 + 12 \times \left[0.226 + \sqrt{\dfrac{1}{12} \times \left(\dfrac{1}{0.794} - 1\right)}\right]^2} = 0.375$$

由砖和砂浆的强度等级可得砌体轴心抗压强度设计值 $f = 1.3$ N/mm²,则

$$\varphi fA = 0.375 \times 1.3 \times 666\ 200 \times 10^{-3} = 324.77(\text{kN}) > 320\ \text{kN}$$

故该墙体承载力符合要求。

12.2.3　砌体局部受压承载力计算

12.2.3.1　局部均匀受压

局部均匀受压承载力应按式(12-9)计算

$$N_l \leqslant \gamma f A_l \qquad (12\text{-}9)$$

$$\gamma = 1 + 0.35 \sqrt{\frac{A_0}{A_l} - 1} \qquad (12\text{-}10)$$

式中　N_l——局部受压面积上的轴向力设计值;

　　　γ——砌体局部抗压强度提高系数,见表12-10;

　　　f——砌体的抗压强度设计值,可不考虑强度调整系数 γ_a 的影响;

　　　A_l——局部受压面积,按图12-14采用;

　　　A_0——影响砌体局部抗压强度的计算面积,如图12-14所示和见表12-10。

表 12-10　影响砌体局部抗压强度的计算面积 A_0 和提高系数 γ

部位	A_0	γ
如图12-14(a)所示	$(a+c+h)h$	$\leqslant 2.5(1.5)$
如图12-14(b)所示	$(a+h)h$	$\leqslant 1.25$
如图12-14(c)所示	$(b+2h)h$	$\leqslant 2.0(1.5)$
如图12-14(d)所示	$(a+h)h + (b+h_1-h)h_1$	$\leqslant 1.5$

注:表中括号中 γ 值用于多孔砖砌体,未灌孔混凝土砌块砌体,$\gamma = 1.0$。

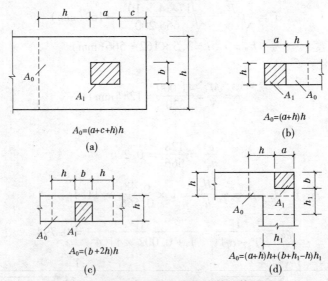

图 12-14　影响砌体局部抗压强度的计算面积 A_0

12.2.3.2　梁端支承处砌体的局部受压

梁端支承处砌体的局部受压承载力应按式(12-11)~式(12-15)计算

$$\psi N_0 + N_1 \leqslant \eta \gamma f A_l \qquad (12\text{-}11)$$

$$\psi = 1.5 - 0.5 \frac{A_0}{A_l} \tag{12-12}$$

$$N_0 = \sigma_0 A_l \tag{12-13}$$

$$A_l = a_0 b \tag{12-14}$$

$$A_0 = 10 \sqrt{\frac{h_c}{f}} \tag{12-15}$$

式中　ψ——上部荷载的折减系数,当 A_0/A_l 大于等于 3 时,应取 ψ 等于 0;

N_0——局部受压面积内上部轴向力设计值;

N_l——梁端支承压力设计值;

σ_0——上部平均压应力设计值;

η——梁端底面压应力图形的完整系数,可取 0.7,对于过梁和墙梁可取 1.0;

a_0——梁端有效支承长度,当 a_0 大于 a 时,应取 a_0 等于 a;

a——梁端实际支承长度;

b——梁的截面宽度;

h_c——梁的截面高度;

f——砌体的抗压强度设计值。

12.2.3.3　在梁端设有刚性垫块的砌体局部受压

刚性垫块下砌体的局部受压承载力应按式(12-16)~式(12-18)计算

$$N_0 + N_l \leqslant \varphi \gamma_1 f A_b \tag{12-16}$$

$$N_0 = \sigma_0 A_b \tag{12-17}$$

$$A_b = a_b b_b \tag{12-18}$$

式中　N_0——垫块面积 A_b 内上部轴向力设计值;

φ——垫块上 N_0 及 N_l 合力的影响系数,应采用 $\beta \leqslant 3$ 时的 φ;

γ_1——垫块外砌体面积的有利影响系数,γ_1 应为 0.8γ,但不小于 1.0,γ 为砌体局部抗压强度提高系数,按式(12-14)以 A_b 代替 A_l 计算得出;

A_b——垫块面积;

a_b——垫块伸入墙内的长度;

b_b——垫块的宽度。

刚性垫块的构造应符合下列规定:

(1)刚性垫块的高度不宜小于 180 mm,自梁边算起的垫块挑出长度不宜大于垫块高度 t_b。

(2)在带壁柱墙的壁柱内设刚性垫块时,如图 12-15 所示,其计算面积应取壁柱范围内的面积,而不应计算翼缘部分,同时壁柱上垫块伸入翼墙内的长度不应小于 120 mm。

(3)当现浇垫块与梁端整体浇筑时,垫块可在梁高范围内设置;

(4)刚性垫块按构造要求应配置双层钢筋网,其体积配筋率不应小于 0.05%。

梁端设有刚性垫块时,梁端有效支承长度 a_0,应按式(12-19)确定

$$a_0 = \delta_1 \sqrt{\frac{h_c}{f}} \tag{12-19}$$

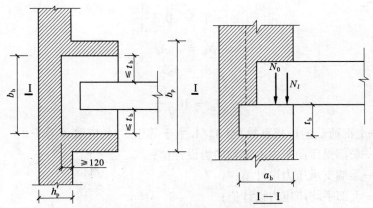

图12-15　壁柱上设有垫块时梁端局部受压

式中　δ_1——刚性垫块的影响系数,见表12-11。

垫块上 N_l 作用点的位置可取在 $0.4a_0$ 处,如图12-15 所示。

表12-11　刚性垫块的影响系数 δ_1

σ_0/f	0	0.2	0.4	0.6	0.8
δ_1	5.4	5.7	6.0	6.9	7.8

12.2.3.4　梁下设有长度大于 πh_0 的垫梁下砌体的局部受压

梁下设有长度大于 πh_0 的垫梁下砌体的局部受压,如图12-16 所示。

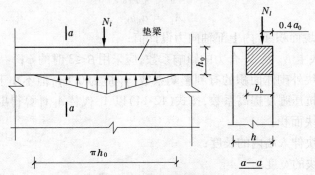

图12-16　垫梁局部受压

垫梁下砌体的局部受压承载力应按式(12-20)~式(12-22)计算

$$N_0 + N_l \leqslant 2.4\delta_2 f b_b h_0 \qquad (12\text{-}20)$$

$$N_0 = \pi b_b h_0 \sigma_0 / 2 \qquad (12\text{-}21)$$

$$h_0 = 2\sqrt[3]{\dfrac{E_b I_b}{Eh}} \qquad (12\text{-}22)$$

式中　N_0——垫梁上部轴向力设计值;

　　　b_b——垫梁在墙厚方向的宽度;

　　　δ_2——当荷载沿墙厚方向均匀分布时 δ_2 取 1.0,不均匀时 δ_2 可取 0.8;

　　　h_0——垫梁折算高度;

E_b、I_b——垫梁的混凝土弹性模量和截面惯性矩;

h_0——垫梁的高度;

E——砌体的弹性模量;

h_0——墙厚。

【例 12-3】 某钢筋混凝土柱 $b \times h = 200 \text{ mm} \times 200 \text{ mm}$,支承于砖砌带形基础转角处,如图 12-17(a)所示,该基础用 MU25 煤矸石烧结砖和 M15 水泥砂浆砌筑,柱底轴力设计值 $N_l = 300 \text{ kN}$。试验算基础顶面局部抗压承载力。

解:
$$A_l = 200 \times 200 = 40\ 000 \text{ (mm}^2)$$
$$A_0 = (370 + 200 + 85)^2 - (370 + 200 + 85 - 370)^2 = 347\ 800 \text{ (mm}^2)$$
$$\gamma = 1 + 0.35 \sqrt{\frac{347\ 800}{40\ 000} - 1} = 1.971 < 2.5$$

由砖和砂浆的强度等级可得砌体轴心抗压强度设计值 $f = 3.60 \text{ N/mm}^2$,水泥砂浆 $\gamma_a = 0.9$,$\gamma f A_l = 1.971 \times 0.9 \times 3.60 \times 40\ 000 = 255\ 441 \text{ (N)} < 300\ 000 \text{ N}$(不满足)

应设垫块,现将埋入基础顶以下部分加大,如图 12.17(b)所示。
$$A_l = 250 \times 250 = 62\ 500 \text{ (mm}^2)$$
$$A_0 = (370 + 250 + 60)^2 - (370 + 250 + 60 - 370)^2 = 366\ 300 \text{ (mm}^2)$$
$$\gamma = 1 + 0.35 \times \sqrt{\frac{366\ 300}{62\ 500} - 1} = 1.772 < 2.5$$

$\gamma f A_l = 1.772 \times 0.9 \times 3.60 \times 62\ 500 = 358\ 830 \text{ (N)} > 300\ 000 \text{ N}$,满足承载力要求。

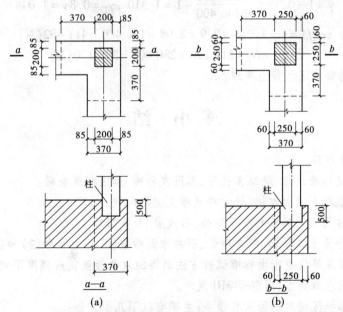

图 12-17 例 12-3 图

【例 12-4】 某钢筋混凝土深梁截面 $b \times h = 250 \text{ mm} \times 3\ 000 \text{ mm}$,$L = 6\ 000 \text{ mm}$,支承于两端砖纵墙上,如图 12-18 所示,墙厚 240 mm,用 MU25 煤矸石烧结砖和 M10 水泥砂浆砌筑,梁端支反力 $N_l = 280 \text{ kN}$,纵墙上部竖向荷载平均压应力 $\sigma_0 = 0.8 \text{ MPa}$,试验算梁端

局部抗压承载力。

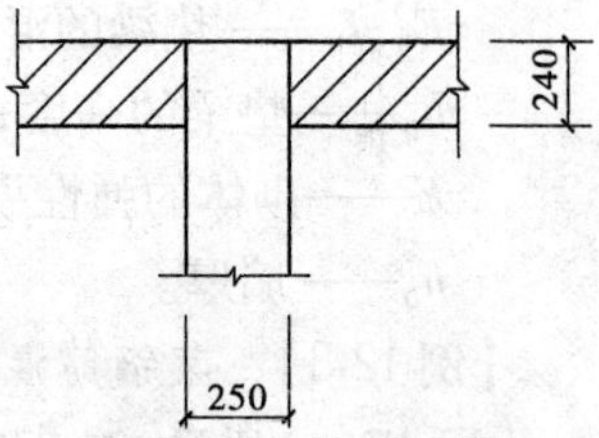

解：由于该梁抗弯刚度可近似无穷大，N_l 在墙体上均匀分布，应力图形的完整系数 $\eta = 1.0$，偏心距 $e = 0$，$A_l = 250 \times 240 = 60\ 000(\text{mm}^2)$

图 12-18　例 12-4 图

$$N_l = 280\ \text{kN}, N_0 = \sigma_0 A_l = 0.8 \times 60\ 000 = 48\ 000(\text{N})$$

$$A_0 = (250 + 2 \times 240) \times 240 = 175\ 200(\text{mm}^2)$$

$$\gamma = 1 + 0.35 \times \sqrt{\frac{175\ 200}{60\ 000} - 1} = 1.485 < 2.0$$

$$\psi = 1.5 - 0.5 \times \frac{175\ 200}{60\ 000} = 0.04$$

$$\psi N_0 + N_l = 0.04 \times 48\ 000 + 280\ 000 = 281\ 920(\text{N})$$

由砖和砂浆的强度等级可得砌体轴心抗压强度设计值 $f = 2.98\ \text{N/mm}^2$，水泥砂浆 $\gamma_a = 0.9$，$\eta \gamma f A_l = 1.0 \times 1.485 \times 0.9 \times 2.98 \times 60\ 000 = 238\ 966(\text{N}) < 281\ 920\ \text{N}$

故需设置垫块（厚度 $t_b = 180\ \text{mm}$）。

设
$$A_b = a_b b_b = 240 \times (250 + 2 \times 180) = 146\ 400(\text{mm}^2)$$

$$N_0 = \sigma_0 A_l = 0.8 \times 146\ 400 = 117\ 120(\text{N})$$

$$A_0 = (610 + 2 \times 240) \times 240 = 261\ 600(\text{mm}^2)$$

当 $\beta \leqslant 3$ 时，且 $e/h = 0$ 时，$\varphi = 1.0$。

$$\gamma = 1 + 0.35 \times \sqrt{\frac{261\ 600}{146\ 400} - 1} = 1.310 \ , \gamma_1 = 0.8\gamma = 1.048$$

$$\varphi \gamma_1 f A = 1 \times 1.048 \times 0.9 \times 2.98 \times 146\ 400 = 411\ 492(\text{N})$$

$$> N_0 + N_l = 117\ 120 + 280\ 000 = 397\ 120(\text{N})$$

满足梁端局部抗压承载力要求。

◀ 小　结

1. 常见砌体材料。

(1)块体：烧结普通砖、烧结多孔砖、蒸压灰砂砖、蒸压粉煤灰砖。

(2)砌块：混凝土空心砌块、轻骨料混凝土空心砌块。

(3)石材：常用的天然石材有花岗岩、石灰岩、凝灰岩等。

(4)砂浆：分为水泥砂浆、石灰砂浆、石灰水泥砂浆（又叫混合砂浆）和黏土砂浆。

2. 块体的强度等级是指由标准试验方法测得的块体极限抗压强度平均值。它是块体材料力学性能的基本标志，用符号 MU 表示。

3. 影响砌体抗压强度的因素有很多，主要有以下几个方面：

(1)块体和砂浆的强度。

(2)砂浆的和易性和保水性。

(3)砌筑质量。

(4)块体的形状。

4.砌体抗压强度设计值取值方法为:采用龄期为 28 d 的以毛截面计算的各类砌体抗压强度设计值。

5.无筋砌体受压构件的承载力应按下式计算:

$$N \le \varphi f A$$

$\beta \le 3$ 时, $\varphi = \dfrac{1}{1 + 12\left(\dfrac{e}{h}\right)^2}$

$\beta > 3$ 时, $\varphi = \dfrac{1}{1 + 12\left[\dfrac{e}{h} + \sqrt{\dfrac{1}{12}\left(\dfrac{1}{\varphi_0} - 1\right)}\right]^2}$, $\varphi_0 = \dfrac{1}{1 + \alpha\beta^2}$

6.局部均匀受压承载力应按下式计算:

$$N_l \le \gamma f A_l$$

$$\gamma = 1 + 0.35\sqrt{\dfrac{A_0}{A_l} - 1}$$

习　题

一、选择题

1.除施工因素外,下列哪一项是影响实心砖砌体抗压强度的最主要因素(　　)

　　A.块材的强度　　　　　　　　　　　　B.砂浆的强度

　　C.块材的尺寸　　　　　　　　　　　　D.砂浆的和易性和保水性

2.地基以下砌体,当地基土很湿时,应采用(　　)。

　　A.水泥砂浆　　　　　　　　　　　　　B.混合砂浆

　　C.强度高的混合砂浆　　　　　　　　　D.水泥砂浆或混合砂浆均可

3.设计墙体,当发现承载力不够时,应采取(　　)的措施。

　　A.加大横墙间距　　　　　　　　　　　B.加大纵墙间距

　　C.增加房屋高度　　　　　　　　　　　D.加大墙体截面尺寸和提高材料等级

4.验算砌体受压构件承载力时,(　　)。

　　A.影响系数随轴向力偏心距的增大和高厚比的增大而增大

　　B.影响系数随轴向力偏心距的减小和高厚比的减小而增大

　　C.轴向力偏心矩 e 不应超过 $0.6h$ 或 $0.6h_T$

　　D.对窗间墙,除应按偏心受压构件验算外,还必须对另一方向按轴心受压构件验算

5.砌体的抗压强度(　　)。

　　A.高于所用块材的抗压强度　　　　　　B.低于所用块材的抗压强度

　　C.低于所用块材的抗拉强度　　　　　　D.与所用块材的强度无关

6.在对梁端支承处砌体进行局部受压承载力验算时, η 和 γ 分别是(　　)

　　A.梁端底面上受压应力图形的完整系数和影响系数

　　B.房屋空间性能影响系数

C. 梁端底面上受压应力图形的完整系数和砌体局部抗压强度提高系数

D. 房屋空间性能影响系数和砌体局部抗压强度提高系数

二、简答题

1. 什么是砌体结构？砌体按所采用材料的不同可以分为哪几类？

2. 砌体结构有哪些优缺点？

3. 怎样确定块体材料和砂浆的等级？

4. 简述砌体受压过程及其破坏特征？

5. 什么是砌体局部抗压强度提高系数 γ？

三、计算题

1. 某截面为 370 mm×490 mm 的砖柱,柱计算高度 $H_0 = H = 5$ m,采用强度等级为 MU10 的烧结普通砖及 M5 的混合砂浆砌筑,柱底承受轴向压力设计值为 $N = 150$ kN,结构安全等级为二级,施工质量控制等级为 B 级。试验算该柱底截面是否安全。

2. 偏心受压柱,截面尺寸为 490 mm×620 mm,柱计算高度 $H_0 = H = 5$ m,采用强度等级为 MU10 蒸压灰砂砖及 M5 水泥砂浆砌筑,柱底承受轴向压力设计值为 $N = 160$ kN,弯矩设计值 $M = 20$ kN·m(沿长边方向),结构安全等级为二级,施工质量控制等级为 B 级。试验算该柱底截面是否安全？

3. 钢筋混凝土柱截面尺寸为 250 mm×250 mm,支承在厚为 370 mm 的砖墙上,作用位置如图 12-19 所示,MU10 烧结普通砖和 M5 水泥砂浆砌筑,柱传到墙上的荷载设计值为 120 kN。试验算柱下砌体的局部受压承载力？

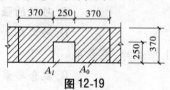

图 12-19

4. 窗间墙截面尺寸为 370 mm×1 200 mm,砖墙用 MU10 的烧结普通砖和 M5 的混合砂浆砌筑。大梁的截面尺寸为 200 mm×550 mm,在墙上的搁置长度 240 mm,如图 12-20 所示。大梁的支座反力为 100 kN,窗间墙范围内梁底截面处的上部荷载设计值为 240 kN。试对大梁端部下砌体的局部受压承载力进行验算？

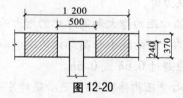

图 12-20

附 录

附录 1　混凝土及钢筋的强度值

附表 1-1　混凝土保护层厚度

耐久性环境等级	板、墙、壳	梁、柱
一	15	20
二 a	20	25
二 b	25	35
三 a	30	40
三 b	40	50

注:1. 混凝土保护层厚度是指从构件最外层的钢筋外边缘到构件最近表面的距离。

2. 混凝土强度等级不大于 C25 时,表中保护层厚度数值应增加 5 mm。

3. 钢筋混凝土基础应设置混凝土垫层,其纵向受力钢筋的混凝土保护层厚度应从垫层顶面算起,且不小于 40 mm。

附表 1-2　混凝土强度标准值　　　　　　　（单位:N/mm²）

强度种类	混凝土强度等级													
	C15	C20	C25	C30	C35	C40	C45	C50	C55	C60	C65	C70	C75	C80
f_{ck}	10.0	13.4	16.7	20.1	23.4	26.8	29.6	32.4	35.5	38.5	41.5	44.5	47.4	50.2
f_{tk}	1.27	1.54	1.78	2.01	2.20	2.39	2.51	2.64	2.74	2.85	2.93	2.99	3.05	3.11

注:1. f_{ck} 是混凝土轴心抗压强度标准值。

2. f_{tk} 是混凝土轴心抗拉强度标准值。

附表 1-3　混凝土强度设计值　　　　　　　（单位:N/mm²）

强度种类	混凝土强度等级													
	C15	C20	C25	C30	C35	C40	C45	C50	C55	C60	C65	C70	C75	C80
f_c	7.2	9.6	11.9	14.3	16.7	19.1	21.1	23.1	25.3	27.5	29.7	31.8	33.8	35.9
f_t	0.91	1.10	1.27	1.43	1.57	1.71	18.0	1.89	1.96	2.04	2.09	2.14	2.18	2.22

注:1. f_c 是指混凝土轴心抗压强度设计值;

2. f_t 是指混凝土轴心抗拉强度设计值;

3. 计算现浇钢筋混凝土轴心受压及偏心受压构件时如截面的长边或直径小于 300 mm 则表中混凝土的强度设计值应乘以系数 0.8;当构件质量(如混凝土成型、截面和轴线尺寸等)确有保证时,可不受此限制;

4. 离心混凝土的强度设计值应按专门标准取用。

附表 1-4　混凝土的弹性模量　　　　　（单位：×10⁴N/mm²）

混凝土强度等级	C15	C20	C25	C30	C35	C40	C45	C50	C55	C60	C65	C70	C75	80
E_c	2.20	2.55	2.80	3.00	3.15	3.25	3.35	3.45	3.55	3.60	3.65	3.70	3.75	3.80

附表 1-5　常用钢筋的强度值

种类	符号	公称直径（mm）	屈服强度标准值 f_{yk}（N/mm²）	屈服强度设计值 f_y（N/mm²）	极限应变（%）
HPB300	Φ	6~22	300	270	不小于 10
HRB335 HRBF335	Φ	6~50	335	300	不小于 7.5
HRB400 HRBF400 RRB400	Φ	6~50	400	360	不小于 7.5
HRB500 HRBF500	Φ	6~50	500	435	

注：f_y 是指钢筋抗拉强度设计值。

附录 2　钢筋的截面面积及公称质量

附表 2-1　钢筋的计算截面面积及公称质量表

直径 d（mm）	不同根数直径的计算截面面积（mm²）									单根钢筋公称质量（kg/m）
	1	2	3	4	5	6	7	8	9	
3	7.1	14.1	21.2	28.3	35.3	42.4	49.5	56.5	63.6	0.055 5
4	12.6	25.1	37.7	50.3	62.8	75.4	88.0	100.5	113.1	0.098 6
5	19.6	39	59	79	98	118	137	157	177	0.154
6	28.3	57	85	113	141	170	198	226	254	0.222
6.5	33.2	66	100	133	166	199	232	265	299	0.260
8	50.3	101	151	201	251	302	352	402	452	0.395
8.2	52.8	106	158	211	264	317	370	422	475	0.415
10	78.5	157	236	314	393	471	550	628	707	0.617
12	113.1	226	339	452	565	679	792	905	1 018	0.888
14	153.9	308	462	616	770	924	1 078	1 232	1 385	1.208

续附表 2-1

直径 d (mm)	不同根数直径的计算截面面积(mm²)									单根钢筋公称质量 (kg/m)
	1	2	3	4	5	6	7	8	9	
16	201.1	402	603	804	1 005	1 206	1 407	1 608	1 810	1.578
18	254.5	509	763	1 018	1 272	1 527	1 781	2 036	2 290	1.998
20	314.2	628	942	1 257	1 571	1 885	2 199	2 513	2 827	2.466
22	380.1	760	1 140	1 521	1 901	2 281	2 661	3 041	3 421	2.984
25	490.9	982	1 473	1 963	2 454	2 945	3 436	3 927	4 418	3.853
28	615.8	1 232	1 847	2 463	3 079	3 695	4 310	4 926	5 542	4.834
32	804.2	1 608	2 413	3 217	4 021	4 825	5 630	6 434	7 238	6.313
36	1 017.9	2 036	3 054	4 072	5 089	6 107	7 125	8 143	9 161	7.990
40	1 256.6	2 513	3 770	5 027	6 283	7 540	8 796	10 053	11 310	9.865

附表 2-2　　每米板宽内的钢筋截面面积表

钢筋间距 (mm)	当钢筋直径(mm)为下列数值时的钢筋截面面积(mm²)												
	4	4.5	5	6	8	10	12	14	16	18	20	22	25
70	180	227	280	404	718	1 122	1 616	2 199	2 872	3 635	4 488	5 430	7 012
75	168	212	262	377	670	1 047	1 508	2 053	2 681	3 393	4 189	5 068	6 545
80	157	199	245	353	628	982	1 414	1 924	2 513	3 181	3 927	4 752	6 136
90	140	177	218	314	559	873	1 257	1 710	2 234	2 827	3 491	4 224	5 454
100	126	159	196	283	503	785	1 131	1 539	2 011	2 545	3 142	3 801	4 909
110	114	145	178	257	457	714	1 028	1 399	1 828	2 313	2 856	3 456	4 462
120	105	133	164	236	419	654	942	1 283	1 676	2 121	2 618	3 168	4 091
125	101	127	157	226	402	628	905	1 232	1 608	2 036	2 513	3 041	3 927
130	97	122	151	217	387	604	870	1 184	1 547	1 957	2 417	2 924	3 776
140	90	114	140	202	359	561	808	1 100	1 436	1 818	2 244	2 715	3 506
150	84	106	131	188	335	524	754	1 026	1 340	1 696	2 094	2 534	3 272
160	79	99	123	177	314	491	707	962	1 257	1 590	1 963	2 376	3 068
170	74	94	115	166	296	462	665	906	1 183	1 497	1 848	2 236	2 887
175	72	91	112	162	287	449	646	880	1 149	1 454	1 795	2 172	2 805
180	70	88	109	157	279	436	628	855	1 117	1 414	1 745	2 112	2 727
190	66	84	103	149	265	413	595	810	1 058	1 339	1 653	2 001	2 584
200	63	80	98	141	251	392	565	770	1 005	1 272	1 571	1 901	2 454
250	50	64	79	113	201	314	452	616	804	1 018	1 257	1 521	1 963
300	42	53	65	94	168	262	377	513	670	848	1 047	1 267	1 636

附录3　等截面等跨连续梁在常用荷载作用下按弹性分析的内力系数表

1. 在均布及三角形荷载作用下：M = 表中系数 × ql^2　V = 表中系数 × ql
2. 在集中荷载作用下：M = 表中系数 × Fl　V = 表中系数 × F
3. 内力正负号规定：M——使截面上部受压、下部受拉为正；V——对邻近截面所产生的力矩沿顺时针方向者为正。

注：图中△支座表示铰支座

附表3-1　两跨梁

荷载图	跨内最大弯矩		支座弯矩	剪力			跨度中点挠度	
	M_1	M_2	M_B	V_A	V_{Bl} / V_{Br}	V_C	f_1	f_2
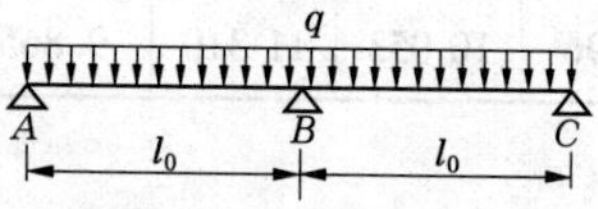	0.070	0.073	−0.125	0.375	−0.625 / 0.625	−0.375	0.521	0.521
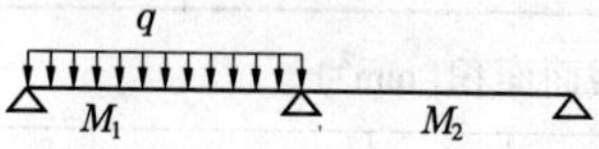	0.096	—	−0.063	0.437	−0.563 / 0.063	0.063	0.912	−0.391
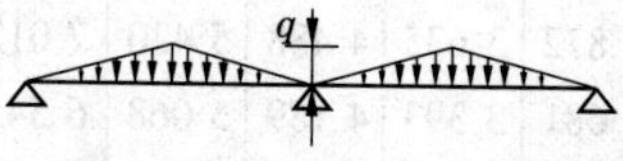	0.048	0.048	−0.078	0.172	−0.328 / 0.328	−0.172	0.345	0.345
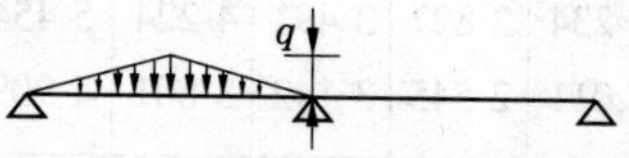	0.064	—	−0.039	0.211	−0.289 / 0.039	0.039	0.589	−0.244
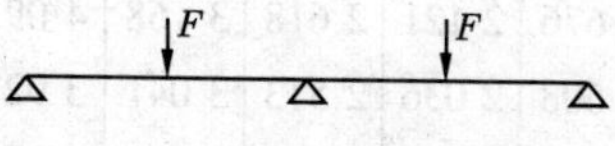	0.156	0.156	−0.188	0.312	−0.688 / 0.688	−0.312	0.911	0.911
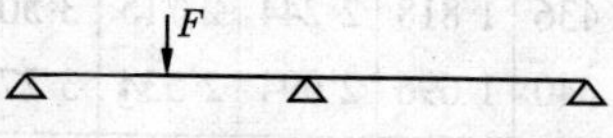	0.203	—	−0.094	0.406	−0.594 / 0.094	0.094	1.497	−0.586
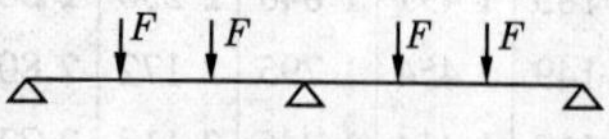	0.222	0.222	−0.333	0.667	−1.333 / 1.333	−0.667	1.466	1.466
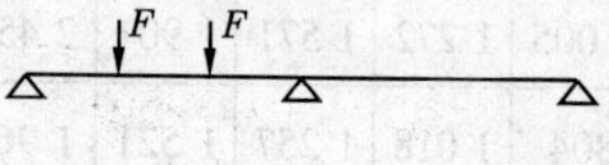	0.278	—	−0.167	0.833	−1.167 / 0.167	0.167	2.508	−1.042

附表3-2 三跨梁

荷载图	跨内最大弯矩		支座弯矩		剪力				跨度中点挠度		
	M_1	M_2	M_B	M_C	V_A	V_{Bl} / V_{Br}	V_{Cl} / V_{Cr}	V_D	f_1	f_2	f_3
	0.080	0.025	−0.100	−0.100	0.400	−0.600 / 0.500	−0.500 / 0.600	−0.400	0.677	0.052	0.677
	0.101	—	−0.050	−0.050	0.450	−0.550 / 0	0 / 0.550	−0.450	0.990	−0.625	0.990
	—	0.075	−0.050	−0.050	0.050	−0.050 / 0.500	−0.500 / 0.050	0.050	−0.313	0.677	−0.313
	0.073	0.054	−0.117	−0.033	0.383	−0.617 / 0.583	−0.417 / 0.033	0.033	0.573	0.365	−0.208
	0.094	—	−0.067	0.017	0.433	−0.567 / 0.083	0.083 / −0.017	−0.017	0.885	−0.313	0.104
	0.054	0.021	−0.063	−0.063	0.183	−0.313 / 0.250	−0.250 / 0.313	−0.188	0.443	0.052	0.443
	0.068	—	−0.031	−0.031	0.219	−0.281 / 0	0 / 0.281	−0.219	0.638	−0.391	0.638
	—	0.052	−0.031	−0.031	−0.031	−0.031 / 0.250	−0.250 / 0.031	0.031	−0.195	0.443	−0.195
	0.050	0.038	−0.073	−0.021	0.177	−0.323 / 0.302	−0.198 / 0.021	0.021	0.378	0.248	−0.130
	0.063	—	−0.042	0.010	0.208	−0.292 / 0.052	0.052 / −0.010	−0.010	0.573	−0.195	0.065

续附表 3-2

荷载图	跨内最大弯矩		支座弯矩		剪力				跨度中点挠度		
	M_1	M_2	M_B	M_C	V_A	V_{Bl} V_{Br}	V_{Cl} V_{Cr}	V_D	f_1	f_2	f_3
	0.176	0.100	−0.150	−0.150	0.350	−0.650 0.500	−0.500 0.650	−0.350	1.146	0.208	1.146
	0.213	—	−0.075	−0.075	0.425	−0.575 0	0 0.575	−0.425	1.615	−0.937	1.615
	—	0.175	−0.075	−0.075	−0.075	−0.075 0.500	−0.500 0.075	0.075	−0.469	1.146	−0.469
	0.162	0.137	−0.175	−0.050	0.325	−0.675 0.625	−0.375 0.050	0.050	0.990	0.677	0.312
	0.200	—	−0.100	0.025	0.400	−0.600 0.125	0.125 −0.025	−0.025	1.458	−0.469	0.156
	0.244	0.067	−0.267	−0.267	0.733	−1.267 1.000	−1.000 1.267	−0.733	1.883	0.216	1.883
	0.289	—	−0.133	−0.133	0.866	−1.134 0	0 1.134	−0.866	2.716	−1.667	2.716
	—	0.200	−0.133	−0.133	−0.133	−0.133 1.000	−1.000 0.133	0.133	−0.833	1.883	0.833
	0.229	0.170	−0.311	−0.089	0.689	−1.311 1.222	−0.778 0.089	0.089	1.605	1.049	−0.556
	0.274	—	−0.178	0.044	0.822	−1.178 0.222	0.222 −0.044	−0.044	2.438	−0.833	0.278

附表 3-3　四跨梁

荷载图	跨内最大弯矩				支座弯矩			剪力					跨度中点挠度			
	M_1	M_2	M_3	M_4	M_B	M_C	M_D	V_A	V_{Bl} / V_{Br}	V_{Cl} / V_{Cr}	V_{Dl} / V_{Dr}	V_E	f_1	f_2	f_3	f_4
	0.077	0.036	0.036	0.077	−0.107	−0.071	−0.107	0.393	−0.607 / 0.536	−0.464 / 0.464	−0.536 / 0.607	−0.393	0.632	0.186	0.186	0.632
	0.100	—	0.081	—	−0.054	−0.036	−0.054	0.446	−0.554 / 0.018	0.018 / 0.482	−0.518 / 0.054	0.054	0.967	−0.558	0.744	−0.335
	0.072	0.061	—	0.098	−0.121	−0.018	−0.058	0.380	−0.620 / 0.603	−0.397 / −0.040	−0.040 / 0.558	−0.442	0.549	0.437	−0.474	0.939
	—	0.056	0.056	—	−0.036	−0.107	−0.036	−0.036	−0.036 / 0.429	−0.571 / 0.571	−0.429 / 0.036	0.036	−0.223	0.409	0.409	−0.223
	0.094	—	—	—	−0.067	0.018	−0.004	0.433	−0.567 / 0.085	0.085 / −0.022	−0.022 / 0.004	0.004	0.884	−0.307	0.084	−0.028
	—	0.071	—	—	−0.049	−0.054	0.013	−0.049	−0.049 / 0.496	−0.504 / 0.067	0.067 / −0.013	−0.013	−0.307	0.660	−0.251	0.084
	0.052	0.028	0.028	0.052	−0.067	−0.045	−0.067	0.183	−0.317 / 0.272	−0.228 / 0.228	−0.272 / 0.317	−0.183	0.415	0.136	0.136	0.415
	0.067	0.055	—	—	−0.034	−0.022	−0.034	0.217	−0.284 / 0.011	0.011 / 0.239	−0.261 / 0.034	0.034	0.624	−0.349	0.485	−0.209
	0.049	0.042	—	0.066	−0.075	−0.011	−0.036	0.175	−0.325 / 0.314	−0.186 / 0.025	−0.025 / 0.286	−0.214	0.363	0.293	−0.296	0.607
	—	0.040	0.040	—	−0.022	−0.067	−0.022	−0.022	−0.022 / 0.205	−0.295 / 0.295	−0.205 / 0.022	0.022	−0.140	0.275	0.275	−0.140
	0.063	—	—	—	−0.042	0.011	−0.003	0.208	−0.292 / 0.053	0.053 / −0.014	−0.014 / 0.003	0.003	0.572	−0.192	0.052	−0.017
	—	0.051	—	—	−0.031	−0.034	0.008	−0.031	−0.031 / 0.247	−0.253 / 0.042	0.042 / −0.008	−0.008	−0.192	0.432	−0.157	0.052

续附表 3-3

荷载图	跨内最大弯矩				支座弯矩			剪力					跨度中点挠度			
	M_1	M_2	M_3	M_4	M_B	M_C	M_D	V_A	V_{Bl} / V_{Br}	V_{Cl} / V_{Cr}	V_{Dl} / V_{Dr}	V_E	f_1	f_2	f_3	f_4
	0.169	0.116	0.116	0.169	-0.161	-0.107	-0.161	0.339	-0.661 / 0.554	-0.446 / 0.446	-0.554 / 0.661	-0.339	1.079	0.409	0.409	1.079
	0.210	—	0.183	—	-0.080	-0.054	-0.080	0.420	-0.580 / 0.027	0.027 / 0.473	-0.527 / 0.080	0.080	1.581	-0.837	1.246	-0.502
	0.159	0.146	—	0.206	-0.181	-0.027	-0.087	0.319	-0.681 / 0.654	-0.346 / -0.060	-0.060 / 0.587	-0.413	0.953	0.786	-0.711	1.539
	—	0.142	0.142	—	-0.054	-0.161	-0.054	0.054	-0.054 / 0.393	-0.607 / 0.607	-0.393 / 0.054	0.054	-0.335	0.744	0.744	-0.335
	0.200	—	—	—	-0.100	0.027	-0.007	0.400	-0.600 / 0.127	0.127 / -0.033	-0.033 / 0.007	0.007	1.456	-0.460	0.126	-0.042
	—	0.173	—	—	-0.074	-0.080	0.020	-0.074	-0.074 / 0.493	-0.507 / 0.100	0.100 / -0.020	-0.020	-0.460	1.121	-0.377	0.126
	0.238	0.111	0.111	0.238	-0.286	-0.191	-0.286	0.714	1.286 / 1.095	-0.905 / 0.905	-1.095 / 1.286	-0.714	1.764	0.573	0.573	1.764
	0.286	—	0.222	—	-0.143	-0.095	-0.143	0.857	-0.143 / 0.048	0.048 / 0.952	-1.048 / 0.143	0.143	2.657	-1.488	2.061	-0.892
	0.226	0.194	—	0.282	-0.321	-0.048	-0.155	0.679	-1.321 / 1.274	-0.726 / -0.107	-0.107 / 1.155	-0.845	1.541	1.243	-1.265	2.582
	—	0.175	0.175	—	-0.095	-0.286	-0.095	-0.095	-0.095 / 0.810	-1.190 / 1.190	-0.810 / 0.095	0.095	-0.595	1.168	1.168	-0.595
	0.274	—	—	—	-0.178	0.048	-0.012	0.822	-1.178 / 0.226	0.226 / -0.060	-0.060 / 0.012	0.012	2.433	-0.819	0.223	-0.074
	—	0.198	—	—	-0.131	-0.143	0.036	-0.131	-0.131 / 0.988	-1.012 / 0.178	0.178 / -0.036	-0.036	-0.819	1.838	-0.670	0.223

附表 3-4　五跨梁

荷载图	跨内最大弯矩 M₁	M₂	M₃	支座弯矩 M_B	M_C	M_D	M_E	剪力 V_A	V_Bl / V_Br	V_Cl / V_Cr	V_Dl / V_Dr	V_El / V_Er	V_F	跨中中点挠度 f₁	f₂	f₃	f₄	f₅
	0.078	0.033	0.046	−0.105	−0.079	−0.079	−0.105	0.394	−0.606 / 0.526	−0.474 / 0.500	−0.500 / 0.474	−0.526 / 0.606	−0.394	0.644	0.151	0.315	0.151	0.644
	0.100	—	0.085	−0.053	−0.040	−0.040	−0.053	0.447	−0.553 / 0.013	0.013 / 0.500	−0.500 / −0.013	−0.013 / 0.553	−0.447	0.973	−0.576	0.809	−0.576	0.973
	—	0.079	—	−0.053	−0.040	−0.040	−0.053	−0.053	−0.053 / 0.513	−0.487 / 0	0 / 0.487	−0.513 / 0.053	0.053	−0.329	0.727	−0.493	0.727	−0.329
	0.073	② 0.059 / 0.078	0.064	−0.119	−0.022	−0.044	−0.051	0.380	−0.620 / 0.598	−0.402 / −0.023	−0.023 / 0.493	−0.507 / 0.052	0.052	0.555	0.420	0.480	0.704	−0.321
	① — / 0.098	0.055	—	−0.035	−0.111	−0.020	−0.057	0.035	0.035 / 0.424	0.576 / 0.591	−0.409 / −0.037	−0.037 / 0.557	−0.443	−0.217	0.390	−0.247	−0.486	0.943
	0.094	—	—	−0.067	0.018	−0.005	0.001	0.433	0.567 / 0.085	0.085 / 0.023	0.023 / 0.006	0.006 / −0.001	0.001	0.883	−0.307	0.082	−0.022	0.008
	—	0.074	—	−0.049	−0.054	0.014	−0.004	0.019	−0.049 / 0.495	−0.505 / 0.068	0.068 / −0.018	−0.018 / 0.004	0.004	−0.307	0.659	−0.247	0.067	−0.022
	—	—	0.072	0.013	0.053	0.053	0.013	0.013	0.013 / −0.066	−0.066 / 0.500	−0.500 / 0.066	0.066 / −0.013	0.013	0.082	−0.247	0.644	−0.247	0.082
	0.053	0.026	0.034	−0.066	−0.049	0.049	−0.066	0.184	−0.316 / 0.266	−0.234 / 0.250	−0.250 / 0.234	−0.266 / 0.316	0.184	0.422	0.114	0.217	0.114	0.422
	0.067	—	0.059	−0.033	−0.025	−0.025	0.033	0.217	0.283 / 0.008	0.008 / 0.250	−0.250 / −0.008	−0.008 / 0.283	0.217	0.628	−0.360	0.525	−0.360	0.628
	—	0.055	—	−0.033	−0.025	−0.025	−0.033	0.033	−0.033 / 0.258	−0.242 / 0	0 / 0.242	−0.258 / 0.033	0.033	−0.205	0.474	−0.308	0.474	−0.205
	0.049	② 0.041 / 0.053	—	−0.075	−0.014	−0.028	−0.032	0.175	0.325 / 0.311	−0.189 / −0.014	−0.014 / 0.246	−0.255 / 0.032	0.032	0.366	0.282	−0.257	0.460	−0.201

续附表 3-4

荷载图	跨内最大弯矩			支座弯矩				剪力						跨中点挠度				
	M_1	M_2	M_3	M_B	M_C	M_D	M_E	V_A	V_{Bl} / V_{Br}	V_{Cl} / V_{Cr}	V_{Dl} / V_{Dr}	V_{El} / V_{Er}	V_F	f_1	f_2	f_3	f_4	f_5
	① $\frac{-}{0.066}$	0.039	0.044	-0.022	-0.070	-0.013	-0.036	-0.022	-0.022 / 0.202	-0.298 / 0.307	-0.193 / -0.023	-0.023 / 0.286	-0.214	-0.136	0.263	0.319	-0.304	0.609
	0.063		—	-0.042	0.011	-0.003	0.001	0.208	-0.292 / 0.053	0.053 / -0.014	-0.014 / 0.004	0.004 / -0.001	-0.001	0.572	-0.192	0.051	-0.014	0.005
	—	0.051	—	-0.031	-0.034	0.009	-0.002	-0.031	-0.031 / 0.247	-0.253 / 0.043	0.043 / -0.011	-0.011 / 0.002	0.002	-0.192	0.432	-0.154	0.042	-0.014
	—		0.050	0.008	-0.033	-0.033	0.008	0.008	0.008 / -0.041	-0.041 / 0.250	-0.250 / 0.041	0.041 / -0.008	-0.008	0.051	-0.154	0.422	-0.154	0.051
	0.171	0.112	0.132	-0.158	-0.118	-0.118	-0.158	0.342	-0.658 / 0.540	-0.460 / 0.500	-0.500 / 0.460	-0.540 / 0.658	-0.342	1.097	0.356	0.603	0.356	1.097
	0.211		0.191	-0.079	-0.059	-0.059	-0.079	0.421	-0.579 / 0.020	0.020 / 0.500	-0.500 / -0.020	-0.020 / 0.579	-0.421	1.590	-0.863	1.343	-0.863	1.590
	—	0.181	—	-0.079	-0.059	-0.059	-0.079	-0.079	-0.079 / 0.520	-0.480 / 0	0 / 0.480	-0.520 / 0.079	0.079	-0.493	1.220	-0.740	1.220	-0.493
	0.160	② $\frac{0.144}{0.178}$	—	-0.179	-0.032	-0.066	-0.077	0.321	-0.679 / 0.647	-0.353 / -0.034	-0.034 / 0.489	-0.511 / 0.077	0.077	0.962	0.760	-0.617	1.186	-0.482
	① $\frac{-}{0.207}$	0.140	0.151	-0.052	-0.167	-0.031	-0.086	-0.052	-0.052 / 0.385	-0.615 / 0.637	-0.363 / -0.056	-0.056 / 0.586	-0.414	-0.325	0.715	0.850	-0.729	1.545
	0.200		—	-0.100	0.027	-0.007	0.002	0.400	-0.600 / 0.127	0.127 / -0.034	-0.034 / 0.009	0.009 / -0.002	-0.002	1.455	-0.460	0.123	-0.034	0.011
	—	0.173	—	-0.073	-0.081	0.022	-0.005	-0.073	-0.073 / 0.493	-0.507 / 0.102	0.102 / -0.027	-0.027 / 0.005	0.005	-0.460	1.119	-0.370	0.101	-0.034
	—		0.171	0.020	-0.079	-0.079	0.020	0.020	0.020 / -0.099	-0.099 / 0.500	-0.500 / 0.099	0.099 / -0.020	-0.020	0.123	-0.370	1.097	-0.370	0.123

续附表 3-4

荷载图	跨内最大弯矩			支座弯矩				剪力						跨中中点挠度				
	M_1	M_2	M_3	M_B	M_C	M_D	M_E	V_A	V_{Bl} / V_{Br}	V_{Cl} / V_{Cr}	V_{Dl} / V_{Dr}	V_{El} / V_{Er}	V_F	f_1	f_2	f_3	f_4	f_5
(荷载图)	0.240	0.100	0.122	−0.281	−0.211	−0.211	−0.281	0.719	−1.281 / 1.070	−0.930 / 1.000	−1.000 / 0.930	1.070 / 1.281	−0.719	1.795	0.479	0.918	0.479	1.795
(荷载图)	0.287	—	0.228	−0.140	−0.105	−0.105	−0.140	0.860	−1.140 / 0.035	0.035 / 1.000	1.000 / −0.035	−0.035 / 1.140	−0.860	2.672	−1.535	2.234	−1.535	2.672
(荷载图)	—	0.216	—	−0.140	−0.105	−0.105	−0.140	−0.140	−0.140 / 1.035	−0.965 / 0.000	0.000 / 0.965	−1.035 / 0.140	0.140	−0.877	2.014	−1.316	2.014	−0.877
(荷载图)	0.227	② 0.189 / 0.209	—	−0.319	−0.057	−0.118	−0.137	0.681	−1.319 / 1.262	−0.738 / −0.061	−0.061 / 0.981	−1.019 / 0.137	0.137	1.556	1.197	−1.096	1.955	−0.857
(荷载图)	① — / 0.282	0.172	0.198	−0.093	−0.297	−0.054	−0.153	−0.093	−0.093 / 0.796	−1.204 / 1.243	−0.757 / −0.099	−0.099 / 1.153	−0.847	−0.578	1.117	1.356	−1.296	2.592
(荷载图)	0.274	—	—	−0.179	0.048	−0.013	0.003	0.821	−1.179 / 0.227	0.227 / −0.061	−0.061 / 0.016	0.016 / −0.003	−0.003	2.433	−0.817	0.219	−0.060	0.020
(荷载图)	—	0.198	—	−0.131	−0.144	0.038	−0.010	−0.131	−0.131 / 0.987	−1.013 / 0.182	0.182 / −0.048	−0.048 / 0.010	0.010	−0.817	1.835	−0.658	0.179	−0.060
(荷载图)	—	—	0.193	0.035	−0.140	−0.140	0.035	0.035	0.035 / −0.175	−0.175 / 1.000	−1.000 / 0.175	0.175 / −0.035	−0.035	0.219	−0.658	1.795	−0.658	0.219

注:①分子及分母分别代表 M_1 及 M_5 的弯矩系数;②分子及分母分别代表 M_2 及 M_4 的弯矩系数。

参考文献

[1] 张美元. 工程力学[M].郑州:黄河水利出版社,2011.

[2] 宋本超. 工程力学[M].北京:国防工业出版社,2015.

[3] 赵晴. 工程力学[M].北京:机械工业出版社,2014.

[4] 武昭晖,张淑娟,葛序风. 工程力学[M].北京:北京大学出版社,2014.

[5] 宋玉普.预应力混凝土建筑结构[M].北京:机械工业出版社,2013.

[6] 胡兴福.建筑力学与结构[M].武汉:武汉理工大学出版社,2015.

[7] 曾燕. 钢筋混凝土与砌体结构[M].北京:中国水利水电出版社,2014.

[8] 苑振芳.砌体结构设计手册[M].北京:中国建筑工业出版社,2013.

[9] 吴承霞. 建筑力学与结构[M].北京:北京大学出版社,2009.

[10] 杨力彬,赵萍.建筑力学[M].北京:机械工业出版社,2011.

[11] 沈养中.建筑力学[M].北京:科学出版社,2009.

[12] 李永光,白秀英.建筑力学与结构[M].北京:机械工业出版社,2009.